Das Diplomatische Korps
1871–1945

# DEUTSCHE FÜHRUNGSSCHICHTEN IN DER NEUZEIT

Band 16

Im Auftrag der Ranke-Gesellschaft
Vereinigung für Geschichte im öffentlichen Leben
und des
Instituts zur Erforschung historischer Führungsschichten
herausgegeben von
GÜNTHER FRANZ

Harald Boldt Verlag · Boppard am Rhein

# Das Diplomatische Korps 1871–1945

Büdinger Forschungen zur Sozialgeschichte 1982

herausgegeben von
KLAUS SCHWABE

Harald Boldt Verlag · Boppard am Rhein

CIP-Kurztitelaufnahme der Deutschen Bibliothek

[Das *Diplomatische Korps achtzehnhunderteinund-siebzig bis neunzehnhundertfünfundvierzig*]
Das Diplomatische Korps 1871–1945 / Büdinger Forschungen zur Sozialgeschichte 1982. Hrsg. von Klaus Schwabe. – Boppard am Rhein: Boldt, 1985.
(Deutsche Führungsschichten in der Neuzeit; Bd. 16)
ISBN 3-7646-1853-1

NE: Schwabe, Klaus [Hrsg.]; Büdinger Forschungen zur Sozialgeschichte ⟨20, 1982⟩; GT

Gedruckt mit Unterstützung
der Fritz Thyssen Stiftung

ISBN: 3 7646 1853 1

1985

Herstellung: boldt druck boppard gmbh

Theodor Schieder zum Gedächtnis

# INHALTSVERZEICHNIS

## NAME UND ANSCHRIFT DER REFERENTEN

Professor Dr. Lamar Cecil
Department of History, Washington and Lee University,
Lexington, Virginia, 24450, USA

Dr. Kurt Doß
Koecherstraße 4 c, 3000 Hannover 81

Professor Dr. Hans-Adolf Jacobsen
Klosterweg 26, 5300 Bonn-Buschdorf

Professor Dr. Peter Krüger
Seminar für Neuere Geschichte, Krummbogen 28, Block C,
Philipps-Universität Marburg, 3550 Marburg

Dr. Hans Philippi
Im Hain 5, 6312 Laubach 1

Professor Dr. John C. G. Röhl
University of Sussex, School of European Studies, Falmer,
Brighton, Sussex BN1 9QN, England

Professor Dr. Klaus Schwabe
Historisches Institut der Rheinisch-Westfälischen Technischen
Hochschule Aachen, Kopernikusstraße 16, 5100 Aachen

# Zur Einführung

Dieser Band hält den wissenschaftlichen Ertrag der 20. Veranstaltung der Büdinger Vorträge fest, die vom 1. bis zum 3. April 1982 stattfand. Ihr Thema, das deutsche diplomatische Korps als Elite, umgreift zwei Problemkreise: die Bedeutung einer funktionalen Elite in der Gesellschaft des deutschen Nationalstaates von 1871 bis 1945 und allgemein die Frage nach möglichen gesellschaftlichen Bestimmungsfaktoren außenpolitischen Handelns.

Die mit der letzten Frage erhobene Forderung nach einer sozialgeschichtlich ansetzenden Deutung der internationalen Beziehungen ist nicht neu. Sie gehört zum Standardprogramm jeder orthodox-marxistischen Geschichtsschreibung. Aber auch ohne diese dogmatische Verengung ist diese Forderung leichter erhoben als in der wissenschaftlichen Praxis erfüllt; erschöpfen sich doch historische Darstellungen, die ihr nachzukommen versuchen, vielfach in dogmatisch fixierter Thesenhistorie oder aber in einer gewiß erhellenden, letztlich jedoch nur additiven Zusammenschau außen- und innenpolitischer Gegebenheiten. Trotzdem sollte die Geschichtsschreibung, wenn sie sich als Darstellung eines allumfassend zusammenhängenden Geschehens begreift, die Frage nach gesellschaftlichen Bedingungen der Außenpolitik ernst nehmen.

Dies erscheint um so notwendiger, als die wissenschaftliche Erörterung dieser Frage durch das Erscheinen von Fritz Fischers Essay „Bündnis der Eliten"[1] erneut in Gang gekommen ist. In Anknüpfung an Fritz Fi-

---

1 Fritz Fischer, Bündnis der Eliten. Zur Kontinuität der Machtstrukturen in Deutschland 1871–1945. Düsseldorf 1979; ders., Zum Problem der Kontinuität in der deutschen Geschichte von Bismarck zu Hitler. In: Karl D. Bracher u. a., Hg., Nationalsozialistische Diktatur. Eine Bilanz. Düsseldorf 1983, S. 770–782.

scher ist zu fragen, ob es auch innerhalb des deutschen diplomatischen Korps Kontinuitäten gegeben hat, die von Bismarck bis zu Hitler reichten. Läßt sich eine solche Kontinuität zunächst bei der Rekrutierung des diplomatischen Korps nachweisen? Spiegelte dieses in seiner Zusammensetzung das „Bündnis" von industriellen und agrarischen Führungsschichten wider, von dem Fischer spricht? Wenn ja, wie wirkte sich diese Gemeinsamkeit für die deutsche Außenpolitik aus? Kann man von Kontinuitäten in der Zusammensetzung des deutschen diplomatischen Korps auf Kontinuitäten in dem Beitrag der deutschen Diplomaten zu Fehlentwicklungen und -entscheidungen der deutschen Außenpolitik im 20. Jahrhundert Rückschlüsse ziehen? Hat das deutsche diplomatische Korps als Ausführungs- und bisweilen sogar als Planungsorgan der deutschen Außenpolitik die Irrtümer und Illusionen der Führungsschichten geteilt, die in ihm vertreten waren?[2]

Wenn irgendetwas, so zeigen die hier veröffentlichten Vorträge, wie sehr sich der Historiker davor hüten muß, kurzschlüssige Zusammenhänge zwischen außenpolitischen und gesellschaftlichen Gegebenheiten zu konstruieren. Verbindliche Antworten würde überhaupt erst ein internationaler Vergleich der diplomatischen Korps verschiedener Länder erbringen (der Schlußbericht in diesem Band enthält einige Anregungen in dieser Hinsicht). In international vergleichendem Rahmen würde sich die Frage stellen, wieweit das deutsche diplomatische Korps sich seiner gesellschaftlichen Herkunft nach von den diplomatischen Korps anderer vergleichbarer Länder unterschied und ob ein etwaiger derartiger Unterschied den außenpolitischen „Sonderweg" Deutschlands im 20. Jahrhundert erklären hilft. Ein solcher Interpretationsansatz würde an die Deutung des Imperialismus als eines Reflexes von „atavistischen" Denkweisen traditioneller Führungsschichten anzuknüpfen haben – einer Deutung, die bekanntlich der österreichische Nationalökonom Joseph Schumpeter zum ersten Male entwickelt hat[3].

---

[2] Vgl. dazu allgemein: John C. G. Röhl, From Bismarck to Hitler. The Problem of Continuity in German History. London 1970; Andreas Hillgruber, Großmachtpolitik und Militarismus im 20. Jahrhundert. 3 Beiträge zum Kontinuitätsproblem. Düsseldorf 1974.

[3] Joseph Schumpeter, Zur Soziologie der Imperialismen. In: ders., Aufsätze zur Soziologie. Tübingen 1953, S. 72–146 (zuerst erschienen 1918); allgemein vgl. Hans-Ulrich Wehler, Imperialismus (= Neue Wissenschaftliche Bibliothek, Bd. 37). Köln 1970; Wolfgang Mommsen, Imperialismus. Seine geistigen, politischen und wirtschaftlichen Grundlagen. Hamburg 1977.

Doch spiegelte das deutsche diplomatische Korps seiner sozialen Herkunft nach überhaupt die gesellschaftlichen Kräfteverhältnisse in den verschiedenen Phasen der jüngsten deutschen Geschichte wider? Damit ist der *zweite* Problemkreis erreicht, den dieser Band behandelt. Deutschland stieg in der Bismarckära, wie allgemein bekannt, zu einer der führenden Industrie- und Handelsmächte der Welt auf. Berücksichtigte die „Wilhelmstraße" in der Auswahl ihrer Mitarbeiter diesen Wandel Deutschlands vom Agrarstaat zur Industriegroßmacht? Oder rekrutierte sie ihren Nachwuchs nach wie vor aus den traditionellen aristokratischen Führungsschichten der preußischen Hegemonialmacht und beharrte sie damit auf einer anachronistischen Vorstellung von Elitebildung, wie sie zum Beispiel in den feudalen studentischen Corps weiter kultiviert wurde? Kann man soweit gehen zu behaupten, daß eine solche anachronistische Tendenz in der Rekrutierung des deutschen diplomatischen Korps in der wilhelminischen Zeit sogar zugenommen hätte – daß man also auch hier von einer Refeudalisierung sprechen müßte?
In der Weimarer Republik haben sich die gesellschaftlichen und politischen Rahmenbedingungen der deutschen Diplomatie sicher geändert. War es in der Geschichte der auswärtigen Beziehungen schon immer der Brauch, einen Staat von Personen nach außen vertreten zu lassen, die gleichzeitig die Spitzen der Gesellschaft im Innern dieses Staates repräsentierten[4], so erhob sich im Deutschland nach 1918 die Frage, welche gesellschaftlichen Kräfte die Elite dieses neuen Deutschlands bilden und dieses damit nach außen repräsentieren sollten. Zweifellos – die Tage der höfischen Gesellschaft waren endgültig dahin; mit dem Abtreten der Dynastien hatte auch die Aristokratie viel von ihrem bisherigen gesellschaftlichen Prestige verloren. Doch welche gesellschaftlichen Kräfte füllten diese Lücke, die das Ende der Monarchien in Deutschland hinterlassen hatte? Das Unternehmertum, die Hochfinanz, die Führungskräfte der deutschen Parteien? Wie immer der Wechsel der Führungsschichten in Deutschland im Gefolge der deutschen Revolution von 1918/19 ausgesehen haben mochte – spiegelte er sich in der Zusammensetzung des deutschen diplomatischen Korps wider?[5] Gelang es insbesondere den Führungskräften der industriellen Wirtschaft Deutschlands, gelang es den Parteien auf die personelle

[4] Walter Zechlin, Die Welt der Diplomatie. [2]Frankfurt 1960, S. 95 ff.

[5] Siehe dazu auch in vergleichender Perspektive: Paul Gordon Lauren, Diplomats and Bureaucrats. The First Institutional Responses to Twentieth-Century Diplomacy in France and Germany. Stanford 1976.

Zusammensetzung des diplomatischen Korps Einfluß zu gewinnen? Wieweit kamen jetzt Außenseiter in einer Führungsgruppe zum Zuge, die als Funktionselite ja auch auf berufliche Qualifikation Wert legen mußte? Berücksichtigte das Auswärtige Amt in der Auswahl seiner Mitarbeiter jetzt stärker Personengruppen und Schichten, die – wie zum Beispiel Katholiken, Juden oder Vertreter der politischen oder gewerkschaftlichen Arbeiterbewegung – bis dahin im deutschen diplomatischen Korps, wenn überhaupt, dann entschieden unterrepräsentiert gewesen waren?

Die Frage der „Außenseiter" wurde im Dritten Reich besonders aktuell; denn Außenseiter bedeutete in jenen Jahren aus der Sicht des diplomatischen Dienstes: Protégés der NSDAP. Die Frage nach der Zusammensetzung des diplomatischen Korps lief mithin im Hitlerreich auf die Frage hinaus, wieweit es dem neuen Regime gelang, diese Führungsgruppe in seinem Sinne personell gleichzuschalten. Eine nicht unwichtige Nebenfrage ist in diesem Zusammenhange, wieweit die Rassengesetzgebung des Hitlerregimes im diplomatischen Korps durchgesetzt werden konnte.

Als Voraussetzung für die Erörterung der beiden soeben genannten Grundprobleme und zum besseren Verständnis der Einzelbeiträge schuldet der Herausgeber dem Leser noch zwei Vorklärungen: Zum einen muß klargestellt werden, was nachfolgend unter „diplomatischem Korps" verstanden wird; zum anderen muß der Leser mit den Leitfragen vertraut gemacht werden, die alle Einzelbeiträge durchziehen.

Diplomatisches Korps soll in diesem Bande bedeuten die Gesamtheit der Spitzenbeamten des deutschen auswärtigen Dienstes, und zwar sowohl solche, die – vom Gesandten an aufwärts – Deutschland nach außen vertraten, als auch solche, die – vom Dirigenten an aufwärts – in der Wilhelmstraße selbst tätig waren. Nur für die Zeit der Weimarer Republik war ein Abweichen von dieser Abgrenzung des hier zu behandelnden Personenkreises unvermeidlich. Wie die Referate von K. Doß und besonders P. Krüger zeigen, hängt dies mit den Strukturveränderungen zusammen, die der diplomatische Dienst in Deutschland (nicht zuletzt wegen der großen Schülerschen Reform) zu Ende des Ersten Weltkrieges – also noch im Kaiserreich! – und in den Folgejahren erlebte. Diese Reformen machen es nötig, für die Weimarer Zeit auch die Generalkonsuln in den Kreis der Betrachtung mit einzubeziehen. Der Herausgeber hofft, daß trotz dieser Abweichung die verschiedenen Phasen in der Entwicklung der Struktur des deutschen diplomatischen Korps dennoch vergleichbar bleiben.

Über diese definitorische Vorklärung hinaus muß der Herausgeber auf das Raster der Vorfragen verweisen, die zu beantworten den Referenten aufgegeben war – ein Raster, das sich im übrigen weitgehend an die Fragestellungen anlehnt, die den früheren von dem Herausgeber und dessen Vorgänger betreuten Büdinger Tagungen zugrundegelegen haben. Wie in zwei früheren Büdinger Veröffentlichungen (die eine über das deutsche Offizierkorps, die andere über die Verwaltungsspitzen der deutschen Mittel- und Kleinstaaten) handelt es sich auch diesesmal um eine zahlenmäßig relativ eng umgrenzte Führungsgruppe, deren soziales Profil hier nachgezeichnet werden sollte. Gemeint ist damit die Binnenstruktur dieser Gruppe ebenso wie ihre Verflechtung mit der Gesellschaft, die sie umgab, – ihr Selbstverständnis ebenso wie ihr „Außenverständnis", das heißt die Form, in der sie von ihrer Umwelt gesehen wurde. Methodisch verbinden die hier veröffentlichten Vorträge wie ihre Vorgänger historische Soziologie mit Prosopographie und Genealogie[6].

Der Entwurf eines solchen „gesellschaftlichen Profils" setzt die Klärung einiger Vorfragen voraus – eine Klärung, um die alle nachfolgenden Beiträge bemüht waren. Es galt – erstens – die verwaltungsrechtlichen Rahmenbedingungen für die Karriere im deutschen auswärtigen Dienst für die einzelnen hier berücksichtigten Zeitabschnitte zu verdeutlichen; es mußte – zweitens – herausgearbeitet werden, welche außerprofessionellen Kriterien zur diplomatischen Karriere befähigten; drittens mußten die Grunddaten über die gesellschaftliche Herkunft der Angehörigen des diplomatischen Korps ermittelt werden – eine Aufgabe, deren Aufwendigkeit der Laie leicht unterschätzt. Es war – viertens – nötig, das Verhältnis des diplomatischen Korps zu anderen Elitegruppen in den verschiedenen Zeitabschnitten – zum Beispiel sein Verhältnis zum Offizierkorps oder zur Wirtschaftsführung – zu beleuchten. Erst danach konnten die eher dynamischen Aspekte dieser Thematik aufgegriffen werden: Es konnte – fünftens – die Wirkung historischer Epocheneinschnitte wie zum Beispiel der Revolution von 1918/19 auf die Rekrutierungs- und Karrierebedingungen des diplomatischen Korps untersucht und – sechstens – das politische Selbstverständnis dieser Gruppe als Funktionselite im Deutschen Reich erhellt werden.

---

[6] Hanns Hubert Hofmann, Hg., Das deutsche Offizierkorps (= Büdinger Vorträge 1977; Bd. 11). Boppard 1980, S. 11 (Zur Einführung).

Erst nach der Beantwortung dieser Vorfragen war das Feld frei für ein Eingehen auf die Grundfragen der jüngsten deutschen Geschichte, die in diesem Thema stecken – vor allem die Frage nach der Kontinuität der deutschen Außenpolitik von Bismarck bis zu Hitler. Auf das diplomatische Korps angewendet, ist dies zunächst die Frage nach der Kontinuität in den Formen der Selbstergänzung dieser Führungsgruppe. Doch mußte eine gemeinsame gesellschaftliche Herkunft schon bedeuten, daß das diplomatische Korps in sich eine geschlossene Führungselite gebildet hat? War dies der Fall, so drängt sich die Frage auf, ob aus einem derartigen Zusammenhalt gemeinsame Vorstellungen zur deutschen Außenpolitik – vielleicht sogar eine Art „Amtsmeinung" – resultieren und wann dies geschehen ist. Man kann nicht erwarten, daß die Spitzenbeamten des auswärtigen Dienstes sich alle einer solchen „Amtsmeinung" angeschlossen haben, daß alle von ihnen mit der offiziellen deutschen Außenpolitik innerlich einverstanden gewesen sind. Es erhebt sich damit die Frage nach Außenseitern – „Dissenters" – innerhalb des diplomatischen Korps, eine Frage, die vor allem im Dritten Reich wichtig wurde. Traten jetzt Vertreter dieser Elite in einen Gegensatz zum NS-Regime, gerade weil sie einer Führungsgruppe angehörten, die ihrer Herkunft und ihrem Denken nach „unzeitgemäß" geworden war?[7]

Die hier vereinten Beiträge liefern keine griffigen Patentantworten auf die hier aufgeworfene Problematik. Sie verstehen sich vielmehr als Bausteine für ein Gesamtbild der deutschen Außenpolitik und ihres gesellschaftlichen Hintergrundes, das erst eine spätere Zeit wird zeichnen können. Alle Mitarbeiter waren um Antworten bemüht, die bisherige Pauschalvorstellungen zu differenzieren geeignet sind; alle haben neues archivalisches Material mit herangezogen; alle waren sich der Vorläufigkeit ihrer Ergebnisse bewußt – Ergebnisse in einem Forschungsfeld, das bislang, wie sich herausstellte, noch kaum erschlossen ist und definitiv heute auch noch nicht erschlossen werden kann. Dies liegt nicht zuletzt an der noch längst nicht überall sichergestellten Zugänglichkeit des dafür nötigen archivalischen Materials, das unvermeidlicherweise ja Personaldaten mit umfassen muß. Es ist sogar zu befürchten, daß sich diese Situation angesichts der gegenwärtig so verbreiteten forschungsfeindlichen Datenschutz-Manie noch verschlechtert. Für das Politische Archiv des Auswärtigen Amtes ist amtliches Schrift-

---

[7] Dazu vgl. jetzt auch: Marion Thielenhaus, Zwischen Anpassung und Widerstand. Deutsche Diplomaten 1938–1941. Paderborn 1984.

gut, das sich auf einzelne natürliche Personen bezieht (zum Beispiel Personalakten), von der Benutzung ausgeschlossen. Zugang zu diesem Schriftgut haben nur amtliche Stellen, die betroffenen Personen selber oder deren Rechtsnachfolger. Auf Anfrage erteilt das Auswärtige Amt jederzeit Auskünfte in Form von biographischen Angaben[8].

Eine Besonderheit dieses Bandes ist es, daß an ihm nicht nur deutsche, sondern auch international anerkannte nichtdeutsche Historiker beteiligt sind. Der Leser gewinnt also auch einen Eindruck, welches Bild das deutsche diplomatische Korps, sozusagen „von außen" gesehen, darbietet. Ein gewisses Novum innerhalb der Büdinger Vorträge stellte auch die Teilnahme von Zeitzeugen aus dem deutschen diplomatischen Korps vor 1945 dar, deren Diskussionsbeiträge von den einzelnen Referenten für die schriftliche Fassung ihrer Vorträge berücksichtigt worden sind.

Der Herausgeber sah seine Aufgabe lediglich in der Koordination und formalen Angleichung der Einzelbeiträge. Er hat den beteiligten Referenten gemeinsam ein Frageraster vorgelegt, auf die Beantwortung dieser Fragen, für die jeder Beiträger selbst verantwortlich ist, jedoch keinen Einfluß ausgeübt. In nicht unwesentlichen Punkten weichen die Einzelbeiträge voneinander ab; doch sieht der Herausgeber darin keinen Nachteil.

Bleibt abschließend die angenehme Pflicht des Dankes! Wie seit ihrer Begründung im Jahre 1963 standen die Büdinger Vorträge auch bei ihrer 20. Veranstaltung wieder unter der Schirmherrschaft der „Ranke-Gesellschaft, Vereinigung für Geschichte im öffentlichen Leben e.V." und des „Instituts zur Erforschung historischer Führungsschichten e.V." (Bensheim). Mehrere Kollegen, an erster Stelle Professor Hillgruber, Köln, und das Auswärtige Amt gewährten dem Herausgeber bei den Vorbereitungen dieser Tagung ihre großherzige Unterstützung. Die Finanzierung der Tagung und dieser Publikation übernahm die Fritz Thyssen Stiftung. Der Fürst zu Ysenburg und Büdingen war wiederum großzügiger und liebenswürdiger Gastgeber der Tagung. Der Herausgeber sagt allen genannten Personen und Institutionen, ohne deren Hilfe diese Publikation nicht hätte zustandekommen können, nachdrücklich seinen Dank. Dieser Dank umschließt die Herren Referenten und Mitarbeiter und, last but not least, die Aachener Mitarbeiter und Helfer des Herausgebers, die diesen bei der Drucklegung unterstützten.

Aachen/Friedrichsdorf, im Juli 1984 Klaus Schwabe

[8] Das Auswärtige Amt an den Herausgeber, 18. 6. 1984.

Herbert von Bismarck

Friedrich von Holstein

Dr. Wilhelm Solf

Dr. Friedrich Rosen (sitzend), Edmund Schüler (ganz rechts)

Ulrich Graf von Brockdorff-Rantzau vor der Abfahrt nach Versailles

Carl von Schubert

Dr. Friedrich Wilhelm von Prittwitz und Gaffron

Ernst-Wilhelm Bohle (neben Heß), Friedrich Gaus (rechts vorn)

Von links nach rechts
Admiral Wenniger, Graf von Dürckheim, Hans-Heinrich Dieckhoff, Joachim von Ribbentrop, Ernst Woermann, Leopold von Hoesch, Erich Kordt, Christian Otto von Bismarck, Theodor Böttiger

Ernst Freiherr von Weizsäcker

# Der diplomatische Dienst im kaiserlichen Deutschland

VON LAMAR CECIL*

Um Aufnahme in den diplomatischen Dienst konnte sich grundsätzlich jeder junge Mann, der 25 Jahre alt und Bürger eines der deutschen Staaten war, beim Auswärtigen Amte bewerben[1]. Es war zwar einfach sich zu bewerben, jedoch schwierig, tatsächlich in den Dienst aufgenommen zu werden. Um sich für eine vierjährige Probezeit als unbezahlter Attaché zu qualifizieren, mußte ein Kandidat – von wenigen Ausnahmen abgesehen – das Referendar- oder Assessorexamen abgelegt haben. Der Kandidat mußte zusätzlich das große diplomatische Examen bestehen, das in deutscher und französischer und seit 1908 auch in englischer Sprache vorgeschrieben wurde. Diese Prüfung befaßte sich mit Geschichte, Recht, Zolltarifen und mit der diplomatischen Praxis. Für alle, die schriftlich nicht glänzend abgeschnitten hatten, folgte dem schriftlichen Examen eine mündliche Prüfung, die wiederum in Fremdsprachen durchgeführt wurde und die gleichen Gebiete umfaßte. Neben dem erfolgreichen Bestehen der Examen mußte der Kandidat zusätzlich seine finanzielle Unabhängigkeit in Form eines privaten Einkommens nachweisen. Dies war in Europa allgemein üblich und wurde auch in England, Österreich-Ungarn, Rußland und Italien verlangt[2]. Es war notwendig, da diplomatische Neulinge bis zum Ende

---

* Der Verfasser dankt Ihrer Majestät, der Königin Elizabeth II., ergebenst für die Erlaubnis, in Akten in den Royal Archives, Windsor Castle, Einsicht zu nehmen.

1 Für das Folgende vgl. allgemein: Lamar Cecil, The German Diplomatic Service, 1871–1914. Princeton 1976.

2 Grossbritannien, Unterhaus, Accounts and Papers (1912–13), Command Paper Nr. 6268, misc. Nr. 9, „Return showing the conditions of entry into the Austro-Hungarian, German, Italian and Russian diplomatic services," S. 140–41.

ihrer Probezeit ohne Gehalt Dienst tun und später als Legationssekretäre und schließlich Gesandte sehr erhebliche Unkosten übernehmen mußten. Das vom Auswärtigen Amt geforderte Privateinkommen betrug in dem Jahrzehnt nach 1880 6.000 Reichsmark und stieg bis 1914 mit der Geldentwertung auf 15.000 Reichsmark an. Diese Summe überschritt bei weitem das Jahreseinkommen der meisten Beamten im diplomatischen Dienst, die unterhalb des Ranges eines Legationsrates II. Klasse standen[3].

Die Summe von 15.000 Reichsmark bedeutete selbst für Männer von Vermögen eine große Belastung. Mußte doch am Vorabend des Ersten Weltkrieges eine deutsche Familie über ein Einkommen von 30.000 Reichsmark verfügen, um als „wohlhabend" gelten zu können, während der Jahreslohn eines gelernten deutschen Industriearbeiters lediglich 2.000 Reichsmark betrug[4]. Die Tatsache, daß eine Summe in dieser Höhe von jedem Anwärter für den diplomatischen Dienst verlangt wurde, bestätigte den Ausspruch einer seiner Beamten, daß „ein Botschafter ... nicht reich genug sein" könne[5]. Viele Diplomaten konnten den finanziellen Bedingungen der Wilhelmstraße kaum entsprechen; immerhin waren die meisten von ihnen wohlhabend und viele sogar ziemlich vermögend. Baron Lucius von Stoedten, ein junger Legationsrat an der Pariser Botschaft kurz nach 1900, bezog ein privates Einkommen von 75.000 Reichsmark, besaß einen vermögenden Vater, der noch lebte, und eine Frau, die günstigerweise eine Stumm-Halberg war. Beispiele diplomatischen Wohlstandes sind reichlich vorhanden. Zu seiner Veranschaulichung möge das Personal der Londoner Botschaft zwischen 1913 und 1914 genügen: Botschafter Fürst Lichnowsky war ein wohlhabender schlesischer Großgrundbesitzer; sein erster Sekretär, Richard von Kühlmann, war der Sohn eines Eisenbahnunternehmers und Gatte einer Saarland-Stumm; der Vater des II. Legationsrates, Karl von Schubert, hatte ebenfalls eine Stumm geheiratet. Leopold Hoesch, der als III. Legationsrat diente, war der Nachkomme

[3] Anton Graf Monts, Unsere Diplomatie, Politische Aufsätze. Berlin, o. J., S. 83; Richard von Kühlmann, Die Diplomaten. Berlin 1939, S. 124; Peter von Gebhardt, Nachlaß, National Archives, Washington, D.C., Mikrofilm T-120, R5289/935–36.

[4] Karl von Stutterheim, The Two Germanys. London 1939, S. 110; Gerhard Bry, Wages in Germany, 1871–1945. Princeton 1960, S. 438.

[5] Herbert von Hindenburg, Am Rande zweier Jahrhunderte. Momentbilder aus einem Diplomatenleben. Berlin 1938, S. 252.

einer sehr reichen Ruhrindustriellenfamilie. Baron von Goldschmidt-Rothschild schließlich gehörte zu den unbezahlten Attachés und war zweifellos wohlhabender als alle anderen[6].

Die Eignungskriterien für den Eintritt in den diplomatischen Dienst begrenzten den Kreis der Bewerber auf Männer von Bildung und Vermögen. Es kann daher angenommen werden, daß die kaiserlich-deutschen Diplomaten dem Adel und dem Großbürgertum entstammten – beides Schichten, die in der Lage waren, ihre Söhne mit einer kostspieligen Bildung und dem erforderlichen Privateinkommen zu versehen. Während einige Bürgerliche im diplomatischen Dienst Eingang fanden, wurden andere zweifellos zurückgewiesen oder bereits von einer Bewerbung abgeschreckt, da die Vorliebe des Auswärtigen Amtes für Diplomaten mit Adelsprädikaten bekannt war. Beamte der Wilhelmstraße zögerten nicht, mögliche Kandidaten bürgerlicher Herkunft davor zu warnen, daß eine erfolgreiche diplomatische Karriere ohne den entsprechenden Titel schwierig sei[7]. Das Ergebnis war, daß sowohl die Bewerber als auch jene, die schließlich in den diplomatischen Dienst eintraten, eher aus dem Adel kamen. Zwischen 1871 und 1914 waren von zehn Anwärtern sieben Adelige[8].

Es überrascht nicht, daß das Auswärtige Amt junge Aristokraten wählte, da die älteren Diplomaten selbst diesen Kreisen entstammten und ihnen an der Fortdauer der Herrschaft gelegen war, derer sich ihre Klasse in der Wilhelmstraße 76 erfreute. Folglich entsprachen die Verhaltensmerkmale, auf die das Auswärtige Amt bei jungen Diplomaten Wert legte, denen des deutschen Adels. Wissenschaftliches Talent, das schließlich auch der bescheidenste Deutsche hätte vorweisen können, war unwesentlich. Die Wilhelmstraße legte wenig Wert auf die Eignungsprüfungen, die ohnehin nicht übermäßig schwierig waren. Die Fragen waren oft absichtlich auf die Fachkenntnisse des Kandida-

---

6 Cecil, Diplomatic Service, S. 41 ff.

7 Hans Riesser, Von Versailles zur UNO. Aus den Erinnerungen eines Diplomaten. Bonn 1962, S. 35; Walter Zechlin, Fröhliche Lebensfahrt. Diplomatische und undiplomatische Erinnerungen. Stuttgart 1936, S. 41; Wilhelm Ohnesseit, Unter der Fahne Schwarz-Weiss-Rot. Erinnerungen eines kaiserlichen Generalkonsuls. Berlin 1926, S. 10–11; Hans von Miquel, Nachlaß, National Archives, Mikrofilm T-291, 5/186, 192–93; Herbert Graf von Bismarck an Bernhard von Bülow (24. 6. 1886), Bülow, Nachlaß, Bundesarchiv Koblenz, Nr. 66.

8 Cecil, Diplomatic Service, S. 76, Table 7.

ten zugeschnitten, die Antworten wurden mit entsprechender Nachsicht beurteilt. Ein durchgefallener Kandidat erhielt die Gelegenheit, das Examen ein zweites oder sogar drittes Mal zu wiederholen. Herbert von Bismarck ging soweit, daß er seinen guten Freund Bernhard von Bülow vor einem zu *guten* Abschneiden in der Prüfung warnte, da sich dieses eher als Nachteil herausstellen könnte[9]. Niemand bestand bei der Auswahl neuer Diplomaten stärker auf der Unmaßgeblichkeit der Prüfungsergebnisse als der Reichskanzler Fürst Bismarck[10]. Diplomatie, so meinte er, sei kein Handwerk, sondern eine Kunst, und Kandidaten sollten eher nach subjektiven, persönlichen Maßstäben beurteilt werden als nach ihrer Prüfungsleistung[11]. Der Kanzler, obwohl selbst ein hervorragender Fremdsprachenkenner, zögerte auch nicht, die sprachlichen Anforderungen zu lockern, Sprachbegabung sei ein wesentliches Merkmal von Oberkellnern, behauptete er, aber als Diplomat läge ihm mehr an einem Menschen, „der einen offenen Kopf hat und Plattdeutsch spricht", als an einem „Esel, der sieben Sprachen spricht"[12].
Was bei der Wilhelmstraße bei weitem mehr zählte als intellektuelle Fähigkeiten, war Stil; Bismarck nannte es „Kavalierperspektive". Andere aristokratische Diplomaten, die die jungen begutachteten, beschrieben diese schwer zu erfassende, aber entscheidende Eigenschaft mit anderen Worten. Der anspruchsvolle Karl Max Fürst von Lichnowsky, für den die Persönlichkeit eines Diplomaten wichtiger als seine intellektuelle Begabung war, nannte es „soziale Kultur"; für Holstein bedeutete es „usage du monde", während man nach Bernhard von Bülow in einem Diplomaten „Intuition, Takt, Gefühl für die Nuance,

---

[9] Brief vom 11. 9. 1875, Bülow, Nachlaß Nr. 65.

[10] Richard Krauel, Persönliche Erinnerungen an den Fürsten Bismarck. Stuttgart 1915, S. 13–14; Verhandlungen des Reichstages (14. 3. 1877, Reichskanzler Bismarck), S. 159; Arthur von Brauer, Im Dienste Bismarcks. Persönliche Erinnerungen. Berlin 1936, S. 302; Johann-Heinrich Graf Bernstorff, Memoirs. New York 1936, S. 38; Georg von Treutler, Nachlaß, im Besitz seiner Enkelin Anne-Katrin Baronin von Ledebur, Schwenningdorf/Westphal, Kap. 12, S. 1.

[11] Heinrich von Poschinger, Conversations with Bismarck. London 1900, S. 124; Brauer, Im Dienste, S. 302.

[12] Arthur von Brauer, Hg., Erinnerungen an Bismarck. Berlin 1915, S. 343–44; Herman von Petersdorff, Hg., Bismarck. Die Gesammelten Werke 15, Berlin 1923–33, S. 7; Robert Freiherr Lucius von Ballhausen, Bismarck-Erinnerungen. Stuttgart 1921, S. 86.

Feinheit des Urteils" suchen sollte – alles Qualitäten, die offensichtlich nicht anhand von Prüfungen zu messen sind[13].

Bei der Einstellung von Kandidaten für den diplomatischen Dienst spielten für das Auswärtige Amt neben der Persönlichkeit auch die Beziehungen eine Rolle, über die diese Kandidaten verfügten. Man mußte nicht nur die erforderlichen persönlichen Eigenschaften mitbringen, sondern auch die richtige Abstammung und gesellschaftliche Stellung. Im allgemeinen bevorzugte die Wilhelmstraße junge Diplomaten preußischer Herkunft und protestantischen Glaubens, die mit gesellschaftlich ebenbürtigen Frauen verheiratet waren und eine feine Verwandtschaft und vornehme Korpsbrüder besaßen[14].

Albert Ballin, der Direktor der HAPAG, bemerkte einmal mißbilligend, aber treffend, daß die Wilhelmstraße 76 „ein Klub" sei, „in welchen man bei und durch Geburt aufgenommen sein muß"[15]. Allerdings muß hinzugefügt werden, daß das Auswärtige Amt ebenso wie der Adel selbst sorgfältig auf Unterschiede innerhalb der adeligen Ränge bedacht war. In der Regel galt: Je neuer der Titel, desto unerwünschter war der Adelige für eine diplomatische Karriere. Einigen aristokratischen Parvenus dürstete es so heftig nach Aufnahme in den diplomatischen Dienst, daß sie spöttisch als „Diplomatenadel" bezeichnet wurden und man sich über ihren Reichtum und ihre neuen Titel lustig machte. Hierfür ist Baron Alfons Mumm von Schwarzenstein ein gutes Beispiel, der bei seinen Kollegen „Cliquot" oder „Extra-Dry" hieß.

Das Auswärtige Amt hatte eine ganze Reihe von Gründen, daß es Angehörige des alten Adels für geeigneter hielt. So hieß es zum Beispiel,

---

13 Karl Max Fürst von Lichnowsky, Heading for the Abyss. Reminiscences. New York, 1928, S. 85; Johannes Haller, Hg., Aus dem Leben des Fürsten Philipp zu Eulenburg-Hertefeld. Berlin 1924, S. 13; Karl F. Nowak und Friedrich Thimme, Hg., Erinnerungen und Gedanken des Botschafters Anton Graf Monts. Berlin 1932, S. 330. Siehe auch Walter Zechlin, Diplomatie und Diplomaten. Stuttgart 1935, S. 69–70. Solche gesellschaftlichen Begabungen waren auch in anderen Teilen der deutsch-preußischen Bürokratie hoch geachtet. Siehe Walter Struve, Elites against Democracy. Leadership Ideals in Bourgeois Political Thought in Germany, 1890–1933. Princeton 1973, S. 36, und Otto Hintze, Der Beamtenstand. In: Gerhard Oestreich, Hg., Soziologie und Geschichte. Gesammelte Abhandlungen zur Soziologie, Politik und Theorie der Geschichte. [2]Göttingen 1964, S. 101.

14 Cecil, Diplomatic Service, S. 78–94.

15 Lamar Cecil, Albert Ballin, Business and Politics in Imperial Germany, 1888–1918. Princeton 1967, S. 123.

daß ihre Fremdsprachenkenntnisse zuverlässiger seien, da sie diese entweder von importierten Kinderfrauen oder von kosmopolitisch eingestellten Verwandten aus ganz Europa erworben hätten[16]. Diese Tanten und Onkel waren von großem Vorteil, da sie den Eintritt in die Gesellschaft der Hauptstädte im Ausland ermöglichten, der für weniger vornehme Aristokraten sonst schwierig oder ganz unmöglich gewesen wäre. Es kam z. B. für den Botschafter Fürst Radolin in Paris überaus gelegen, daß seine Schwiegermutter eine Talleyrand war, oder für Bernhard von Bülow in Rom, daß seine Frau eine geborene Fürstin Camporeale und deren Schwiegermutter die „grande dame" der ersten Gesellschaft in der ewigen Stadt war. Nach Meinung der Wilhelmstraße verfügten die Träger alter Titel auch über ein unabhängigeres Urteilsvermögen; ihr Verständnis von „noblesse oblige" machte sie für den Verkehr mit den einfachen Leuten in den verschiedenen Ländern ihres Dienstes geeigneter als der Diplomatenadel, der – jederzeit nach gesellschaftlichen Triumphen schielend – nach Art der Parvenus allein vor den Stützen der Gesellschaft dienerte[17].

Die Vorliebe des Auswärtigen Amtes für den Adel, die eine so offensichtliche Rolle bei dem Auswahlverfahren spielte, blieb während der ganzen Karriere des Diplomaten ein wichtiger Faktor. Je älter der Stammbaum und je erhabener der Rang, desto größer seine Verwendungsmöglichkeiten im Dienst. Es gab Posten, vor allem in Wien und London, an denen nur ein Diplomat hochadeliger Abkunft ein Schicksal wie das des französischen Botschafters bürgerlicher Herkunft vermeiden konnte, der feststellte, er sei von der Wiener Gesellschaft „wie ein Schuhputzerjunge" behandelt worden[18]. Ein deutscher Diplomat,

---

[16] Bernhard Fürst von Bülow, Denkwürdigkeiten. Berlin 1930–31, Bd. 4, S. 21–22; Kühlmann, Diplomaten, S. 105; Moritz Busch, Unser Reichskanzler. Studien zu einem Charakterbilde. Leipzig 1894, Bd. 1, S. 229–30; Philipp Fürst zu Eulenburg-Hertefeld, Aus 50 Jahren. Erinnerungen, Tagebücher und Briefe. Berlin 1923, S. 51.

[17] Lichnowsky, Abyss, S. 87; Nowak, Thimme, Hg., Erinnerungen ... Monts, S. 50 f., 118; Petersdorff, Hg., Bismarck, Gesammelte Werke 6 c, S. 64; Prinz Alexander von Hohenlohe, Aus meinem Leben. Frankfurt 1925, S. 329.

[18] Nowak und Thimme, Hg., Erinnerungen ... Monts, S. 122. Der preußische Hof hatte auch keine Begeisterung für bürgerliche Gesandte. Siehe Marie von Bunsen, Zeitgenossen, die ich erlebte 1900–1930. Leipzig 1932, S. 76; Helmuth Rogge, Hg., Friedrich von Holstein. Lebensbekenntnis in Briefen an eine Frau. Berlin 1932, S. 334.

der leider nur das Adelsprädikat besaß, drückte dies einmal so aus: In Wien „beginnt der Mensch mit dem Grafen“[19]. Die Wilhelmstraße war davon überzeugt, daß allein der Adel alle erforderlichen gesellschaftlichen Tugenden aufwies. Ein Beispiel wird genügen, um dies zu veranschaulichen: Im Jahre 1913, als der Botschafterposten in Rom frei wurde, schlug Fürst Lichnowsky, der Botschafter in London, dem Kanzler Bethmann Hollweg den General von Wedel als den geeignetsten Mann für diese Stelle vor. Lichnowskys Empfehlung verweist auf die besondere Bedeutung, die das Auswärtige Amt eher den gesellschaftlichen als den intellektuellen Fähigkeiten beimaß: „Seine Intelligenz reicht für diesen Posten, auf dem es doch im wesentlichen auf Takt, gute Formen und gesellschaftliche Gewandtheit ankommt, wohl sicherlich aus. Er hat eine präsentable Frau, spielt gut Bridge, hat genügend Vermögen, ist außerdem bon enfant und wird sich mit allen Leuten zu stellen wissen.“[20]

Es ist eine allgemein anerkannte und aus statistischen Darstellungen ableitbare Tatsache, daß mit der Ranghöhe der Stellen in Berlin oder anderswo auch die Wahrscheinlichkeit wuchs, daß der betreffende Posten mit einem Adeligen besetzt wurde. Zu Beginn meiner statistischen Untersuchung muß ich anmerken, daß die Analyse der gesellschaftlichen Struktur des kaiserlich diplomatischen Dienstes sehr erschwert worden ist durch die Weigerung des Politischen Archivs des Auswärtigen Amtes, wissenschaftlichen Forschern Zugang zu den Personalakten längst verstorbener Diplomaten zu gewähren, obwohl dieses Recht auf Zugang vertraglich abgesichert ist[21]. Diese durch nichts

---

19 Alfred von Bülow an seinen Bruder Bernhard (10. 9. 1889), Bülow, Nachlaß, Nr. 14; auch Eulenburg an Holstein (11. 1. 1895), Holstein Nachlaß, National Archives, Mikrofilm T-120, 3855/H193376–77.

20 Lichnowsky an Bernhard von Bülow (3. 1. 1913), Bülow Nachlaß, Nr. 98; ganz ähnlich aus früherer Zeit siehe Bülow an Herbert von Bismarck (12. 4. 1887), Bismarck, Nachlaß, Bundesarchiv, Mikrofilm FC 2958/767–69.

21 Walter Hallstein in Vertretung des Bundesministers des Auswärtigen an Botschafter Conant, 14. 3. 1956; Conant an Hallstein, 18. 4. 1956. In diesem Notenwechsel versicherte die Bundesregierung, daß sie alle zurückgegebenen Aktenstücke „in archivarisch-ordnungsgemäßer Weise aufbewahren und in- und ausländischen Gelehrten jeder Zeit Einsicht in die Akten gewähren“ werde. Der Text dieses Notenwechsels wurde mir von meinem Kollegen, Prof. Gerhard L. Weinberg, freundlicherweise zur Verfügung gestellt.

zu rechtfertigende Behinderung wissenschaftlicher Arbeit durch das Politische Archiv stellt für den Forscher eine sehr erhebliche Erschwerung dar – eine bemerkenswerte Leistung für ein Archiv, das einem Amt angehört, das sich mit der feinen Kunst der Diplomatie befaßt. Die Historiker müssen sich also mit dem Bundesarchiv und dem Bundesarchiv-Militärarchiv zufriedengeben, die auf beiden Seiten des Atlantiks in dem Ruf einzigartiger Gefälligkeit und Aufgeschlossenheit gegenüber Wissenschaftlern stehen.

Man braucht sich nur die Tabelle 1 anzusehen, die die Positionen in Berlin und anderswo in der Rangfolge ihrer Wichtigkeit und Attraktivität für deutsche Diplomaten aufführt. Es fällt auf, daß der prozentuale Anteil Adeliger abnimmt, je weiter man die Liste von den großen europäischen Botschaften nach unten zu den europäischen Gesandtschaften auf anderen Kontinenten verfolgt. Dasselbe trifft zu, wenn man die Liste der Staatssekretäre, der höchsten Beamten der Wilhelmstraße 76, weiter nach unten durchgeht – bis zu den Vortragenden Räten in der Kolonialabteilung, der am wenigstens begehrten Stellung im Auswärtigen Amt. Diese Tabelle zeigt ebenfalls, daß Angehörige regierender oder mediatisierter Häuser oder Personen uradeliger Abkunft selten in Berlin tätig waren, es sei denn in der Eigenschaft als Staatssekretäre oder Vortragende Räte der Politischen Abteilung, der einflußreichsten und gesellschaftlich angesehensten Sektion der Wilhelmstraße. Uradeligen und Standesherren begegnete man aller Wahrscheinlichkeit nach nicht auf den trostlosen Posten in entfernten Ländern. Der Adel nahm nicht nur die höheren diplomatischen Ränge ein, sondern ältere Adelsfamilien erfreuten sich ihrerseits auch bevorzugter Beförderung im Vergleich zu Aristokraten mit erst unlängst verliehenen Titeln.

Beim deutschen Adel galt das Alter des Titels – die endlosen Unterscheidungen, die die Aristokratie zwischen Uradel, Briefadel und Neuadel machte – als wichtigster Faktor bei der Beurteilung des Stammbaums. Aber dies war nicht der einzige Faktor. Der nächstwichtige war der Rang – Herzog, Fürst, Graf, Freiherr, „von". Zu den gleichen Ergebnissen kommt man, wenn man den in diplomatischen Diensten im Ausland dienenden Adel betrachtet und dessen Rang in Verbindung mit dem Alter seines Titels berücksichtigt, wie dies die Tabelle 2 tut. Ziehen wir diese Tabelle zu Rate, so sehen wir erneut, daß Adelige mit höheren und älteren Titeln einen größeren Anteil der begehrten diplomatischen Posten einnahmen. Und interessanterweise kommt man zum gleichen Ergebnis, überprüft man die verschiedenen Positionen in der Zentralstelle der Wilhelmstraße.

Tabelle 1: Gesellschaftliche Struktur des diplomatischen Dienstes im kaiserlichen Deutschland

| Ära | Gruppe | Pers. | Herrscher-häuser/ Standeshrn. | Uradel | Brief-adel (1400†) | Neu-adel (1840†) | Abstam-mung un-bekannt | Adel ins-gesamt | Bürger-lich | Neuadel und Bür-gerlich |
|---|---|---|---|---|---|---|---|---|---|---|
| 1871–1914 | *Botschafter/ Gesandte* | 188 | 5 % | 40 % | 26 % | 12 % | 1 % | 84 % | 16 % | 28 % |
| | Botschafter, Europa | 36 | 14 % | 56 % | 22 % | 8 % | – | 100 % | – | 8 % |
| | Preuß. Gesandte | 60 | 5 % | 52 % | 13 % | 27 % | – | 97 % | 3 % | 30 % |
| | Kaiserl. ", Europa | 70 | 4 % | 50 % | 13 % | 26 % | – | 93 % | 7 % | 33 % |
| | " ", anderswo | 101 | 4 % | 27 % | 30 % | 9 % | 1 % | 71 % | 29 % | 38 % |
| 1871–1914 | *Staatssekretäre* | 9 | – | 67 % | 11 % | 22 % | – | 100 % | – | 22 % |
| 1880–1914 | *Unter-staatssekretäre* | 7 | – | 14 % | 29 % | 14 % | – | 57 % | 43 % | 57 % |
| 1881–1914 | *Direktoren* | 24 | 4 % | 4 % | 21 % | 17 % | 4 % | 50 % | 50 % | 67 % |
| 1881–1914 | Pol. Abteilung IA/B | 7 | – | 14 % | 14 % | 29 % | – | 57 % | 43 % | 72 % |
| 1881–1914 | Handel/Recht II/III | 10 | – | – | 30 % | 10 % | 10 % | 50 % | 50 % | 60 % |
| 1880–1907 | Kolonial-Abtlg. IV | 7 | 14 % | – | 14 % | 14 % | – | 42 % | 58 % | 72 % |
| 1871–1914 | *Vortragende Räte* | 124 | – | 18 % | 14 % | 15 % | 1 % | 48 % | 52 % | 67 % |
| 1881–1914 | Pol. Abteilung IA/B | 49 | – | 27 % | 14 % | 24 % | – | 65 % | 35 % | 59 % |
| 1881–1914 | Handel/Recht II/III | 43 | – | 7 % | 19 % | 12 % | 2 % | 40 % | 60 % | 72 % |
| 1880–1907 | Kolonial-Abtlg. IV | 18 | – | 11 % | 11 % | 11 % | – | 33 % | 67 % | 78 % |

Tabelle 2: Durchschnittliche Besetzung von Positionen im diplomatischen Dienst nach aristokratischem Rang

| Gruppe | Durchschnittl. Rang* |
|---|---|
| Botschafter, Europa | 6.03 |
| Preußische Gesandte | 5.09 |
| Kaiserl. Gesandte, Europa | 4.53 |
| Kaiserl. Gesandte, anderswo | 4.37 |
| Staatssekretäre | 4.39 |
| Unter-Staatssekretäre | 3.50 |
| Direktoren | 3.09 |
| Vortragende Räte | 2.97 |

| * Rang | |
|---|---|
| Herrscherhäuser | 12 |
| Standesherrl. Fürst | 11 |
| Standesherrl. Graf | 10 |
| Uradel, Fürst | 9 |
| Uradel, Graf | 8 |
| Briefadel, Graf | 6 |
| Uradel,Freiherr | 5 |
| Uradel, von | 4 |
| Briefadel, Freiherr | 3 |
| Briefadel, von | 2 |
| Neuadel, Frhr. oder von | 1 |

Waren preußische und deutsche Diplomaten vielfach aristokratischer Abkunft, so waren sie in den meisten Fällen immer schon auch protestantischen Glaubens gewesen[22]. Obwohl Angehörige des römisch-katholischen Glaubens zwischen 1871 und 1914 etwa 36 % der Bevölkerung Preußens und des Kaiserreiches ausmachten, betrug in diesem Zeitraum der prozentuale Anteil der Katholiken in diplomatischen Elitestellungen in Berlin und anderswo nur 20 %. Dieses Mißverhältnis ist wohl nicht auf das diplomatische Unvermögen katholischer Deutscher zurückzuführen und nur teilweise auf deren Vorliebe für den diplomatischen Dienst in Österreich-Ungarn. Man kann auch nicht davon sprechen, daß Katholiken in nennenswerter Zahl durch die Mächte abgelehnt wurden, bei denen Berlin seine Vertreter akkreditierte. Der Grund war eher in Vorurteilen bei der Wilhelmstraße selbst zu suchen. Otto von Bismarck erhob keine Einwände gegen katholische Diplomaten, besaß jedoch ein notorisches Mißtrauen gegenüber „Ultramontanen". Sein Sohn Herbert, der in dem Jahrzehnt nach 1880 einen großen Einfluß sowohl auf die Einstellung von Diplomaten als auch auf ihre Beförderung ausübte, hatte eine Abneigung gegen den katholischen Hochadel, der seinem Urteil nach zu stark klerikalisiert war. Wahrscheinlich hätte er mit seinem Bruder Wilhelm übereingestimmt, der Holstein 1883 schrieb, daß „wir" „genug Katholiken im Dienst" haben; die Jesuiten hätten „den Hochadel so stark klerikalisiert und

[22] Cecil, Diplomatic Service, S. 94–103.

für zwei Generationen so verdummt, daß heute unter den grandseigneurs kein Botschafter mehr zu finden ist"[23].

Unter dem weltoffenen Hohenlohe, einem mit einer russischen Protestantin verheirateten römischen Katholiken, und unter Bernhard von Bülow, einem Protestanten, der eine italienische Katholikin als Frau hatte, milderte sich die Abneigung gegen Katholiken. Doch das wurde wieder wettgemacht durch die teilweise heftigen Vorurteile Kaiser Wilhelms II. Daneben gab es auch diplomatische Gründe, die die geringe Zahl katholischer Gesandter erklärten. So waren die russischen Zaren dafür bekannt, daß sie Protestanten bevorzugten, und Fürst Radolin, Botschafter von 1895 bis 1900, war der einzige deutsche Katholik, der jemals in Petersburg sein Amt versah. Die Vertretung der preußischen Regierung beim Vatikan blieb bewußt in der Hand von Protestanten, da die Akkreditierung eines katholischen Gesandten in Deutschland als Zugeständnis an den Papst hätte ausgelegt werden können[24]. Schließlich schien das Auswärtige Amt stark dazu zu neigen, protestantische preußische Gesandte an die anderen deutschen Höfe zu entsenden, von denen die meisten protestantische Herrscher hatten – unter anderem nach Hamburg, dessen Bürgerschaft überwiegend dieser Konfession angehörte[25].

Juden betrachtete das Auswärtige Amt, wie zu erwarten, als ungeeignet für jede Art von Dienst auf höherer Ebene. Der deutsche Adel, der so auffallend in der deutschen Diplomatie vertreten war, war deutlich antisemitisch eingestellt. Reichskanzler Bismarck war mit dem Auswärtigen Amt davon überzeugt, daß es Juden an den erforderlichen diplomatischen Eigenschaften wie Takt und Anstand fehlen ließen. Über Maximilian Harden, den scharfzüngigen Herausgeber der *Zukunft*, sagte er, daß dieser „a quiet, unpretentious man of great tact,

---

[23] Herbert von Bismarck an Bernhard von Bülow, 17. 7. 1885, Bülow, Nachlaß, Nr. 75, Bundesarchiv; Rudolf Morsey, Die Oberste Reichsverwaltung unter Bismarck, 1867–1890. Münster 1957, S. 248, Anm. 239.

[24] Graf Monts an Holstein (7. 8. 1886), Holstein, Nachlaß 3859/H194461–62.

[25] Pourtales an Hohenlohe (13. 4. 1895), Hohenlohe, Nachlaß, Bundesarchiv, XXII.A.4; Holstein Tagebuch (4. 5. 1884), Holstein, Nachlaß 3860/H195895; Erhard Graf von Wedel, Hg., Zwischen Kaiser und Kanzler: Aufzeichnungen des Generaladjutanten Grafen Carl von Wedel aus den Jahren 1890–1894. Leipzig 1943, S. 59; Holstein an Bülow (21. 2. 1895), Bülow Nachlaß Nr. 90: Holstein an Herbert von Bismarck (31. 7. 1880), Bismarck Nachlaß FC 2966/457; Gebhardt Nachlaß R5289/790.

not at all like a Jew" sei[26]. Qualitäten, die der Reichskanzler bedauerte, wurden als jüdisch identifiziert[27]. Herbert Bismarck hatte keinen Wunsch, Juden in den diplomatischen Dienst aufzunehmen, weil diese sich „stets aufdringlich" verhielten und daher unangenehme Kollegen sein würden[28]. Eulenburg, Kiderlen-Wächter, Kuno Graf von Rantzau und andere Diplomaten sprachen über Juden mit demselben Vorurteil[29]. Jüdische Familien, mochten sie noch so berühmt oder reich sein, konnten ihre Söhne nicht in den diplomatischen Dienst hineinbringen. Holstein schrieb unter dem 12. Februar 1884 in sein Tagebuch: „Ich erfuhr vor wenigen Tagen, daß Bleichröder seinen jüngsten Sohn in die Diplomatie bringen will. Damit wird er kein Glück haben."[30] Vierzehn Jahre später schrieb er an Philipp Eulenburg von einem reichen Baron von Oppenheim, der gern Diplomat werden wollte: „Ich bin fest überzeugt, daß es sich hier nicht bloß um *einen* Semiten handelt, sondern daß durch die von ihm gemachte Bresche alsbald mehrere von seines-

---

[26] Moritz Busch, Bismarck. Some Secret Pages of his History. Leipzig 1898, Bd. 3, S. 383. Dieser Passus ist in der späteren deutschen Auflage von 1902 nicht zu finden.

[27] Busch, Bismarck. Secret Pages, Bd. 3, S. 383; siehe auch Nowak und Thimme, Hg., Erinnerungen ... Monts, S. 40, und Brauer, Im Dienste Bismarcks, S. 187; Petersdorff, Hg., Bismarck, Werke 9, S. 87.

[28] Herbert von Bismarck an Franz von Rottenburg, 25. 9. 1887, Rottenburg, Nachlaß, Bundesarchiv, II/2.

[29] Eulenburg an Wilhelm II., 17. 12. 1892 und 7. 3. 1894, Eulenburg, Nachlaß, Bundesarchiv, Koblenz (= Eine Preußische Familiengeschichte, Bd. 22, S. 795; Bd. 28, S. 217); Eulenburg an Holstein, 9. 2. 1892, ebd., Bd. 17, S. 65–67; siehe auch Bd. 18, S. 201a–d, Bd. 22, S. 791–92; Philipp Eulenburg, Mit dem Kaiser als Staatsmann und Freund auf Nordlandsreisen. Dresden 1931, Bd. 1, S. 162. Auch Kiderlen-Wächter an Hedwig Kypke 24. 5. 1892, Kiderlen-Wächter, Nachlaß, Sterling Library, Yale University, New Haven, Conn., MS 312, Nr. 11; Botschafter Georg Graf von Münster an Holstein, 18. 6. 1896, Holstein, Nachlaß 3859/H194759; Radolinski an Holstein, 23. 2. 1888, 3859/H195029; Holstein, Tagebuch, 22. 3. 1884, 3860/H195844–47, 8. 4. 1885, 3861/H195988–89; Graf Rantzau an Herbert von Bismarck, 28. 8. 1882, Bismarck, Nachlaß, FC 3028; Eisendecher to Herbert von Bismarck, 18. 10. 1873, FC 2961/419–20. Zum auswählenden Antisemitismus Kaiser Wilhelms II. siehe Lamar Cecil, Wilhelm II. und die Juden. In: Werner E. Mosse, Hg., Juden im Wilhelminischen Deutschland 1890–1914. Tübingen 1976, S. 313–47 und Cecil, Diplomatic Service, S. 100 Anm. 107.

[30] Holstein, Nachlaß, 3860/H195797–98.

gleichen nachdrängen werden ... Ist aber Einer mal reingekommen, so wird ein Zetergeschrei entstehen, wenn man andere ablehnt."[31] Oppenheim fand keinen Eintritt.

Nur zwei Juden stiegen zum Rang eines Vortragenden Rates auf, und nur zwei getaufte Juden – Paul Kayser und Bernhard Dernburg – erlangten die Stellung eines Direktors, doch dienten beide in der Kolonialabteilung, der untersten Stufe der Wilhelmstraße. Von den zahlreichen Nichtjuden, die einflußreiche Positionen im Auswärtigen Amt innehatten, gab es nur einen – Otto Hammann, ein für Presseangelegenheiten verantwortlicher Vortragender Rat – der darum bemüht war, mehr Juden in den diplomatischen Dienst aufzunehmen[32]. Er fand keine Unterstützung bei seinen Kollegen.

Das typische Mitglied der kaiserlichen Diplomatenelite war also adeliger Abstammung und protestantischen Glaubens. Es gab viele Diplomaten, die es ebenfalls lieber gesehen hätten, wenn deutsche Diplomaten preußischer Herkunft gewesen wären; doch je weiter wir uns dem Jahre 1914 nähern, desto weniger Preußen finden sich in den führenden Positionen der Wilhelmstraße. Schon Bismarck hatte festgestellt, daß seit etwa 1840 die Vertretung des preußischen Adels im diplomatischen Dienst im Abnehmen begriffen sei[33]. Der Rückgang preußischer Diplomaten war teilweise auf den „Eisernen Kanzler" selbst zurückzuführen, der, obgleich selbst Preuße, Kandidaten aus anderen deutschen Staaten in gewisser Weise vorzog. Für Bismarck sprachen sowohl politisch-taktische Erwägungen als auch psychologische Gründe gegen die Preußen. Er kam zu dem Schluß, daß die Aufnahme von Nicht-Preußen in den kaiserlich diplomatischen Dienst dem Zusammenhalt des neuen Reiches förderlich sein werde[34]. Außerdem fand er – jederzeit bereit, seinen preußischen Mitaristokraten Schwächen nachzusagen – diese zu stolz und rangbesessen, um sich in den diplomatischen Dienst einzufügen. In seinen Memoiren schrieb der Kanzler folgendes: „Bei den reinen preußischen Civil-Diplomaten, welche der Wirkung militärischer Disziplin garnicht oder unzureichend unterlegen hatten, habe ich in der Regel eine zu starke Neigung zur Kritik, zum Besserwissen, zur Opposition und zu persönlichen Empfindlichkeiten

31 Brief von 21. 7. 1898, Eulenburg, Nachlaß, Bd. 51, S. 168–70.

32 Notiz von Holstein 29. 4. 1908, Holstein, Nachlaß, 3852/H197027–28.

33 Petersdorff, Hg., Bismarck, Werke 15, S. 7–8.

34 Brauer, Die Deutsche Diplomatie unter Bismarck. In: Deutsche Revue 21. 2. (1906), S. 72.

gefunden, verstärkt durch die Unzufriedenheit, welche das Gleichheitsgefühl des alten preußischen Edelmanns empfindet, wenn ein Standesgenosse ihm über den Kopf wächst oder außerhalb der militärischen Verhältnisse sein Vorgesetzter wird."[35]

Doch Bismarcks Vorurteile allein können nicht den Rückgang preußischer Diplomaten erklären, da auch noch nach seinem Abschied als Kanzler im Jahre 1890 der prozentuale Anteil der Preußen weiter fiel. Hohenlohe und Bülow waren beide Nicht-Preußen von entschieden kosmopolitischer Gesinnung und teilten Bismarcks Wunsch, Adelige aus allen Teilen Deutschlands für den diplomatischen Dienst zu interessieren. Caprivi und Bethmann Hollweg, obgleich Preußen, zeigten weder bei der Einstellung noch bei der Beförderung eine besondere Vorliebe für Preußen. Zweifellos beeinflußte auch ein wirtschaftlicher Faktor seit Mitte der siebziger Jahre den Rückgang preußischer Aristokraten (besonders von östlich der Elbe) im diplomatischen Dienst. Tatsache war, daß das junkerliche Einkommen von einer großenteils nicht näher bestimmbaren Getreideproduktion abhing, die Mitte der siebziger Jahre wegen einer schweren Depression, die bis zur Jahrhundertwende andauerte, drastisch absank[36]. Die meisten ostelbischen Junker waren für ihre Einkünfte und ihr Vermögen auf das Land angewiesen, das sie besaßen, und als die Einkünfte abnahmen, waren sie nicht mehr in der Lage, ihre Söhne mit dem für den diplomatischen Dienst notwendigen Privateinkommen zu versorgen. Es besteht eine auffallende Wechselbeziehung zwischen dem Verlauf der wirtschaftlichen Depression zwischen 1873 und 1896 und der Zahl ostelbischer Junker im diplomatischen Dienst. Mit der Erholung der Wirtschaft nahm auch ihre Anzahl wieder zu, ohne allerdings je wieder den Prozentsatz zu erreichen, den die Preußen unter den Berliner Diplomaten in den siebziger Jahren hatten verzeichnen können. Lediglich die großen europäischen Botschaften blieben fest in der Hand des preußischen Uradels; sonst nahm sein Anteil im diplomatischen Dienst ab. Aristokraten anderer deutscher Staaten, nicht jedoch Angehörige bürgerlicher Abstammung, traten an seine Stelle. Während des gesamten Zeitraumes zwischen 1871 und 1914 blieb der prozentuale Anteil des Adels unter den Diplomaten konstant bei 87 %. Was sich änderte, war der Prozentsatz ostelbischer Großgrundbesitzer oder Söhne von Großgrundbesitzern in dieser Gruppe, der sich von 59 % aller Gesandten in den

[35] Petersdorff, Hg., Bismarck, Werke 15, S. 7; 8, S. 385.

[36] Statistisch geschildert in Cecil, Diplomatic Service, S. 177–84.

siebziger Jahren auf 39 % in den neunziger Jahren reduziert und danach nur einen bescheidenen Anstieg auf 46 % aufweist. Das gleiche trifft im großen und ganzen für die Vortragenden Räte in der Wilhelmstraße zu (siehe Tabelle 3).

Tabelle 3: Botschafter und Vortragende Räte mit agrarischem Vermögen östlich der Elbe

| Gruppe | 1870 f | 1880 f | 1890 f | 1900/14 |
|---|---|---|---|---|
| Botschafter/Gesandte | 59 % | 55 % | 39 % | 46 % |
| Vortragende Räte | 80 % | 67 % | 51 % | 47 % |

Soviel zur gesellschaftlichen Herkunft der Diplomaten! Als nächstes wäre zu fragen, wie ihr Selbstverständnis aussah. Das Hauptmerkmal deutscher Diplomaten war Selbstachtung oder Stolz auf ihre Abstammung – wenn sie Adelige waren, auf ihre hohe soziale Stellung und auf ihre Beschäftigung im Auswärtigen Amt. Wir wissen zum Beispiel, wie sehr junge Probeattachés es genossen, auf ihre Visitenkarten „Beschäftigt im Auswärtigen Amt" drucken zu lassen, und wie stolz und überlegen ihre älteren diplomatischen Kollegen jene behandelten, die die Wilhelmstraße zu kritisieren wagten. Das Verhältnis, das adelige Diplomaten zu ihrem Dienst hatten, war das einer besitzenden Klasse: der Dienst stand ihnen, wie sie fanden, rechtmäßig zu. Herbert von Beneckendorf und von Hindenburg, ein junger Diplomat und Enkel eines Botschafters, stellte fest, daß es für Männer von adeliger Herkunft nur drei standesgemäße Berufe gäbe: die Armee, das diplomatische Korps und gewisse Zweige der preußischen Bürokratie[37]. Diese Ansicht wurde natürlich bestätigt durch den Wert, den das Auswärtige Amt auf Benehmen und Kultiviertheit legte, wenn Kandidaten eingestellt oder Diplomaten befördert wurden. Immer galt die Überzeugung, daß diese Qualitäten nur beim Adel zu finden seien. Da Diplomatie ein Anrecht war, wurden die diplomatischen Verpflichtungen als Kavalierspflichten verstanden. Junge Diplomaten tendierten häufig zur Nonchalence, und sogar ältere Gesandte – wie Philipp Eulenburg, Radowitz, Hatzfeldt, Treutler usw. – verärgerten oft durch eine langfristige Abwesenheit von ihren Posten ausländische Staatsmänner und Herr-

[37] Hindenburg, Am Rande, S. 46–47.

scher und gelegentlich selbst die Wilhelmstraße[38]. Fälle wie Georg Graf von Werthern, preußischer Gesandter in Bayern von 1877 bis 1888, der jedes Jahr im Juni München verließ, um seine Familiengüter in Thüringen zu bestellen, und erst zum Oktoberfest wieder zurückkehrte, da er bis dahin seine Ernte eingebracht hatte und somit seinen Arbeitsplatz ohne Nachteile wieder aufsuchen konnte, sind heute kaum mehr vorstellbar[39].

Das diplomatische Korps war sorgfältig integriert in die Elitestruktur des kaiserlichen Deutschland, eine Tatsache, die zweifellos das Überlegenheitsgefühl der Diplomaten stärkte. In der sogenannten ersten Gesellschaft Berlins galten Diplomaten als personae gratissimae und waren die Zierde adeliger Salons und Clubs. Hier verkehrten sie mit ihren zahllosen Vettern, Onkeln und Brüdern, die bedeutende Ämter in Berlin oder in den Verwaltungen der Provinz bekleideten. Als Beispiel einer solchen Verbindung sei hier die Familie Bismarck erwähnt: Otto und Herbert in Berlin, Bill in der preußischen Regierung, Graf Rantzau, der Schwiegersohn, im diplomatischen Dienst und die weitläufige Vetternschaft der Arnims, Boitzenburgs, Puttkammers, Brockdorffs usw. in wichtigen preußischen oder kaiserlichen Stellen. Die Eulenburgs, Bülows oder Richthofens könnten ebenfalls als überzeugende Beispiele dienen. Das kaiserliche Deutschland war ein Familienunternehmen, was ganz besonders für das Auswärtige Amt zutraf[40].

Die am weitesten entwickelte Beziehung zwischen Diplomaten und anderen Mitgliedern der deutschen Elite war die zwischen dem diplomatischen Korps und den Offizieren der preußischen Armee[41]. Dies über-

---

[38] Treutler, Nachlaß, Kap. 18; Brauer, Erinnerungen an Bismarck, S. 320, Radowitz an Bernhard von Bülow, 27. 6. und 31. 10. 1877, Bülow, Nachlaß Nr. 114; Hajo Holborn, Hg., Aufzeichnungen und Erinnerungen aus dem Leben des Botschafters Joseph Maria von Radowitz. Berlin 1925, Bd. 1, S. 288–343; Verhandlungen des Reichstages (15. 12. 1884, Reichskanzler Bismarck), S. 359–60; Ludwig Raschdau, Fürst Bismarck als Leiter der Politischen Abteilung. Aus dem schriftlichen Nachlaß des Unterstaatssekretärs Dr. Busch. In: Deutsche Rundschau 41 (1912), S. 47–54; Eulenburg an Agenor Graf von Goluchowski, 5. 9. 1901, und an Kaiser Wilhelm II., 7. 9. 1901, Eulenburg, Nachlaß, Bd. 58, S. 167, 170–71; Gerhard Ebel, Hg., Botschafter Graf Paul von Hatzfeldt. Nachgelassene Papiere, 1838–1901, Boppard 1978, Bd. 2, passim.

[39] Eulenburg, Aus 50 Jahren, S. 112.

[40] Cecil, Diplomatic Service, Kap. III, passim.

[41] Cecil, Diplomatic Service, S. 104–46.

rascht insofern nicht, als die preußische Armee um dieselben gesellschaftlich gewandten protestantischen Aristokraten mit unabhängigem Vermögen warb wie die Wilhelmstraße. Junge Leutnants und Rittmeister wurden oft auf ein oder zwei Jahre zum diplomatischen Dienst im Ausland oder in der Wilhelmstraße abkommandiert, und einige von ihnen fanden das diplomatische Leben so verlockend, daß sie ihren Dienst bei der Armee aufgaben, um in den diplomatischen Dienst einzutreten. Das Auswärtige Amt hieß Offiziere mit standesgemäßer Herkunft und Vermögen willkommen und befreite sie oft von der Eignungsprüfung. Da die Mehrzahl der jungen Diplomaten kurze Zeit in der Armee gedient hatte, vermischten sich diese beiden Gruppen leicht miteinander; sie dinierten häufig zusammen im Kasino am Pariser Platz, trafen sich regelmäßig in der Berliner Gesellschaft und teilten sicherlich die gleichen Vorurteile gegen Juden, Bürgerliche und politische Radikale[42].

Die Ähnlichkeiten zwischen Diplomaten und Offizieren wurden deutlicher, je mehr diese in ihren Karrieren in höhere Ränge aufstiegen. Offiziere wurden Militärattachés oder Militär-Bevollmächtigte, Generäle dienten als Gesandte, und aristokratische Armee und diplomatisches Leben glichen sich mehr und mehr einander an. Wie in der Diplomatie die Eliteposten mit hohen Aristokraten besetzt wurden, so gab es auch in der Armee Garderegimenter, die den alten Adelsfamilien vorbehalten waren, bürgerliche Offiziere wie bürgerliche Diplomaten wurden in der Isolation entfernter Garnisonen oder südamerikanischer oder afrikanischer Gesandtschaften gehalten oder in den nicht so feinen Abteilungen der Artillerie, der Pioniere oder des Sanitätswesens begraben – Formen des Armeedienstes, die wir als soziales oder berufliches Äquivalent zum Dienst eines Vortragenden Rates in der wirtschaftsrechtlichen oder kolonialen Abteilung der Wilhelmstraße oder eines Minister-Residenten in Guatemala oder Korea bezeichnen können.

Behält man die vielfältigen Beziehungen zwischen den militärischen und den diplomatischen Einrichtungen im kaiserlichen Deutschland vor Augen, so überrascht es nicht, daß Kritiker des Auswärtigen Amtes dieses häufig mit einem aristokratischen Armeeregiment verglichen und dabei auf seinen komplizierten Verhaltenskodex, sein unerbittliches Beharren auf Privilegien und seine Feindlichkeit gegen Liberalismus und Modernität verwiesen. Die Wilhelmstraße wurde vor 1890 im

[42] Cecil, Diplomatic Service, S. 104–110.

Volksmund als „Fürst Bismarcks Generalstab" bezeichnet[43]. Der Eiserne Kanzler gebrauchte gern militärische Ausdrücke, wenn er von seinen Diplomaten sprach, und er legte großen Wert auf soldatischen Gehorsam. „Meine Botschafter", sagte er, „müssen einschwenken auf Kommando wie die Unteroffiziere, ohne zu wissen warum."[44] Moritz Busch, Bismarcks wichtigstes Sprachrohr, bemerkte, daß ein Diplomat insofern einem General vergleichbar sei, als er ständig seinen Vorteil wahren und schließlich seinen Gegener besiegen müsse. Andererseits war die Sprache der Diplomatie mit ihrem Gerede von „diplomatischer Strategie, diplomatischen Taktiken und diplomatischen Feldzügen" der Sprache von Soldaten im Krieg entnommen[45]. Busch wie Bismarck faßten solche Vergleiche als Kompliment auf.

Während das Auswärtige Amt also enge Beziehungen zur militär-bürokratischen Elite unterhielt, die dieselbe gesellschaftliche Herkunft vorweisen konnte, gab es andere Gruppen innerhalb der elitären Struktur des kaiserlichen Deutschlands, denen gegenüber das Auswärtige Amt sich entweder feindlich verhielt oder mit denen es nur höchst lose Kontakte aufrecht erhielt. Zu einer dieser Gruppen gehörte die parlamentarische Führung. Die Wilhelmstraße empfand keine große Liebe für den Reichstag, und von daher ist es teilweise zu verstehen, daß der Posten des Staatssekretärs, der das Auswärtige Amt vor dem Parlament vertrat, sich keines großen Ansehens erfreute[46]. Paul Graf von Hatzfeldt-Wildenburg, der diesen Posten von 1881 bis 1885 innehatte, sagte treffend, daß „der Tausch vom Botschafter zum einfachen Staatssekretär unter allen Umständen einem vom Pferd auf den Esel" [gleichkomme][47]. Die diplomatische Elite verkehrte nur wenig mit Par-

---

[43] Heinrich von Poschinger, Stunden bei Bismarck. Wien 1910, S. 173–74.

[44] Busch, Unser Reichskanzler, Bd. 1, S. 250; Heinrich von Poschinger, Fürst Bismarck und die Parlamentarier. Breslau 1894–96, Bd. 2, S. 210.

[45] Busch, Unser Reichskanzler, Bd. 1, S. 223–24, 252–53.

[46] Ludwig Raschdau, Unter Bismarck und Caprivi. Erinnerungen eines deutschen Diplomaten aus den Jahren 1885–1894. Berlin 1939, S. 301; Nowak und Thimme, Hg., Erinnerungen ... Monts, S. 155; Hindenburg, Am Rande, S. 261; Holborn, Hg., Aufzeichnungen ... Radowitz, Bd. 2, 323; Wilhelm Baron von Schoen, Erlebtes. Beiträge zur Politischen Geschichte der Neuesten Zeit. Stuttgart 1921, S. 51–52; Monts, Unsere Diplomaten, S. 77 f.; Otto Hammann, Zur Vorgeschichte des Weltkrieges. Erinnerungen aus den Jahren 1897–1906. Berlin 1919, S. 1.

[47] Holstein an Herbert von Bismarck, 22. 7. 1882, Walter Bußmann, Hg., Staatssekretär Graf Herbert von Bismarck. Aus seiner politischen Privatkorrespondenz. Göttingen 1964.

lamentariern, außer mit Mitglieder der aristokratischen konservativen Partei oder mit einigen wohlhabenden Führern der Freikonservativen wie Baron von Stumm-Halberg. Wenn ein Abgeordneter im Reichstag wagte, die Wilhelmstraße zu tadeln, erhielt er eine scharfe Antwort. So informierte der Staatssekretär Adolf Freiherr Marschall von Bieberstein August Bebel, der wegen der Dienstabwesenheit des Wiener Botschafters Eulenburg Fragen gestellt hatte, daß „darüber, in welcher Weise die Beamten des Auswärtigen Dienstes dienstlich zu verwenden sind," ... „die Entscheidung ausschließlich seiner Majestät und den Vorgesetzten dieser Beamten zustehe". Er lehne „es deshalb formell ab, in die Sache selbst einzugehen und dem Herrn Abgeordneten Bebel in dieser Beziehung Rede zu stehen"[48].

Deutsche Diplomaten unterhielten nur lockere Beziehungen zur Wirtschaftselite des kaiserlichen Deutschlands und zeigten wenig Interesse an wirtschaftlichen Fragen. Die Eignungsprüfung der jungen Diplomaten legte wenig Betonung auf wirtschaftliche Dinge. Diplomaten im Ausland überließen Wirtschaftsgeschäfte lieber ihren Untergebenen oder Konsularbeamten, und in Berlin wurde die wirtschaftlich-rechtliche Abteilung stets als zweitrangige Sektion betrachtet, von der aus selten einige Vortragende Räte oder Direktoren zu Positionen auf Außenstellen befördert wurden. Die Verbindungen, die zwischen deutschen Diplomaten und der Finanz- und Industrieelite bestanden, wurden vor allem durch den „Diplomatenadel" hergestellt, der in den diplomatischen Dienst eingedrungen war – die Krupp von Bohlen und Halbach, Stumm, Schoen, Hoesch, Kühlmann usw. zeugen alle von dieser Beziehung. Einige der kosmopolitisch eingestellten Diplomaten verkehrten sogar freundschaftlich mit der jüdischen Elite und waren mit Ballin, Max Warburg und Carl Fürstenberg bekannt. Es muß allerdings betont werden, daß das Auswärtige Amt lediglich mit der obersten Schicht der Geschäftswelt etwas zu tun hatte, und auch das nur in sehr begrenztem Maße.

Das Auswärtige Amt war wie jede andere Institution des kaiserlichen Deutschlands keine unabhängige Einheit. Wie die Armee und die Bürokratie war es den Souveränen, die herrschten, untertan und den Kanzlern, die verwalteten, untergeben. Wir wissen, daß sich die diplomatische Elite in ihrer Zusammensetzung zwischen 1871 und 1914 sehr wenig veränderte. Sie blieb aristokratisch, protestantisch und vermö-

[48] Verhandlungen des Reichstages (14. 2. 1896), Bd. 144, S. 956–57.

gend, obgleich allmählich weniger ostelbische Junker in ihr vertreten waren. Inwieweit veränderten sich der Beruf und die Lebens- und Arbeitsbedingungen in diesen vierzig Jahren? Was waren die Wendepunkte, an denen wir einen qualitativen, wenn auch nicht so sehr quantitativen, Wandel in der diplomatischen Elite feststellen können? Es wird sicherlich niemanden überraschen, daß der entscheidende Wendepunkt in das Jahr 1890 fällt, da die Wilhelmstraße ohne Bismarck etwas ganz anderes war als zuvor unter seinem festen Kommando. Unter dem großen Kanzler war das Auswärtige Amt eine Autokratie gewesen[49]. Der „große Wauwau" oder „große Onkel", wie er oft respektlos hinter seinem Rücken genannt wurde, empfand eine tiefe Geringschätzung gegenüber allen Menschen, von der er auch die Diplomaten nicht ausnahm. Bismarck klagte häufig, daß nur wenige seiner Diplomaten ihrer Aufgabe gerecht würden, und war nur mit einigen wenigen von ihnen besser bekannt. Seinen diplomatischen Untergebenen erlaubte er kaum Unabhängigkeit, und seine Gesandten in außerdeutschen Hauptstädten, gewöhnlich Männer reifen Alters und mit langjähriger Diensterfahrung, hielt er an der kurzen Leine. Seine Maxime lautete: „Wenn nur ein Botschafter gehorchen kann, mehr ist nicht nötig."[50] Bismarck hielt seine Diplomaten nicht immer vollständig auf dem laufenden über seine persönlichen Verhandlungen mit den Mächten, bei denen diese akkreditiert waren. Was Bismarck von einem Diplomaten erwartete, war kein eigenes Urteilsvermögen, sondern erstens einen Charakter und eine Herkunft, die ihm den Eintritt in die Gesellschaft sicherten, und zweitens die Fähigkeit, Berichte zu schreiben, die eher beschreibend als interpretierend ausfielen, da Bismarck allein die Politik bestimmte. Von den Diplomaten wurde erwartet, daß sie nach Berlin berichteten, was sie durch ihre Kontakte erfahren hatten, und zwar in einem Stil, der sowohl knapp als auch attraktiv war. Bismarck war nur selten zufrieden mit den Berichten, die er erhielt und die er einer gründlichen Kritik und Korrektur unterwarf. Ein erbitterter Diplomat erklärte einmal: „Ich kann Sie versichern, daß Goethe sich Korrekturen hätte gefallen lassen müssen, wenn er bei uns eingetreten wäre."[51] Anstatt sich über Bismarcks diktatorisches und oft kleinliches Wesen zu ärgern, verehrte ihn das Auswärtige Amt, wenn

---

[49] Cecil, Diplomatic Service, S. 226–56.

[50] Holstein, Tagebuch, 11. 2. 1884, Holstein, Nachlaß, 3860/H195794; auch Busch, Unser Reichskanzler, Bd. 1, S. 245–46.

[51] Julius von Eckardt, Lebenserinnerungen. Leipzig 1910, Bd. 2, S. 117.

auch nicht ganz ohne ein gewisses Gefühl der Furcht. Jeder deutsche Diplomat konnte stolz darauf sein, daß er mit Bismarck dem führenden Staatsmann Europas diente. Kurd von Schlözer, Bismarcks Gesandter im Vatikan, schrieb folgendes: „Wir deutschen Diplomaten, die nur bescheidene Vollstrecker von Bismarcks Willen an den ausländischen Höfen waren, wuchsen mit ihm und fühlten uns stark in dem Dienste, den wir dem mächtigsten Staatsmann und unserem Vaterlande leisteten. Das ist anders geworden, seit er gegangen ist. Wir durften und konnten nicht mehr im Namen einer überwältigenden Individualität sprechen."[52] Aber solange Bismarck im Reichskanzlerpalais saß, waren die Moral im Auswärtigen Amt hoch und das Vertrauen unerschütterlich.

Von 1890 ab ließ angesichts eines zunehmend autokratischer werdenden Kaisers und einer Reihe von Epigonen im Kanzlerpalais die Moral nach, und eine Unzufriedenheit mit der Diplomatie verbreitete sich. Dies war teilweise auf die Desillusionierung einiger adeliger deutscher Diplomaten zurückzuführen, die sich mit der Tatsache konfrontiert sahen, daß Diplomatie jetzt weniger Einfluß von Höflingen auf den Staat bedeutete als vielmehr die Gegenüberstellung mit Parlamentariern, Zeitungskönigen und der öffentlichen Meinung. Aber es gab noch näherliegende Probleme. Mit Bismarcks und seines Sohnes Verabschiedung fiel das Auswärtige Amt in die Hand von Neulingen – Caprivi und Adolf Freiherr Marschall von Bieberstein, dem „Ministre étranger aux affaires", wie Bismarck ihn spöttisch nannte[53]. Dies ebnete nicht nur der wachsenden Macht Friedrich Holsteins innerhalb des Auswärtigen Amtes den Weg, sondern auch der Durchsetzung eines persönlichen Regimentes Wilhelms II. und seiner diplomatischen Günstlinge wie Philipp Eulenburgs und Bernhard von Bülows – eine Entwicklung, über die John Röhl in so überzeugender Weise berichtet hat[54]. Die Wilhelmstraße hörte auf, seinen Diplomaten weiter viel Beachtung zu

---

52 Brief an einen Unbekannten geschrieben nach 1890. In: Schlözer, Letzte römische Briefe. Stuttgart 1924, S. 149. Siehe auch S. 163 und 168.

53 Bülow, Denkwürdigkeiten, Bd. 4, S. 639; auch Hermann Freiherr von Eckardstein, Lebenserinnerungen u. politische Denkwürdigkeiten. Leipzig 1919–21, Bd. 1, S. 131.

54 John C. G. Röhl, Germany without Bismarck. The Crisis of Government in the Second Reich. Berkeley 1967. Siehe auch Röhl und Nicolaus Sombart, Hg., Kaiser Wilhelm II. New Interpretations. The Corfu Papers. Cambridge 1982.

schenken. Vortragende Räte, die mit Holstein nicht übereinstimmten, wurden aus dem Dienst entlassen; Legationssekretäre und jüngere Gesandte kritisierten oft ältere Botschafter oder Gesandte, die sie um ihre Spitzenstellungen beneideten. Um 1900 war das Auswärtige Amt zur notorischen „Giftbude" geworden, gespalten, verbittert und pessimistisch. Die Dinge verbesserten sich auch nicht unter Bülows Reichskanzlerschaft, da er nachlässig und träge war. Seine Staatssekretäre, Freiherr von Richthofen und Wilhelm von Schoen, waren unbedeutende Erscheinungen mit wenig Gewicht oder Talent. Die Kombination von Bethmann Hollweg und zunächst Kiderlen-Wächter, dann Jagow, brachte keine Verbesserung[55].

Die größte Verantwortung für den Niedergang der beruflichen Selbstachtung des deutschen diplomatischen Korps trägt Kaiser Wilhelm II. Vor 1888 hatte sich das Auswärtige Amt mit einem anspruchsvollen Herrscher nicht auseinandersetzen müssen. Wilhelm I. war eine starke und energische Persönlichkeit gewesen, doch, von wenigen Ausnahmen abgesehen, ließ er Bismarck seinen Willen. Lediglich über seinen Widerstand gegen das Bündnis mit Österreich im Jahre 1879 und über einige Meinungsverschiedenheiten hinsichtlich personeller Fragen gerieten der Herrscher und sein Staatsmann nach 1871 in Streit. Bismarck mag gewünscht haben, daß Wilhelm I. weniger Zeit auf die Diplomatie verwendet und mehr Patiencen gelegt hätte; doch im allgemeinen hatte der Kanzler wenig Grund zur Klage.

Mit Wilhelm II. wandelten sich die Dinge zum Schlechten[56]. Von Jugend auf hatte der junge Hohenzoller Geschmack an der Diplomatie gefunden. „Schicken Sie mich nach Petersburg", erklärte der Prinz Bismarck gegenüber. „Ich kenne den Kaiser [und] ich bringe die Sache in 24 Stunden in Ordnung."[57] Bismarck erlebte, daß Kaiser Wilhelm II. nicht immer mit seinen außenpolitischen Vorstellungen übereinstimmte, besonders nicht mit dem Wunsch des Kanzlers nach engen russisch-deutschen Beziehungen. Als Bismarck 1890 stürzte, kam Wilhelm II. zu dem Schluß, daß die Diplomatie von nun an Sache der Krone und nicht mehr des Kanzlers sein sollte. Der Grund für diese Entscheidung lag darin, daß der letzte Kaiser tief davon überzeugt war, daß Diplomatie keine Angelegenheit für berufliche Experten sei, sondern vielmehr für ihn selbst und seine „Kollegen", wie er gern seine Mit-

[55] Cecil, Diplomatic Service, S. 300 ff., 308 ff.

[56] Röhl und Sombart, Hg., Wilhelm II., passim.

[57] Raschdau, Unter Bismarck und Caprivi, S. 17.

monarchen nannte. Er verfolgte diese persönliche Diplomatie mit glühender Begeisterung zwanzig Jahre lang, vor allem mit den Majestäten in St. Petersburg und London; sie erwies sich als verhängnisvoll. Sein närrisches Verhalten, seine gelegentliche Grobheit und seine hoffnungslose Indiskretion entfremdete ihn dem Zaren ebenso wie seinen Verwandten in England. Wilhelm II. kam niemals der Gedanke, daß er die Hauptverantwortung für die sich verschlechternden Beziehungen Deutschlands sowohl mit England als auch mit Rußland trug, da er Kritik gegenüber unzugänglich war. Auf jeden Fall war er davon überzeugt, daß er keine Wahl hatte, da er die Diplomatie dem Auswärtigen Amt nicht anvertrauen konnte, das nach seiner Meinung nahezu wertlos war. Er bezeichnete seine Bewohner als „Schweine" und erklärte, daß er die Leute, die er am meisten hasse, Diplomaten und Parlamentarier seien[58]. Gegenüber dem Direktor der Politischen Abteilung bemerkte er: „Ich will Ihnen etwas sagen. Ihr Diplomaten habt die Hosen voll, [und] die ganze Wilhelmstraße stinkt danach."[59]

Wilhelm II. mochte Diplomaten mit eigenen Ideen ebenso wenig wie Bismarck, und die wenigen, die wie Kiderlen-Wächter oder Marschall von Bieberstein ihre Meinung zu äußern wagten, sahen sich schließlich aus Berlin verdrängt. Gesandte waren für den Kaiser lediglich hochangesehene Briefträger. Als Bethmann Hollweg einmal den Kaiser wegen der Ernennung eines Botschafters für London kritisierte, verwies Wilhelm II. ihn sofort in seine Schranken, indem er antwortete: „Ich schicke nur *Meinen* Botschafter nach London, der *Mein* Vertrauen hat, *Meinem* Willen pariert, *Meine* Befehle ausführt und mit *Meiner* Instruktion."[60]

Während Bismarck als Diplomat Erfolg hatte und seine Verwaltung des Auswärtigen Amtes ein Meisterstück administrativen Zusammenhaltes schuf, war sein Vermächtnis außerordentlich unglücklich. Bismarcks langjährige alleinige Kontrolle der deutschen Diplomatie setzte voraus, daß die Wilhelmstraße eine untergeordnete Rolle spielte. Das Auswärtige Amt war nicht der Ort, an dem Politik erdacht und weiter-

---

58 Holstein Tagebuch, 11. 11. 1888, Holstein, Nachlaß 3861/H196323; auch W. Waters, Potsdam and Doorn. London 1935, S. 129–30.

59 Walter Görlitz, Regierte der Kaiser? Aufzeichnungen des Chefs des Marinekabinetts Admiral Georg Alexander v. Müller über die Ära Wilhelms II. Berlin 1965, S. 109.

60 Hans-Günter Zmarzlik, Bethmann Hollweg als Reichskanzler, 1909–1914. Düsseldorf 1957, S. 28.

entwickelt wurde, sondern eher ein Werkzeug zur Erfüllung der Wünsche des Kanzlers. Nachdem einmal der „Eiserne Kanzler" entlassen worden war, übernahm Wilhelm II. dessen Rolle. So änderte sich nichts an Bismarcks Forderung nach striktem Gehorsam, nach Unterordnung persönlicher politischer Vorstellungen unter die Ziele seiner eigenen Politik. Wilhelm II. hielt an Bismarcks Überzeugung fest, daß das Auswärtige Amt eine Stätte sei, an der Befehle von oben ausgeführt wurden, – und nicht etwa eine Bühne, auf der Experten außenpolitische Alternativen diskutierten. Unter Bismarck erschienen diese Bedingungen als erträglich, wenn nicht – wie bei einigen Diplomaten – sogar als wünschenswert. Der große Kanzler war immerhin Europas größter Staatsmann, und seine persönlichen Talente in Verbindung mit der diplomatischen Maschinerie der Wilhelmstraße hatten Deutschland zu einer internationalen Vorrangstellung verholfen. Das Auswärtige Amt war daher, und das mit gutem Grund, ein Ort des Stolzes. Mit Wilhelm II. begann der Abstieg. Er verlangte nicht Pflichterfüllung, sondern Kriecherei, wobei alles – einschließlich des diplomatischen Verhaltens – nicht nach Verdienst beurteilt wurde, sondern danach, wie es dem „Allerhöchsten" gefiel. Diese Entwicklung ist in der Art der diplomatischen Berichterstattung zu bemerken. Der letzte Kaiser hatte keine Lust, lange geschäftsmäßige Niederschriften zu lesen, dafür hatte er eine ausgeprägte Schwäche für Klatsch und „Alkovengeschichten" über seine „Kollegen" und ihre Staatsmänner. Daher riet Holstein denn auch den deutschen Diplomaten, „Fettaugen auf der Bouillon" erscheinen zu lassen[61]. Andererseits dachte Kurd von Schlözer, daß man unter Kaiser Wilhelm II. am besten daran tat, „zu arbeiten", dabei aber nur „selten" zu berichten[62].

Wir sollten nicht vergessen, daß die beiden größten Denkmäler der Unterwürfigkeit nach 1890 die beiden Diplomaten Philipp Eulenburg und Bernhard von Bülow waren. Das persönliche Regiment funktionierte nicht. Die ungeschickte persönliche Diplomatie Wilhelms II. mit seinen „Kollegen", der unbegrenzte Einfluß, den er Generälen und Admiralen einräumte, die nicht bereit waren, ihre persönlichen Interessen denen der deutschen Außenpolitik unterzuordnen, die Isolierung

---

[61] Brief an Radolin, 12. 12. 1901. In: Norman Rich und M. H. Fisher, Hg., Die Geheimen Papiere Friedrich von Holsteins. Göttingen, 1963, Bd. 4, S. 218.

[62] Brief an seinen Bruder, Ende 1890. In: Schlözer, Letzte römische Briefe, S. 186.

des Herrschers von seiner Umwelt – mit Ausnahme von aristokratischen Schmeichlern –, brachten dem kaiserlichen Deutschland nicht nur Feinde ein, sondern schließlich auch die Einkreisung. Gegenüber einem solchen persönlichen Regiment war die Wilhelmstraße, lange an Gehorsam gewöhnt, machtlos. Wilhelm II. bemerkte gern: „Das Auswärtige Amt? Wieso, *Ich* bin das Auswärtige Amt.“[63] Zum Unglück Deutschlands hatte er einmal die Wahrheit gesagt.

[63] Lord Stamfordham an Freiherr von Reischach, 21. 7. 1929, Royal Archives, Windsor Castle, GV M2530/2.

# Das deutsche diplomatische Korps 1871–1914

VON HANS PHILIPPI

## ZUSAMMENSETZUNG UND HERKUNFT

Als das Auswärtige Amt 1867–1871 auf den Norddeutschen Bund bzw. das Deutsche Reich übernommen wurde, war die Behörde, die 1728 als Departement der Auswärtigen Affären in Preußen eingerichtet worden und damit älteste deutsche Ressortbehörde war, naturgemäß eine preußische und mit preußischen Beamten besetzt[1]. Wie die übrigen Reichsressorts hat sie sich bald aus dem ganzen Reichsgebiet rekrutieren können.

Die Zahl der im auswärtigen Dienst tätigen Personen war, gemessen an späteren Maßstäben, außerordentlich gering. Nach dem Etat von 1874 gab es:

4 Botschaften (London, Paris, Petersburg, Wien)

14 Gesandtschaften (Athen, Bern, Brüssel, Haag, Konstantinopel, Kopenhagen, Lissabon, Madrid, Rom, Stockholm, Peking, Rio de Janeiro, Washington, Vatikan)

8 preußische Gesandtschaften innerhalb des Reiches (Darmstadt, Hamburg, Karlsruhe, München, Oldenburg, Stuttgart, Weimar)

8 Ministerresidenturen (Bogota, Buenos Aires, Caracas, Lima, Mexiko, Santiago, Tanger, Yedo)

---

1 Zur Geschichte des Amtes: Reinhold Koser, Die Gründung des Auswärtigen Amtes durch König Friedrich Wilhelm I. im Jahre 1728. In: Forschungen zur Brandenburgisch Preußischen Geschichte 2 (1889), S. 161 ff. Unverändert abgedruckt in: Zur Preußischen und deutschen Geschichte. Aufsätze und Vorträge. Stuttgart/Berlin 1921, S. 64; jetzt Heinz Günther Sasse, 100 Jahre Auswärtiges Amt 1870–1970. Bonn 1970, S. 9 ff.; ders. Zur Geschichte des Auswärtigen Amtes in: Nachrichtenblatt der Vereinigung Deutsche Auslandsbeamte e.V., 22 (1959), S. 171 ff.

7 Generalkonsulate mit diplomatischem Status (Alexandria, Belgrad, Bukarest, London, New York, Budapest, Warschau)
33 Berufskonsulate
4 Berufsvizekonsulate.

Personalpolitisch wurde unter den preußischen Gesandten innerhalb des Reichs bei den Bundesstaaten und den Reichsgesandten im Ausland nicht unterschieden. Bismarck hatte das aktive wie passive Gesandtschaftsrecht der Bundesstaaten nicht angetastet in der Erwartung, daß diese auf die Ausübung dieses Rechts nicht zuletzt aus finanziellen Gründen allmählich verzichten würden. Die preußischen Gesandtschaften bei den Bundesstaaten bezeichnete er einmal als Schulen und Depots, ohne die er die großen Posten nicht besetzen könnte[2]. Häufig begann die Karriere des jungen Sekretärs an einem deutschen Hofe oder aber wurden ältere Beamte, deren Dynamik zu wünschen übrig ließ, an einen solchen, den man als Ruheposten ansah, abgeschoben. Ähnlich wurde mit Beamten verfahren, die sich in der politischen Abteilung mißliebig gemacht hatten oder deren dienstliche Leistung Beanstandungen fand (Raschdau, von Kusserow). Selbstverständlich hatte für einen preußischen Posten an einem deutschen Hofe ein gebürtiger Preuße den Vorrang, doch kennt man auch Ausnahmen (Le Maistre war Sachse, preußischer Gesandter in Darmstadt, Freiherr von Rotenhan war Bayer, preußischer Gesandter am Heiligen Stuhl). Auch für die Bundesstaaten, soweit sie das Gesandtschaftsrecht dauernd ausübten wie Bayern, kam für eine diplomatische Verwendung nur ein Landeskind infrage.
Die Gesamtzahl des diplomatischen Personals belief sich in den siebziger Jahren auf 60 Etatsstellen. Sie wuchs rasch, auch erhielten einige Stellen eine höhere Bewertung. Rom, Konstantinopel, Madrid und Washington wurden zu Botschaften erhoben; die Ministerresidenturen bei den Balkanstaaten und den südamerikanischen Staaten wurden in Gesandtschaften umgewandelt; 1882 wurde die preußische Gesandtschaft am Heiligen Stuhl, die während des Kulturkampfes seit 1874 nicht mehr besetzt war, reaktiviert[3]. 1882 gab es 68 Etatsstellen, um

[2] Walter Bußmann, Staatssekretär Graf Herbert Bismarck. Aus seiner politischen Privatkorrespondenz (= Deutsche Geschichtsquellen des 19. u. 20. Jh., 44), Göttingen 1964, S. 526.

[3] Franciscus Hanus, Die Preußische Vatikangesandtschaft 1747–1920. München 1954, S. 319 ff.; Hans Philippi, Beiträge zur Geschichte der diplomatischen Beziehungen zwischen dem Deutschen Reich und dem Heiligen Stuhl 1872–1909. In: Historisches Jahrbuch 82 (1963), S. 219 ff.

die Jahrhundertwende 94, schließlich 1914 zählte man 103 diplomatische Beamte bei 9 Botschaften, 23 Gesandtschaften, 7 Ministerresidenturen. Neben 33 Generalkonsulaten wirkten mehr als 100 Berufskonsulate, diese fast zur Hälfte in den vier Großreichen USA, Rußland, China, Türkei.

Außer den Chefstellen der Botschafter, Gesandten usw. gehörten einer Mission je nach der ihr zugemessenen Bedeutung 1–3 Sekretäre an: bei Kriegsausbruch 1914 standen 22 Botschaftssekretäre und 29 Legationssekretäre im Etat. Als Anwärter für den höheren Dienst waren den diplomatischen Vertretungen Attachés zugewiesen, deren Zahl nicht fixiert, sondern vom jeweiligen Bedarf bestimmt war. Insgesamt umfaßte der deutsche Diplomatische Dienst zwischen 1871 und 1914 350 höhere Beamte, ohne die Konsuln.

Den internationalen Gepflogenheiten gemäß kamen hinzu die Militärbevollmächtigten und die Militär- bzw. Marineattachés[4]. Andere Spezialattachés gab es vor 1914 kaum. Die Militärattachés waren nicht im Auswärtigen Amt etatisiert. Bismarck hatte ihre dienstliche Unterordnung unter die politische Leitung, das heißt den Botschafter, durchgesetzt, solange sie auf Posten waren[5]. Das in den Instruktionen für die Waffenattachés von 1890 und 1900 formulierte Verbot, zu politischen Fragen berichtweise Stellung zu nehmen, ist nicht immer eingehalten worden und hat mehrfach Konflikte der Attachés mit den Botschaftern hervorgerufen. Die Militärbevollmächtigten bildeten eine Spezialität des preußischen und russischen Dienstes. Das Institut war durch die Zuteilung höherer Offiziere als Verbindungsmänner unter den befreundeten Monarchen in den Freiheitskriegen entstanden. Im Verkehr mit dem russischen Hofe haben die Militärbevollmächtigten zu Zeiten Be-

---

4 Heinrich Otto Meisner, Militärattachés und Militärbevollmächtigte in Preußen und im Deutschen Reich (= Neue Beiträge zur Geschichtswissenschaft 2), Berlin 1937; Gerhard Ritter, Die deutschen Militärattachés und das Auswärtige Amt. In: Sitzungsberichte d. Heidelberger Akademie d. Wiss., Jg. 1959, Abh. 1, Heidelberg 1959; Klaus Volker Giessler, Die Institution des Marineattachés im Kaiserreich. Boppard 1976; Manfred Messerschmidt, Militärattachés und Bevollmächtigte. In: Handbuch zur deutschen Militärgeschichte 1648–1939. München 1964–79, Bd. 2, S. 327–336.

5 Die Geheimen Papiere Friedrich von Holsteins, hg. v. N. Rich u. M. H. Fisher. Dt. Ausg. von Werner Frauendienst. Göttingen 1958, Bd. 1, S. 30 (künftig zitiert als: Holstein-Papiere).

deutung gewinnen können, ihre Wirkungsmöglichkeit hing allerdings von der Gunst des empfangenden Monarchen ab[6]. Neben den Waffenattachés gab es elegante junge Offiziere, die sich für 1–2 Jahre auf eigene Kosten an eine Mission kommandieren ließen, um Sprachen- und Weltkenntnis zu erwerben; in ihnen durfte man ein Reservoir für den Nachwuchs der Waffenattachés sehen[7].

Der an sich geringen Zahl der im Ausland tätigen Diplomaten entsprach die geringe Zahl der in der Zentrale arbeitenden Kräfte. In den 27 Jahren unter Bismarck gab es daselbst 19 Etatsstellen. Gelenkt wurde die auswärtige Politik durch die Politische Abteilung. Ständiger Leiter des Dienstes war der dem Reichskanzler nachgeordnete Staatssekretär, der zugleich der Politischen Abteilung vorstand, die bis 1910 keinen eigenen Direktor besaß. Die einst populären und durch ihre Indiskretionen umstrittenen Tagebuchblätter des Journalisten Moritz Busch[8] schildern lebendig Arbeitsweise und Geschäftsverteilung in der politischen Abteilung während des Krieges 1870. Eine Handvoll Leute, die nach unmittelbarer Weisung des Chefs – Bismarcks – die großen Politischen Fragen bearbeitete. Außer dem in Berlin verbliebenen Staatssekretär von Thile waren es Graf Paul Hatzfeldt als etatsmäßiger Rat, Robert von Keudell als Personalreferent, die Räte Abeken und Bucher, für die Verbindung zur Presse Moritz Busch, der ein Jahr später durch Professor Ägidi ersetzt wurde. Alles in allem ein Mitarbeiterstab, der durch seine Zusammensetzung der oft verbreiteten Vorstellung vom junkerlichen Preußen keineswegs entspricht.

Neben der Politischen Abteilung bestand seit alters eine zweite Abteilung (Abt. II.) zur Bearbeitung handelspolitischer und staatsrechtlicher Angelegenheiten. Sie wurde von einem Direktor geleitet, dem etwa acht Vortragende Räte zur Hand gingen. Bismarck kämpfte 1884 mit dem Reichstag um eine zweite Direktorenstelle. Bei dieser Gelegenheit kam es zum ersten Angriff der Opposition gegen die Art und Weise, in der die auswärtigen Geschäfte geführt wurden. Nach Bewilligung der Stelle wurden die staatsrechtlichen Angelegenheiten an die nun-

---

[6] Gustav Graf von Lambsdorff, Die Militärbevollmächtigten Kaiser Wilhelms II. am Zarenhofe 1904–1914. Berlin 1937.

[7] Hierzu Bogdan Graf von Hutten-Czapski, Sechzig Jahre Politik und Gesellschaft. Berlin 1936, S. 82 ff.; Helmut Rogge, Holstein und Hohenlohe. Stuttgart 1957, S. 185 ff.

[8] Moritz Busch, Bismarck und seine Leute, hg. v. W. Goetz. Berlin 1940.

mehrige Abt. III, Rechtsabteilung, überführt[9]. Sie arbeitete unter der Leitung eines Direktors mit ca. sechs bis acht Räten. 1890, zu Beginn der Weltmachtära, folgte die Ausgliederung einer vierten Abteilung aus der Politischen Abteilung, zuständig für Kolonialfragen – behördlicher Vorläufer des 1907 geschaffenen Reichskolonialamtes.

Insgesamt umfaßte die Zentrale, deren Sitz in der Wilhelmstraße 75–77 in Berlin war, etwa 25 etatsmäßige Räte sowie eine entsprechende Anzahl zugeteilter Hilfsarbeiter und Anwärter. Dreiviertel dieser Beamten entfielen auf die nichtpolitischen Abteilungen, ihrer Vorbildung nach waren es Juristen mit der Qualifikation von Regierungsräten oder Richtern. Sofern sie nicht ihren Weg in der Konsulatskarriere nahmen, waren sie an die Stelle in Berlin gebunden. Sie besaßen keinen diplomatischen Status. Nachgeordnete Behörden waren die Konsulate.

Zwischen der Politischen Abteilung und den übrigen Abteilungen bestand ein weiter Abstand, geschäftlich, räumlich, personell, gesellschaftlich. Die Politische Abteilung bildete einen Organismus für sich. Vom Reichskanzler persönlich ausgewählt ergänzte sie sich aus Diplomaten, aus älteren Ministerialbeamten (Abeken, Hepke, Bucher, Keudell) gelegentlich vermehrt durch Aufsteiger aus der Konsulatskarriere, aus journalistisch oder schriftstellerisch hervorgetretenen Kräften für die Verbindung zur Presse (Busch, Ägidi, Lindau, Hamann, Riezler). Es entstammten nach 1870 22 Räte dieser Abteilung dem diplomatischen, 21 dem nichtdiplomatischen Dienst. Die Sonderstellung war am Verkehr untereinander spürbar. Mit den Angehörigen der übrigen Abteilungen bestand weder „connubium noch commercium"; sofern nicht dienstliche Erledigungen die Räte fallweise zusammenführten, kannten sie sich auch persönlich kaum[10]. Dieser Abstand wurde anfänglich durchaus als selbstverständlich empfunden. Er war weniger Folge eines gehobenen Dünkels als Ergebnis der völligen dienstlichen Inanspruchnahme der politischen Räte, die auf Kosten ihres Privatlebens Tag wie Nacht gefordert waren. Die Tätigkeit der Abteilung blieb immer geheimnisumwittert; sie wurde höher eingeschätzt, weil sie nach der un-

---

9 Rudolf Morsey, Die oberste Reichsverwaltung unter Bismarck 1867–1890. Münster 1957, S. 116 ff.

10 Über den inneren Dienst in der Behörde berichten u. a. Arthur von Brauer, Im Dienste Bismarcks. Berlin 1936, S. 93 ff.; Joseph Maria von Radowitz, Aufzeichnungen und Erinnerungen des Botschafters, hg. v. Hajo Holborn. Berlin 1925, Bd. 1, S. 252 ff.; Friedrich Rosen, Aus einem diplomatischen Wanderleben. Berlin 1931, Bd. 1, S. 3 ff.

mittelbaren Weisung des Chefs arbeitete. Eine Versetzung in eine andere Abteilung wurde als „diminutio capitis“ empfunden[11]. Herbert Bismarck fand es sehr gut, „daß die wichtigere und feine Arbeit in der Politischen Abteilung lag und nur das Gros bei Abteilung II“[12]. Wie Kühlmann versicherte, blieb auch nach 1900 die Politische Abteilung eine streng behütete Sphäre, in die nicht einmal Bankgewaltige und Wirtschaftsführer Einlaß fanden[13].

Halten wir fest: im auswärtigen Amtsbereich gab es drei Kategorien von Beamten: die Ministerialbeamten, die keine Verwendung im Ausland fanden, die Diplomaten, die nur vorübergehend in Berlin tätig waren, die Konsuln, dazu noch die im Orient und in Ostasien wirkenden Dragomane und Dolmetscher.

In dem kleinen Personenkreis der politischen Räte war die Referatszuweisung zunächst flüssig. Ad hoc anfallende Aufgaben wurden der Eignung oder Erfahrung entsprechend zugeteilt. Als beispielsweise von Radowitz aus Ostasien und dem Orient 1872 zurückgekehrt war, wurde er auf Bismarcks Verlangen in die Politische Abteilung einberufen, um das Orientreferat zu übernehmen[14]. Orientspezialisten hatte es bis dahin in dem ganz auf europäische Verhältnisse ausgerichteten Ministerium noch nicht gegeben. Radowitz Nachfolger 1874, Dr. Clemens Busch, war aus dem Dragomanat hervorgegangen und gelangte als studierter Orientalist später in die diplomatische Laufbahn. Wie sparsam es um den Personalhaushalt bestellt war, beleuchtet ebenfalls Radowitz. 1875 wurde er zum Gesandten in Athen ernannt mit der Maßgabe, als Vortragender Rat weiterhin in Berlin zu arbeiten und alljährlich für einen bemessenen Zeitraum die schwebenden Geschäfte in Athen abzuwickeln. In Berlin war er als politischer Dezernent ständiger Vertreter des Staatssekretärs. Allgemein war es bei dem dauernden Personalmangel üblich, Beamte der Missionen in die Zentrale zu kommandieren, wo sie als sogenannte „Veilchen“ oder „Sommerknechte“ Vertretungen auszuüben hatten. Für Sonderaufgaben konnte auf eine Personalreserve nicht zurückgegriffen werden. Auf dem Berliner Kongreß wurde Radowitz mit dem Generalsekretariat betraut.

---

[11] Holstein-Papiere, Bd. 2, S. 29 ff. Bismarck hat diese Auffassung durchaus mißbilligt.

[12] Morsey, Reichsverwaltung, S. 110, Anm. 45.

[13] Richard v. Kühlmann, Erinnerungen. Heidelberg 1948, S. 118.

[14] Radowitz, Aufzeichnungen, S. 262.

Die übrigen Räte nebst einigen Legationssekretären wurden ihm für redaktionelle Arbeiten zugeteilt. Radowitz und Bucher galten damals als die am intimsten mit Bismarcks Gedankengängen vertrauten Räte. Als der fleißige, von Bismarck geschätzte Staatssekretär Bernhard Ernst von Bülow 1879 erkrankte und starb, leitete Radowitz die politischen Geschäfte, hatte den Vortrag beim Kaiser und Kanzler, vertrat den Staatssekretär im Verkehr mit den fremden Diplomaten. Bekanntlich hat die Wiederbesetzung des Staatssekretariats mit dem Grafen Paul Hatzfeldt sich eine geraume Zeit hingezogen. Hatzfeldt besaß nach Bismarcks Ansicht ungewöhnliches diplomatisches Flair, man beurteilte ihn als einen der besten Diplomaten der Zeit, er huldigte dem Talleyrandschen Grundsatz: surtout pas trop de zèle. Als Radowitz als Botschafter an die Hohe Pforte ging, waren die Geschäfte unter den fünf politischen Räten dergestalt verteilt, daß Bucher für England, USA, Rußland, Österreich-Ungarn, Holstein für Frankreich, Italien, Spanien, Rantzau für die Bundesstaaten, Brauer für den Orient, Lindau für die Presse, Ostasien und Südamerika zuständig war. Seitdem waren die Dezernate einigermaßen abgegrenzt. Im Zuge des Revirements 1879 wurden die diplomatischen Personalien einer selbständigen Personalabteilung zugewiesen.

Mit diesem Arbeitsstab wurde die große Politik der achtziger Jahre bewältigt. In seinem Sohne Herbert zog sich Bismarck einen Staatssekretär heran. Ihm wurde 1886 dieses Amt zuteil. Bismarcks Entlassung 1890 brachte nicht nur eine politische Wende, sie hatte auch nachhaltige Folgen für den Geschäftsbetrieb des Amtes. Staatssekretär wurde der badische Bundesratsbevollmächtigte Freiherr Marschall von Bieberstein. Er war ein erfahrener Jurist, besaß aber, ebensowenig wie der neue Reichskanzler General von Caprivi außenpolitisch-diplomatische Routine. Er leitete das Amt mehr formell. Seine unzulänglichen Sprachenkenntnisse behinderten ihn nicht nur gesellschaftlich, sondern erwiesen sich im Umgang mit den fremden Diplomaten, eine der Hauptaufgaben des Staatssekretärs, als lästig. Dieser Zustand war die Voraussetzung dafür, daß die Alltagsarbeit im Geschäftsverkehr auf einen der Räte überging, in diesem Falle den ältesten Fritz von Holstein, der hinfort mehr als fünfzehn Jahre zur entscheidenden Figur nicht nur im inneren Dienstbetrieb, sondern auch in der Richtung der deutschen auswärtigen Politik werden sollte. Nach dem Abgang des Personalreferenten Humbert verstand es Holstein durchzusetzen, daß das Personalreferat für den diplomatischen Dienst von der Personalabteilung getrennt und der Politischen Abteilung zugeschlagen wurde.

Holstein hat auf die Auswahl der Bewerber nicht geringen Einfluß genommen, vor allem auf ihre ausreichende Vorbildung gesehen, war und blieb aber, wie Herbert Bismarck bemerkte „ganz ungemein von seinen eigenen Sym- und Antipathien in Personalfragen" geleitet[15].
Unter den namhaften Räten des Neuen Kurses seien Alfred von Kiderlen-Wächter[16] und Ludwig Raschdau[17] erwähnt. Es war dieses das Kollegium, welches sich nach sehr gewissenhafter Prüfung vor dem Reichskanzler für die Nichterneuerung des Rückversicherungsvertrages aussprach. Die gesamte Arbeitsleistung ruhte auch unter dem Neuen Kurs auf den Schultern der wenigen Vortragenden Räte in der Politischen Abteilung. 1881 war der Posten eines Unterstaatssekretärs geschaffen worden. Ihm war die Aufgabe der Koordinierung der Abteilungen zugedacht. Der Stelleninhaber Graf Berchem 1886–1890 sah sich aber bereits Ende der achtziger Jahre aus den politischen Geschäften weitgehend verdrängt. 1893 ging das Pressereferat auf einen Außenseiter, den Redakteur Dr. Otto Hammann über. 1894 wurde Raschdau von Holstein verdrängt und auf den preußischen Gesandtenposten nach Weimar abgeschoben. Der verbitterte, spitzzüngige Mann charakterisierte die Lage in der deutschen diplomatischen Führungsschicht 1897 dahin: an der Spitze der müde Hohenlohe, der Staatsanwalt Marschall, der ganz subalterne Unterstaatssekretär von Rotenhan, der senile Graf Münster in Paris, der minderwertige Fürst Radolin in Petersburg, der kranke Hatzfeldt in London[18].
Das Auswärtige Amt gewann indessen wieder beträchtlich an Eigendynamik mit der Übertragung des Staatssekretariats an Bernhard von Bülow 1897. Gleichzeitig gelangte Alfred von Tirpitz als Staatssekretär an die Spitze des Reichsmarineamts. Mit beider Namen verbindet sich der Eintritt des Deutschen Reiches in die Ära ambitiöser Weltpolitik mit den markanten Höhepunkten: Engagement in Ostasien und Vorderasien, Burenkrieg mit seinen Auswirkungen auf das deutsch-englische Verhältnis, erste Marokkokrise und bosnische Annexionskrise. Mit Bülow wurde 1900 der dritte Karrierediplomat nach Bismarck und Hohenlohe Reichskanzler, in personeller Hinsicht ein deutlicher Akzent

---

[15] Bußmann S. 249.

[16] Kiderlen-Wächter, Der Staatsmann und Mensch, hg. v. Ernst Jäckh. Stuttgart 1924.

[17] Ludwig Raschdau, Unter Bismarck und Caprivi. Berlin 1939.

[18] Ders., In Weimar als preußischer Gesandter. Berlin 1939, S. 115.

des Primats der Außenpolitik. Fast zehn Jahre, von 1897–1906 lag die Filigranarbeit, die das ständig flüssige Verhältnis unter den großen Mächten verursachte, in dem intellektuellen Zusammenspiel zwischen Bülow und Holstein, abgesehen von den stoßweisen Impulsen Kaiser Wilhelms II., die das Auswärtige Amt immer wieder abzufangen bemüht sein mußte. Es war eine Phase, in der die Botschafter nur einen geringen Einfluß auf die Gestaltung der Politik geltend machen konnten, zumal Holstein nur die ihm persönlich nahestehenden Hatzfeldt in London und Radolin in Paris des persönlichen, informativen Verkehrs für würdig hielt. Das, was man als Fehlentscheidungen der Spitzenkräfte der Wilhelmstraße beurteilt, wozu die Politik in der Marokkokrise, die zu Holsteins Sturz führte, gehörte, ist hier nicht zu behandeln. Spätestens aber seit diesem Zeitpunkt fehlte es nicht an Klagen über die Unsicherheit und Zerfahrenheit der politischen Führung in den Kreisen der deutschen Diplomaten, die den Lauf der Dinge gar mit Beschämung erlebten[19].

Nach Bülows Sturz 1909 schienen die Voraussetzungen andere werden zu sollen. Wie 1890 Caprivi war der neue Reichskanzler von Bethmann Hollweg ohne außenpolitische Erfahrung. Im Gegensatz zu 1890 aber zog er in Kiderlen-Wächter einen energischen und geschäftlich routinierten Berufsdiplomaten als Staatssekretär heran. Persönlich bildeten beide kein gutes Team. Auf Kiderlen kam als Erbe der Ära Bülow das Hochspielen der zweiten Marokkokrise mit ihrer unmittelbaren Kriegsgefahr zu. Nach Kiderlens vorzeitigem Ableben 1912 ging die auswärtige Politik der Wilhelmstraße in eine defensiv fatalistische Phase über. Man war sich der sogenannten Einkreisung bewußt, fand aber weder Mittel noch Kraft zur Befreiung aus der unheilvollen Verstrikkung. Der zynische Bülow sah in personeller Hinsicht das Auswärtige Amt mit Gottlieb von Jagow als Staatssekretär auf die Mittelmäßigkeit herabgesunken[20].

Vergegenwärtigen wir uns nochmals die Stellenbesetzung der Zentrale 1914! Trotz der weltweit vermehrten Verflechtungen gegenüber der Bismarckzeit war sie konstant geblieben und lag die geschäftliche Leitung in Händen eines ganz geringen Personalstabs:

---

19 Das Tagebuch der Baronin Spitzemberg, hg. v. Rudolf Vierhaus (= Deutsche Geschichtsquellen des 19. u. 20. Jh., 43), Göttingen 1960, S. 439 ff.

20 Bernhard Fürst von Bülow, Denkwürdigkeiten. Berlin 1931, Bd. 1, S. 13; Bd. 3, S. 31 ff., 158 f.

Staatssekretär
Unterstaatssekretär (Nicht Diplomat)

| | |
|---|---|
| Abteilung I A Politische Abteilung: | 1 Direktor<br>6 Vortragende Räte, unter ihnen 4 Diplomaten<br>4 ständige Hilfsarbeiter |
| Abteilung I B Personalien: | 1 Direktor<br>1 Dirigent<br>4 Vortragende Räte<br>4 Ständige Hilfsarbeiter |
| Abteilung II Handelspolitik: | 1 Direktor<br>1 Dirigent<br>6 Vortragende Räte<br>6 ständige Hilfsarbeiter |
| Abteilung III Rechtsabteilung: | 1 Direktor<br>1 Dirigent<br>7 Vortragende Räte<br>9 ständige Hilfsarbeiter |

Der Etat 1914 weist 28 Vortragende Räte und 23 ständige Hilfsarbeiter aus, ergänzend 5 außeretatsmäßige Hilfsarbeiter und 18 nichtetatisierte Assessoren.

## AUSWAHL UND AUSBILDUNG

Unter welchen Voraussetzungen rekrutierte sich das diplomatische Korps der Kaiserzeit?[21] Während der preußischen Reformperiode 1808–1814 hat man die Bürokratisierung der Beamtenschaft getadelt und eine Ursache dafür in dem Mangel allgemeiner Bildung zu erkennen geglaubt. In einem Gutachten vom 8. Juli 1809 hat es Wilhelm von Humboldt als ein Übel bezeichnet[22], daß diejenigen, die sich dem

[21] Einen kurzen Überblick bieten Klaus Curtius u. Gerrit von Haeften, Die Nachwuchsausbildung für den höheren Auswärtigen Dienst der Bundesrepublik Deutschland und der Vereinigten Staaten. Frankfurt 1974, S. 3 ff. Für die nachstehenden Angaben verdanke ich H. G. Sasse wertvolle Hinweise.

[22] Wilhelm Dilthey, Alfred Heubaum, Ein Gutachten Wilhelm von Hum-

auswärtigen Departement widmeten, keinerlei Prüfung abzulegen hätten. Der Titel eines Legationsrats, so Humboldt, sollte hinfort nur einem geprüften Beamten erteilt werden, allerdings, so schränkte er ein, werde diese Regel viele Ausnahmen erleiden, weil beim Außenressort und besonders bei der Besetzung der Gesandtenposten oft ganz besondere Rücksichten obwalteten. Es kam damals eine Direktive zustande, wonach in den auswärtigen Dienst nur zugelassen werden sollte, wer bei einer Justiz- oder Kameralbehörde Referendar gewesen sei und die Fertigkeit in der französischen Sprache besitze. Damit waren zwei bleibende Eingangsvoraussetzungen gegeben: das sogenannte Juristenmonopol und die Ausdrucksfähigkeit im Französischen.

Durch Kabinettsordre vom 4. Februar 1827[23] war die Auswahl der Bewerber dem Außenminister anheimgegeben; er war gehalten, nur solche Individuen anzunehmen, die nach dreijährigem akademischem Studium mit Abschlußexamen ein Jahr bei einer Verwaltungs- und ein Jahr bei einer Justizbehörde gearbeitet hätten. Der etatsmäßigen Anstellung im Ministerium sollte eine Prüfung vorausgehen, in der der Kandidat eine gehörige Kenntnis der Verwaltung, des Kultur- und Gewerbezustandes und der Handelsinteressen des Vaterlands nachzuweisen hatte. Diese Bestimmungen wurden durch ein Regulativ vom 7. Januar 1842 ergänzt[24].

Nach der Reichsgründung wurden durch ein Regulativ 1876 diese Vorbedingungen festgeschrieben: dreijähriges juristisches Studium, erste juristische Staatsprüfung, zweijähriges Behördenpraktikum, Beherrschung der französischen Sprache, die in einem selbstgeschriebenen Lebenslauf nachzuweisen war. Geändert hatte sich nur die Auffassung über die Behördentätigkeit, indem der Nachweis des Praktikums bei einer Verwaltungsbehörde reduziert und durch eine Beschäftigung im Auswärtigen Amt sowie eine Probezeit bei einer Auslandsbehörde von je einem Jahr vorgesehen war. Holstein gab der Attachézeit die Bedeutung, die Befähigung im Umgang mit Menschen zu erlernen[25].

---

boldts über die Staatsprüfung der höheren Verwaltungsbeamten, in: Schmollers Jahrbuch für Gesetzgebung, Verwaltung und Volkswirtschaft im Deutschen Reich 23 (1899), 3. Heft S. 245, 453 ff.

23 Annalen der Preußischen inneren Staatsverwaltung, hg. v. K. A. von Kamptz, 11 (1827), 1. Heft, S. 12.

24 Ministerialblatt f. d. gesamte innere Verwaltung in den kgl. Preußischen Staaten Nr. 3 vom 18. April 1842.

25 Bußmann, Herbert Bismarck, S. 80.

Nach Beendigung der nunmehr zweijährigen praktischen Beschäftigung im Geschäftsbereich des Auswärtigen war der Bewerber berechtigt, sich zur diplomatischen Prüfung zu melden. Diese entsprach der großen juristischen Staatsprüfung, der Assessorenprüfung für den höheren Verwaltungs- und Justizdienst, eine unabdingbare Voraussetzung für die Etatisierung des Beamten. Bismarck wie später auch Bülow haben den Wert solcher staatlichen Prüfungen nicht allzuhoch angeschlagen. Seit seiner juristischen Ausbildung stand Bismarck dem festgeschriebenen Karrierewesen skeptisch gegenüber. Er äußerte sich 1874 dahin, daß die Diplomatie eine eminent praktische Wissenschaft sei, „der Schwerpunkt für die Befähigung zum diplomatischen Dienst liege nicht eigentlich in der Kenntnis der Disziplinen, welche im Examen reglementsmäßig verlangt würden. Tatsächlich gebe es tüchtige Diplomaten, die das Examen nicht abgelegt hätten, während umgekehrt Diplomaten mit gut bestandenem Examen eine praktische Befähigung nicht besäßen“[26].

Erfordernis blieb die Fertigkeit im Französischen, während im Englischen seit den siebziger Jahren nur eine „hinreichende Kenntnis“ erwartet wurde. Der spätere Botschafter in London Graf Wolff-Metternich hat sich wiederholt über die mangelhafte Ausdrucksfähigkeit der jüngeren Beamten im Englischen beklagt.

Die abzulegende diplomatische Prüfung zerfiel in einen schriftlichen und einen mündlichen Teil. Es waren binnen fünfzehn Monaten drei Hausarbeiten anzufertigen mit Themen aus der neueren Geschichte, dem Völkerrecht, der Staatswissenschaft; die völkerrechtliche Arbeit sollte auf Akten des Amtes beruhen, die geschichtliche Arbeit war in französischer Sprache abzufassen. Bismarck hat auf eine saubere Handschrift, die klare Lesbarkeit von Texten und Namen größten Wert gelegt und eine eigenhändige Mundierung durch den Prüfling verlangt; bei unzulänglich befundener Handschrift wurde diesem im Wege des Aufschubs der mündlichen Prüfung Gelegenheit gegeben, seine Handschrift zu verbessern[27].

Die mündliche Prüfung erstreckte sich auf neuere Geschichte und Geographie, Völkerrecht, Staatsrecht, Zivilrecht, soweit es den Verkehr mit dem Ausland betraf, Nationalökonomie und Handelsrecht. Die Prüfung in Geschichte und Politik erfolgte in Form einer französischen

---

[26] Auswärtiges Amt Polit. Archiv IV Pers.Gen. 4 Bd. 2, Promemoria Baden-Baden, Oktober 1874.

[27] Curtius-Haeften, Nachwuchsausbildung, S. 4.

Diskussion. Herbert Bismarck hat Fleiß, Studium, Nachdenken für unentbehrlich gehalten und in seiner Eigenschaft als Vorsitzender der Prüfungskommission diese Forderungen an die angehenden Diplomaten gestellt[28].

Nach abgelegtem Examen erfolgte die Ernennung zum Legationssekretär und, je nach Vorhandensein einer freien Stelle, die förmliche Anstellung. Das war die Regel. Zur Regel gehören die Ausnahmen. Aufgrund einer Kabinettsordre vom 9. Februar 1870 konnte die Ernennung zum Sekretär auch solchen Bewerbern gewährt werden, die den oben bezeichneten Weg nicht genommen hatten, die aber durch anderweitige theoretische und praktische Qualifikationen ausgewiesen waren. Einen derartigen Nachweis sah man erbracht: 1. bei juristischen Assessoren; soweit sie in der juristischen Laufbahn bereits tätig gewesen waren, wurde die Zeit auf die Anciennität angerechnet, 2. bei besonders befähigten Offizieren oder solchen Offizieren, die vor Eintritt in die Armee studiert oder gar das Referendariatsexamen abgelegt hatten. Solche Anwärter konnten zur Ableistung der praktischen Probezeit in das Amt kommandiert werden und mußten dann die diplomatische Prüfung ablegen (so z. B. Herbert Bismarck). Die Übernahme tüchtiger Offiziere in die Diplomatie war von Bismarck gutgeheißen worden, hatte er doch 1872 beim Militärkabinett darum angehalten, weil es damals an Nachwuchs für die Karriere fehlte, da alle begabten jungen Herrn den Dienst in der siegreichen Armee vorzogen[29]. (Unter den vom Militärkabinett kommandierten Offizieren befand sich Graf Kuno Rantzau, später Bismarcks Schwiegersohn.) Fürst Chlodwig Hohenlohe soll gesagt haben, daß es für einen Diplomaten genüge, einen guten Namen, einen guten Rock zu besitzen und zur rechten Zeit schweigen zu können. Als Reichskanzler und Chef der Behörde ließ er 1897 festlegen, daß die wiederholt gewährte Befreiung vom Referendarexamen nicht mehr statthaben sollte, daß Assessoren von der diplomatischen Prüfung dispensiert blieben unter Hinweis auf die hohe Qualität der juristischen Staatsprüfung. Sie, die Assessoren, waren lediglich verpflichtet, in einer schriftlichen Arbeit über ein historisches Thema die Kenntnis im Französischen nachzuweisen.

Fassen wir die Eingangsvoraussetzungen zusammen: normaler Zugang war das juristische Referendarexamen mit zweijähriger Amtspraxis

---

[28] Bußmann, Herbert Bismarck, S. 80.

[29] Bülow, Denkwürdigkeiten, Bd. 4, S. 272.

und anschließendem diplomatischem Examen, Sonderfälle waren die juristischen Assessoren ohne diplomatische Prüfung, doch mit Nachweis französischer Kenntnisse, Offiziere mit zweijähriger Probezeit und diplomatischer Abschlußprüfung.

Einer Enquête über den Nachwuchs vom Jahre 1902 ist zu entnehmen, daß es damals 56 Legationssekretäre und 18 Attachés gab; unter den ersteren waren 18 Assessoren, 25 Referendare; 21 hatten promoviert, 8 waren Offiziere. Unter den Attachés befanden sich 8 Assessoren, 5 Referendare, 3 Offiziere.

Wenn hier von Offizieren als Nachwuchskräften des diplomatischen Dienstes die Rede ist, hat das nichts mit der Übung zu tun, Generäle als Botschafter oder Gesandte zu entsenden. Hier handelte es sich um eine alte Gepflogenheit der europäischen Diplomatie. Die Versetzung von Generälen als Botschaftern ins Ausland ist auf das Mißfallen der Leute der Karriere gestoßen, besonders dann, wenn es sich um einen begehrten Posten handelte. Zwischen dem Militärkabinett und dem Staatssekretär hat es gelegentlich Spannungen gegeben, so unter Herbert Bismarck, der dem Chef des Militärkabinetts General von Albedyll vorwarf, er suchte die Botschaften zu Ablagerungsplätzen unbrauchbar gewordener höherer Militärs zu machen[30]. Außer Generälen wie Schweinitz, Werder, Wedel und außer Beamten, die im Hofdienste gestanden hatten wie Radolin oder Schoen, gab es für Außenseiter keine Chance auf eine diplomatische Verwendung. Der Gedanke, einen Industriellen, einen Bankier, gar einen Gelehrten mit der Leitung einer Auslandsvertretung zu betrauen, scheint in der Kaiserzeit von Amts wegen niemals ernstlich diskutiert worden zu sein. Er war dem herkömmlichen Laufbahndenken fremd und entsprach nicht den an einen Diplomaten zu stellenden sozialen Voraussetzungen.

Aus bestandener Prüfung konnte niemand einen Anspruch auf Anstellung ableiten. Sie lag im freien Ermessen des Reichskanzlers als Dienstherrn. Auch bei voller Ableistung von Probezeit und Prüfung war eine Zurückweisung möglich, wenn „die persönlichen Eigenschaften" und die Vermögensverhältnisse den Bewerber als ungeeignet erscheinen ließen. Aspiranten waren damals unbesoldet, sie mußten die Gewähr bieten, während der Ausbildungsjahre sich selbst über Wasser zu halten und als Attachés auch im Ausland den von ihnen erwarteten gesellschaftlichen Verpflichtungen nachzukommen. Der Vorbehalt bezüglich der Vermögensverhältnisse ist spätestens seit der Jahrhundertwende

---

30 Holstein-Papiere, Bd. 3, S. 115.

Gegenstand von Angriffen geworden und hat dem Auswärtigen Amt den Ruf aristokratisch-plutokratischer Exklusivität eingebracht. Diese soziale Kritik wurde bereichert um den Vorwurf mangelnder Kompetenz der deutschen Diplomaten. Noch der alte Bismarck hatte nach gemachten Erfahrungen es 1889 für erforderlich gehalten, die Vorbildung zum Dienst stärker wirtschaftlich auszurichten, und so sollte der Eintritt von einer praktischen Beschäftigung in Handel, Industrie oder Landwirtschaft abhängig gemacht werden[31]. Angesichts des ungeheuren Wachstums der Handels- und Wirtschaftsbeziehungen in der Welt, der mannigfachen internationalen Geschäftsbeziehungen spätestens seit den neunziger Jahren beanstandeten Interessentenkreise an den deutschen Diplomaten das geringe Verständnis für wirtschaftliche Zusammenhänge und die unzulängliche Unterstützung deutscher Interessen und Anlagen im Ausland, vornehmlich in Übersee. Damit war eine der Säulen der klassischen Ausbildung, das Juristenmonopol, angegriffen, die Herbeiziehung von Nationalökonomen wurde als erwünscht angesehen.

Trotz mancher Vorschläge und Forderungen nach dieser Richtung scheinen erst die nach der Jahrhundertwende in England in Gang gekommenen Reformen für die Ausbildung des diplomatischen Nachwuchses in Deutschland den Boden gelockert zu haben. Bis dahin war der Zugang zum britischen diplomatischen Dienst abhängig gewesen vom Nachweis einer Fremdsprache und eines privaten Zuschusses von 400 Pfund jährlich. Vermögende junge Leute ließen sich nach dem „Classics"-Studium an einer der beiden renommierten englischen Universitäten auf eigene Kosten einer Auslandsvertretung attachieren, lernten Sprachen und entwickelten ihre gesellschaftlichen Talente. Nach Gutfinden des Staatssekretärs und mit Nachhilfe gehöriger Empfehlungen konnten sie in den auswärtigen Dienst übernommen werden. Dem wachsenden demokratischen Bewußtsein entsprach ein solcher Zustand nicht mehr. 1908 wurde für alle Bewerber obligatorisch die Civil Service-Prüfung, die in etwa dem deutschen Staatsexamen vergleichbar wäre, als Konkurrenzexamen eingeführt, die Prüfung und die Anstellung der Kompetenz des Staatssekretärs entzogen und einer Kommission übertragen.

In Deutschland hatte es seit alters her nicht an festgeschriebenen Prüfungssystemen für den öffentlichen Dienst gefehlt, seit der Jahrhundertwende trat der Wunsch nach Demokratisierung immer lauter auf,

[31] Morsey, Reichsverwaltung, S. 114.

das heißt der Verbreitung des Zugangs, theoretisch für jedermann, soweit er die erforderlichen Fähigkeiten zeigte. Noch 1900 war Prinz Lichnowsky als Personalreferent unter Bülow bestrebt, in die Diplomatie möglichst Leute „guter Familie" zu bringen, „was letztens stark in den Hintergrund getreten ist"[32]. Der Reichstag wandte sich der Reform des auswärtigen Dienstes in der Spätphase der Reichskanzlerschaft Bülows zu. Der damalige Staatssekretär Freiherr von Schoen hatte diese Fragen vor der Öffentlichkeit zu vertreten. Schoen, aus dem Militärdienst und Hofdienst hervorgegangen, entstammte einer neureichen Industriellenfamilie und darf als ein Typus der wilhelminischen Diplomatie gelten. Er war Protegé des Kaisers, stand im Rufe eines liebenswürdigen Mannes, doch war er ohne anerkannte Qualitäten. Unter ihm wurden am 1. Mai 1908 neue Bestimmungen über den Eintritt in die diplomatische Laufbahn erlassen. Vor dem Reichstag hatte Schoen keine leichte Stellung. Er vertrat die Auffassung, daß außer den prüfbaren Kenntnissen zu dem Erfordernis des Dienstes auch das gehörte, „was mitgebracht sein will, was nicht in der Karriere erst erworben werden kann". Hierunter verstand er gute Erziehung, gewandtes Auftreten, gesellschaftlichen Schliff und Vermögen im Hintergrund. Die neuen Bestimmungen brachten nicht die Demokratisierung, erschütterten aber das Juristenmonopol insofern, als auch andere wissenschaftliche Studiengänge als gleichrangig angesehen werden sollten. Für alle Kandidaten wurde eine einheitliche Ausbildungszeit mit festen Stationen in der praktischen Ausbildungsphase festgesetzt, nachdrücklich auf die Aneignung volkswirtschaftlicher Kenntnisse gedrückt. Neu war die schriftliche wie mündliche Prüfung in französischer und englischer Sprache. Das Vorhandensein der Sprachenkenntnisse wurde für die Zulassung zwingend vorgeschrieben. Der Bewerber hatte mithin nicht mehr die Gelegenheit, erst als Attaché auf Posten diese Kenntnisse sich anzueignen. Die Vorbereitungszeit betrug nunmehr mit juristischem Referendariat vier Jahre, mit anderem wissenschaftlichen Studiengang fünf Jahre, für Assessoren blieb es bei einem Jahr. Neben dem Einsatz im Amt und bei einer Mission stand die Arbeit bei einem Konsulat, der Einblick in die Tätigkeit einer Handelskammer, einer Bank. In der Abschlußphase war es wünschenswert, Vorlesungen an der Universität Berlin zur Ergänzung des Wissensstandes zu hören. In das Prüfungsergebnis floß die Beurteilung des dienstlichen wie gesellschaftlichen Engagements ein.

---

[32] Spitzemberg, Tagebücher, S. 397.

Inwieweit die Kandidaten bei der diplomatischen Prüfung streng gefordert wurden, inwieweit es sich um bloße „Prinzenprüfungen“ gehandelt haben mag, ist kaum zu ermitteln. Wenn der Bewerber von Herkunft und Auftreten für den Dienst hoffnungsvoll erschien, mag man gelegentlich ein Auge zugedrückt haben bei geringeren Prüfungsleistungen. Bei Vergabe der schriftlichen Arbeiten wurden die Interessen des Prüflings durchaus berücksichtigt. Dem diplomatischen Prüfungsausschuß, unter der Leitung des Staatssekretärs, gehörten namhafte Gelehrte wie zum Beispiel Rudolf von Gneist oder Adolph Wagner an, und man kann wohl voraussetzen, daß die Prüfungen sich auf dem Niveau bewegten, das allgemein auch für andere Laufbahnen üblich war. Herbert Bismarck als Vorsitzender der Kommission fand es 1886 ganz in Ordnung, daß ein Graf Schlippenbach, der über beste Beziehungen verfügte, wegen krasser Unkenntnis und seines erbärmlichen Französisch durchfiel[33]. Die schriftlichen Ausarbeitungen waren durchaus anspruchsvoll. Es wurde ein gehöriger Überblick über die Materie, Prägnanz des Ausdrucks, Gewissenhaftigkeit und Übersichtlichkeit erwartet. In besonders gelagerten Fällen konnte ein Teil der Prüfung erlassen werden[34].

Daß man sich vor der mündlichen Prüfung eines Einpaukers bedienen mußte – für Bismarcks Söhne und für Philipp Eulenburg war dies der Geheimrat Kayser – beweist, daß, eine wohlwollende Prüfung vorausgesetzt, gewisse Kenntnisse doch vorhanden gewesen sein mußten. Die Einpaukerei gehört ja bis heute zu den unwürdigen Gepflogenheiten akademischer Ausbildung. In der guten Gesellschaft – Goethe erinnert daran in seinem „Wilhelm Meister“ – galt es nicht für schicklich, wenn ein junger Herr von Stand sich als Intellektueller oder als Vielwisser aufspielte. Intellektuelle, wie sie als Ideologen, gelegentlich als Schriftsteller, seltener als Gelehrte von sich reden machen, waren für eine Beamtenkarriere nur bedingt verwendungsfähig. Ein Beamter ist weisungsgebunden, er muß Menschen und Dinge nehmen, wie sie sind, und kann nicht seine weltverbessernde Kritik zum Maßstab der Erfüllung seiner Aufgaben machen, es sei denn, er tut es auf Kosten seines Gewissens.

---

33 Bußmann, Herbert Bismarck, S. 405.

34 Philipp Eulenburgs Politische Korrespondenz, hg. v. John C. G. Röhl (= Deutsche Geschichtsquellen des 19. u. 20. Jh., 52/I), Boppard 1976, S. 118. Immerhin war Eulenburg promoviert.

Klassische Diplomatie, die bislang noch um den Hof und die Hofgesellschaft als Mittelpunkt zentriert war, stand längst im Widerspruch zu den andersartigen Bedürfnissen der Weltpolitik. Im Auswärtigen Amt war es durchaus nicht ganz so ungewöhnlich, wie häufig behauptet wird, daß tüchtige Kräfte „von unten", das heißt aus der konsularischen Laufbahn in die diplomatische emporrückten. Das Konsularwesen beruhte auf dem Konsulargesetz von 1867 und einem Regulativ von 1873. Einen festgeschriebenen Ausbildungsgang gab es für die Laufbahn nicht; Voraussetzung war die juristische Staatsprüfung; die Kenntnis exotischer Sprachen konnte fördernd sein. Bei der Bedeutung, die der nahe und ferne Osten spätestens seit 1890 für Deutschland gewonnen hatten, hat auch das Dragomanat den Weg in die diplomatische Laufbahn geebnet, wie beispielsweise bei dem Unterstaatssekretär Clemens Busch, dem Gesandten Friedrich Rosen und dem Gesandten Maximilian von Brandt. Auch gegen den Konsulatsbetrieb richtete sich die öffentliche Kritik; den Konsuln wurde zu einseitige juristische Ausrichtung und ein Mangel wirtschaftlicher Kenntnisse vorgeworfen. 1901 wurde in Frankfurt am Main die Akademie für Sozial- und Handelswissenschaften eröffnet, an die versuchsweise für den Konsulardienst vorgesehene Bewerber abgeordnet wurden. 1903 wurden die Angelegenheiten des Konsulardienstes von der Abteilung II abgetrennt und der Personalabteilung zugewiesen. Der Druck der Reformwelle hat 1908 sich auch auf den konsularischen Dienst erstreckt. 1911 hat der Staatssekretär von Kiderlen-Wächter der Öffentlichkeit den künftigen, nunmehr amtsinternen Ausbildungsgang für die Konsulatskarriere vorgestellt. 1914 war man soweit, für den diplomatischen und den konsularischen Dienst gleichartige Aufnahmebedingungen einzuführen. Daß es dann nach dem Kriege durch die „Schülersche Reform" zur Verschmelzung beider Dienste kam, verdient hier deshalb der Erwähnung, weil damit der soziale Vorrang, den die Diplomaten bis dahin genossen hatten, aufgehoben war, als das Ergebnis einer langangelegten Entwicklung.

Zwangsläufig war die Reformdiskussion im Reichstag mit der Besoldungsfrage verquickt. Sollte man den Zugang zur Karriere breiteren Schichten öffnen, mußte der Nachwuchs angemessen besoldet werden. Erstmals warf der Etat 1914 Vergütungen für die Anwärter aus. Der Krieg ist dann über dieses Problem hinweggegangen. Während des Krieges mehrten sich die Vorwürfe gegen die Führung der auswärtigen Politik, gegen die Struktur des Amtes, gegen die Vorkriegsdiplomatie allgemein. Es meldeten sich alle jene zu Wort, die vorgaben, die Schuld an dem Verhängnis monokausal auf die Diplomaten und das Amt abwälzen zu können. Es gab Kreise, die nicht einzusehen bereit waren, daß die nationalistische Erhitzung der Öffentlichkeit nie vom Auswärtigen Amt betrieben worden war, daß im Gegenteil die deutschen Diplomaten und die politische Führung viele Mühe darauf verwenden mußten, die maßlosen Forderungen zurückzudämmen.

Es ist, abgesehen von der Generalklausel der „persönlichen Eigenschaften" auf die Vermögensverhältnisse in den Bestimmungen niemals direkt Bezug genommen worden. Amtsintern wurde davon ausgegangen, daß ein Anwärter finanziell unabhängig leben könnte. Durch das Vorhandensein einer solchen Voraussetzung ergab sich eine ganz natürliche Einschränkung des Kreises der Bewerber für den Dienst. Mochte in der Verwaltungs- oder Offizierslaufbahn zur Not ein Beamter seinem Sohne unter die Arme greifen, so war das bei den Ansprüchen, die man an einen Beamten im Auswärtigen Dienst stellte, ganz ausgeschlossen, für Beamte wie nicht minder für den Gutsbesitzer. Der Punkt ist in den Memoiren nur diskret angesprochen worden. Es handelte sich hier nicht um ein deutsches Problem, sondern um ein solches, das sich aus der Struktur der noch stark ständisch gebundenen Gesellschaft ergab. Ein Regulativ scheint nie ergangen zu sein. Indessen ergibt sich aus einer Aufzeichnung des Personalreferenten Humbert vom 30. Juli 1890, daß man von einem jungen Herrn den Nachweis einer jährlichen Zulage von 10 000 Mark, für London oder Petersburg gar 15 000 Mark erwarten durfte[35]. Kühlmann erwähnt, daß man von ihm den Nachweis eines Zuschusses von etwa 10 000 Mark gefordert habe[36]. Es entzieht sich näherer Kenntnis, ob von allen Bewerbern eine entsprechende Garantie gegeben werden mußte. Hindenburg verfügte etwa nur über die Hälfte. In internen Kreisen sprach man im Hinblick auf die Vermögensumstände von einer „großen" und einer „kleinen" Karriere[37]. Hindenburg fand, ein Botschafter könne nie reich genug sein[38]. Er wie viele seiner Kollegen blickten mit Bewunderung und Neid auf die glänzenden Vermögensverhältnisse englischer oder russischer Diplomaten, die eine unbeschränkt großzügige Geselligkeit entfalten konnten.

---

35 Auswärtiges Amt Polit. Archiv Rep IV Pers.No. 4 Generalia Bd. 5.

36 Richard v. Kühlmann, Die Diplomaten. Berlin 1939, S. 124.

37 Die graue Exzellenz. Aus den Papieren des kaiserlichen Gesandten Karl Georg v. Treutler, hg. von Karl-Heinz Janßen. Frankfurt/Berlin 1971, S. 60.

38 Herbert v. Hindenburg, Am Rande zweier Jahrhunderte. Berlin 1938, S. 190.

Im Vergleich mit den Diplomaten der anderen Großmächte waren die Deutschen am schlechtesten gestellt. Als Staatssekretär hatte Hatzfeldt 50 000 Mark an Bezügen, als Botschafter in London 120 000 Mark, ebenso besoldet waren die Botschafter in Paris und Wien, für Petersburg betrug der Gehalt 150 000 Mark. Fürst Hohenlohe rechnete als Botschafter in Paris dem Amte vor, daß sein englischer Kollege fast über das Doppelte verfügen durfte.

Kühlmann glaubt deutlich machen zu müssen, daß die große Politik gar von dem Mangel finanzieller Freizügigkeit in Mitleidenschaft gezogen war. Von seinem Londoner Chef, dem Grafen Wolff-Metternich zur Gracht behauptete er, er habe, als kränklicher, zurückgezogen lebender Junggeselle nicht nur in der Botschaft eine unfroh-frostige Atmosphäre erzeugt, sondern als Minderbegüterter seine Repräsentationspflicht unzulänglich erfüllt und versäumt, in der Londoner Gesellschaft, in der viele Leute großen Luxus entfalteten, den deutschen Standpunkt gehörig zu vertreten[39]. In dieser Beobachtung liegt ein etwas kränkender Snobismus, wie er dem forschen und vermögenden Kühlmann als Repräsentanten der wilhelminischen Diplomatie eigen war. Auch bei größerer Repräsentation wäre es dem Botschafter Wolff-Metternich kaum gelungen, die englische Gesellschaft für die deutsche Flottenpolitik zu erwärmen. Ganz abgesehen davon waren die politisch verantwortlichen Beamten im Foreign Office ohne Repräsentationspflichten, sie galten als nüchtern und fleißig, lebten als gebildete Leute zurückgezogen und verwechselten das Wesen der auswärtigen Politik nicht mit leerem Gesellschaftstrubel. Hier mag daran erinnert werden, daß Bismarck während seiner Mission in Petersburg, wo es mehr als anderswo auf eine Stellung in der großen Gesellschaft ankam, keinerlei Haus gemacht hat mit der Begründung, seine 30 000 Taler reichten dafür nicht aus. Trotzdem hat gerade die Petersburger Mission Bismarcks wichtige politische Nachwirkungen besessen. Als man 1884 dem Fürsten Hohenlohe vorwarf, er legte in Paris Geld zurück, rechtfertigte er sich gegen diese Unterstellung; der Reichskanzler ließ ihn wissen, daß er durchaus keine Verpflichtung habe, mehr zu repräsentieren, als sein Diensteinkommen gestatte[40]. Es mag daraus folgen, daß die Wichtigkeit äußerer Repräsentanz weit überschätzt worden ist und noch wird und daß die zwischenstaatlichen Beziehungen von anderen Faktoren bestimmt werden. Die Zeiten, in denen Diplomaten mit Bestechungs-

[39] Kühlmann, Erinnerungen, S. 192.

[40] Rogge, Holstein und Hohenlohe, S. 212 ff.

mitteln ihre Ziele zu fördern suchten, waren längst vorbei. Die bekannte altpreußische Sparsamkeit in der Bemessung von Beamtengehältern stand mit den letztlichen Mißerfolgen der wilhelminischen Diplomatie in keinem Zusammenhang.

Der Blick auf die Vermögensverhältnisse lenkt zu den Standesverhältnissen hinüber, sind doch beide in den Augen der Öffentlichkeit eng miteinander verbunden. Die Diplomatie als europäische Kulturerscheinung war von Anfang an ein aristokratisches Geschäft. Zur ersten Gesellschaft, wie sie sich an den Höfen hielt, zu gehören, setzte einen vornehmen Titel und günstige Vermögensverhältnisse voraus, bot auch die Aussicht, bei der Besetzung begehrter Stellen berücksichtigt zu werden. Standeserziehung und Umgangsformen waren im alten Europa allgemein, es bot sich geradezu an, den Nachwuchs für die repräsentativen Aufgaben der Aristokratie zu entnehmen. Ebenso selbstverständlich aber war es, daß es nichtadelige Aufsteiger gab, wie denn die Geschichte des fürstlichen Beamtentums ein Zusammenwirken des aristokratischen mit dem gelehrten Element mit sich brachte, wobei dem Adeligen die Repräsentation, dem Gelehrten, dem Wirklichen Geheimen Rat, die Geistesarbeit zufiel. Die Intensivierung der Verwaltungsarbeit im modernen Rechtsstaat des 19. Jahrhunderts brachte es mit sich, daß die studierten Kräfte in den Behörden an Zahl und Bedeutung wuchsen. Bei den Auslandsvertretungen gewannen Dolmetscher, Journalisten, Experten aller Art eine anerkannte Stellung. Dennoch ist unbestreitbar, daß dem Adel bis 1914 die repräsentativen Posten der Botschafter in allen europäischen Staaten überwiegend vorbehalten waren.

Kaiser Wilhelm I. hat die besondere Qualifikation des Adels für die diplomatischen Posten als selbstverständlich betrachtet und die Ernennung eines Bürgerlichen zum Botschafter als mißlich angesehen[41]. Er hat sich aber selten mit eigenen Wünschen in die Besetzung der Stellen eingemischt. Bismarck hat auf volltönende Namen in der Reihe der deutschen Botschafter keinen erkennbaren Wert gelegt, ihm kam es mehr darauf an, daß die Herren jederzeit bereit waren, sich seinen Weisungen zu fügen. Besetzungsvorschläge für die einzelnen Posten dem Kaiser zu unterbreiten betrachtete er als eine ihm vorbehaltene Aufgabe, in der er einen notwendigen Teil der Beherrschung des In-

[41] Bußmann, Herbert Bismarck S. 487. Bemerkung 1887 anläßlich der Besetzung der Botschaft Madrid durch Ferdinand Stumm.

struments erblickte[42]. Die Revirements nach 1890 geschahen nicht nur zu Lasten der Bismarckanhänger, sondern wurden betrieben von den im Amt damals herrschenden Kräften wie Holstein und Eulenburg. Beide hatten die Art, in Personalfragen mehr als notwendig zur Feder zu greifen und sie dadurch zu besonderer politischer Bedeutung hochzustilisieren. Hier lag ein reiches Feld für Intrigen. Anders als sein Großvater hat Kaiser Wilhelm II. wiederholt spontan seine Wünsche bei der Besetzung von Stellen geltend gemacht, von einer Systematik kann allerdings keine Rede sein. Unter den bekannteren Fällen mögen die Berufungen Philipp Eulenburgs nach München und Wien, die Hugo Radolins nach Petersburg und Paris, die Speck von Sternburgs nach Washington, die Karl Max Lichnowskys nach London oder die Karl Wedels nach Rom erwähnt werden. Der Kaiser wollte von glänzenden Paladinen umgeben sein. Geltungsbedürfnis, Titel, Reichtum, Vornehmheit fanden übertriebene Beachtung, auch hinsichtlich der in Berlin akkreditierten Botschafter der anderen Mächte. Die Inflation der Fürstenstandserhebungen der wilhelminischen Zeit, die in keinem Verhältnis zu anerkannten Leistungen der Betroffenen standen, kam nicht zuletzt einigen ihm nahestehender Diplomaten wie Bülow, Eulenburg, Radolin, Münster und Wedel zugute. Die Besetzung der Londoner Botschaft mit dem Fürsten Lichnowsky 1912, der seiner Karriere nach einen Anspruch auf die wichtigste Botschaft nicht hätte erheben können, enthielt die vom Kaiser gestellte Aufgabe, viele gute Diners zu geben, sich auf Schlössern und bei Rennen zu zeigen, ein jolly good fellow zu sein, war mithin mehr auf gesellschaftliche Entfaltung als auf Qualifikation abgestellt[43]. Der Kaiser bewegte sich hier in Vorstellungen, die auch manchem der wohlhabenden jungen Diplomaten wie Eckardstein oder Kühlmann eigen waren, einer Art liebenswürdiger Frühstücksdiplomatie, die die substantiellen Fragen im Wege gesellschaftlicher Verbindlichkeiten lösen zu können glaubten.

Die preußischen Gesandtschaften bei den Bundesstaaten blieben nahezu ausschließlich in adeligen Händen. Die innerdeutschen Posten, die Bismarck mit feiner Rücksicht auf die Souveränitätsgefühle der Bundesfürsten hatte bestehen lassen, waren Überbleibsel der alten höfischen Diplomatie[44]. Ihre Fortexistenz wurde fallweise diskutiert, ihre

42 Ebd., S. 525.

43 Bülow, Denkwürdigkeiten, Bd. 3, S, 123.

44 Ludwig Raschdau, In Weimar als preußischer Gesandter. Ein Buch der Erinnerungen an deutsche Fürstenhöfe 1894–1897. Berlin 1939; Irmgard

Rolle blieb untergeordnet, weil die Reichsverwaltung ihre notwendigen Informationen aus anderen Quellen bezog und über andere Einwirkungsmöglichkeiten verfügte. Bei diesen Gesandtschaften hat das, was man Hofklatsch nennt, eine letzte Blüte getrieben. Das galt mit Einschränkung auch für die wichtigste, die preußische Gesandtschaft in München; mochte ihr erster Inhaber Graf Werthern-Beichlingen, der als Künstlernatur in der bayerischen Hauptstadt einen festen Platz gewonnen hatte, in den Übergangsjahren noch manche echte diplomatische Aufgabe gehabt haben, so zeichneten sich seine beiden Nachfolger Philipp Eulenburg und Graf Anton Monts dadurch aus, daß sie ihren Vorurteilen gegen den Katholizismus und ihrer Ironie über das Haus Wittelsbach freien Lauf ließen. Sie lieferten über die inneren Zustände in Bayern ein groteskes Zerrbild. Die innerdeutschen Posten galten als „Faulenzer-" oder als „Ausruheposten". Ein Fürst von so hohen geistigen Qualitäten wie Großherzog Carl Alexander von Sachsen-Weimar war perplex, als ihm 1894 in der Person des Ludwig Raschdau ein preußischer Gesandter ohne Adelsprädikat geschickt wurde. Zur Ehre des Großherzogs sei gesagt, daß er bald seine Fassung wiedergewann und in einen freundschaftlichen Verkehr mit Raschdau eintrat[45].

Der Vorrang des Adels bei der Ergänzung des diplomatischen Dienstes hat den Reichstag wiederholt beschäftigt, so etwa im Zusammenhang mit den oben skizzierten Reformfragen. 1909 mußte sich der Staatssekretär Schoen vor der Haushaltskommission dazu äußern. Nach seinen Angaben gehörten von den damals im diplomatischen Dienst stehenden Beamten dem Uradel 70, dem alten Briefadel 25, dem neuen Briefadel 35, dem Bürgertum 9 an. Schoen wies die weit verbreitete Meinung zurück, als liefere der Adel nur unbrauchbare Diplomaten, er brach eine Lanze für die tüchtigen Vertreter, vergaß auch nicht zu betonen, daß in der Zentrale, wo die Politik gemacht würde, das bürger-

---

Barton, Die preußische Gesandtschaft in München als Instrument der Reichspolitik in Bayern (= Miscellanea Bavarica Monacensia). München 1967; Hans Philippi, Das Königreich Württemberg im Spiegel der preußischen Gesandtschaftsberichte 1871–1914 (= Veröffentlichungen der Kommission für Geschichtliche Landeskunde in Baden-Württemberg Reihe B, Bd. 65. Stuttgart 1972; Ders., Preußen und die braunschweigische Thronfolgefrage 1866–1913 (= Veröffentlichungen der Historischen Kommission für Niedersachsen, Reihe 25,6), Hildesheim 1966.

45 Raschdau, Weimar, pass.

liche Element überwiege[46]. Die bekannten Argumente, die gegen die plutokratisch-aristokratische Zusammensetzung des diplomatischen Korps vorgebracht wurden, brauchen hier nicht näher zu interessieren. Das Verlangen richtete sich dahin, den freien Wettbewerb der Intelligenz zum Zuge kommen zu lassen. 1913 faßte der Reichstag eine Resolution, den Reichskanzler aufzufordern, den Befähigsten ohne Rücksicht auf ihre Vermögens- oder Standesverhältnisse den Zugang zum auswärtigen Dienst zu ermöglichen.

Nun erhebt sich freilich die Frage, wer denn die Befähigsten sind? In einem Volk von 60 Millionen jährlich die zehn „Befähigsten" für diesen oder einen anderen qualifizierten Beruf auszumachen, ist eine groteske Forderung. Das freie Spiel der Kräfte im geistigen und wirtschaftlichen Bereich war eine alte liberale Programmatik zur Überwindung der ständisch bedingten Gegensätze. Psychologische Tests, deren Brauchbarkeit mit Recht umstritten ist, hat man damals noch nicht gekannt. Der Intelligenzbeweis in einer Prüfung bietet keine Gewähr für einen tüchtigen Beamten, in einer Hierarchie sind Vorzüge des Gemüts und des Charakters oft wertvoller. Bei den Umbrüchen der deutschen Geschichte 1890, 1919, 1933, 1945 haben hochbegabte Elemente unter Professoren, Beamten oder Offizieren durch Strebertum und Ellenbogenfreiheit eine keineswegs überzeugende Rolle gespielt. Die Quadratur des Zirkels war nicht möglich, und so blieb es in Ansehung der gesellschaftlichen Struktur vor 1914 unumgänglich, auf den Adel zurückzugreifen.

Der europäische Adel, ein soziales Phänomen von ungeheurer Vielschichtigkeit, hat im Laufe der Jahrhunderte fein gestaffelte Standesstufen entwickelt, und diesen war bei der Vergebung von Beamtenstellen Rechnung zu tragen. An der Spitze standen die regierenden Häuser. Ihre nachgeborenen Prinzen haben im allgemeinen kein Bestreben gezeigt, als Beamte tätig zu werden. Bismarck hat sich auch mehrfach gegen ihre Verwendung ausgesprochen, weil ihnen an den Höfen, an denen sie akkreditiert werden sollten, ein Rang zustand, der zu Konflikten mit ihrer Beamtenstellung führen konnte.

Unter den Angehörigen regierender Häuser erwähnen wir den Prinzen Heinrich VII. Reuß. Er hat als Botschafter in Petersburg und Wien unter Bismarck Verwendung und allgemeine Anerkennung gefunden. Reuß hatte Studien getrieben, doch kein Examen abgelegt, war dann

[46] Norddeutsche Allgemeine Zeitung v. 28. Jan. 1909.

in den Militärdienst getreten, an Gesandtschaften attachiert worden und hatte allenthalben so gute Zeugnisse erworben, daß er ohne Examen 1854 für die Laufbahn zugelassen wurde, gehörte also 1871 zum etatsmäßigen Personal. Er entstammte der nichtregierenden Nebenlinie Reuß-Köstritz. Bei seiner Vermählung mit der Prinzessin Marie von Sachsen-Weimar mußte er aus Petersburg abberufen werden, war doch die Prinzessin die Enkelin einer russischen Großfürstin. Seine anschließende Verwendung in Wien wurde dadurch ermöglicht, daß die Prinzessin aller Ansprüche auf Vortritt entsagte, wobei sich erleichternd ergab, daß sie gemäß der Wiener Hofrangordnung sowieso keinen Anspruch auf Vortritt vor anderen Botschafterinnen hätte erheben können. Das Prinzenpaar hat auch nach der Entlassung Bismarcks aus seiner Verehrung für diesen keinen Hehl gemacht, man zählte den Prinzen zu den charaktervollen Beamten der alten Zeit.

Der andere Schwiegersohn des Großherzogs Carl Alexander von Sachsen-Weimar, der sich sehr lebhaft für koloniale Fragen interessierte, war Herzog Johann Albrecht von Mecklenburg-Schwerin. Er hatte sich um Eintritt in den diplomatischen Dienst bemüht, mit dem Ziel einer Tätigkeit in Übersee. Bismarck ließ ihm nahelegen, als Bruder des regierenden Großherzogs von Mecklenburg-Schwerin von seinem Vorhaben abzustehen.

Ein Prinz des königlich Bayerischen Hauses, Georg, Sohn des Prinzen Leopold und Enkel Kaiser Franz Josephs von Österreich, hat in Berlin den Wunsch nach Eintritt in den auswärtigen Dienst vorbringen lassen. Der Kaiser ließ ihm unter Hinweis auf seine fürstliche Stellung abraten, weil eventuell auftretende Rangschwierigkeiten nur zu Verstimmungen führen könnten. Nach der Jahrhundertwende hat das Haus Reuß nochmals zwei, das fürstliche Haus Lippe einen Diplomaten gestellt.

Nächst den regierenden Häusern seien die standesherrlichen genannt. Auch aus ihrem Kreise gab es für die Diplomatie nur wenig Aspiranten; sich einem geordneten Studiengang zu unterziehen war in diesen Familien nicht üblich, bestenfalls hätte die Militärlaufbahn den Weg in die Karriere öffnen können, wie dies bei dem Prinzen Gustav Isenburg-Büdingen und dem Grafen Eberhard Solms-Sonnenwalde, später Botschafter in Rom, der Fall war. Unter den Standsherrn ragte Fürst Chlodwig Hohenlohe-Schillingsfürst heraus. Als junger Mann hatte er sich für den preußischen diplomatischen Dienst entschieden, erhielt aber ungeachtet seiner hohen Standesqualität von König Friedrich Wilhelm IV. eine Absage, solange er nicht die vorgeschriebenen

Prüfungen abgelegt hatte. 1874 wurde Hohenlohe kaiserlicher Botschafter in Paris, wo er vermöge seiner gesellschaftlichen Konnexionen eine anerkannte Stellung besaß. Es mögen der Prinz Hohenlohe-Ratibor, der Graf Otto Stolberg-Wernigerode, der zeitweilig die Botschaft in Wien versah, aber nicht der Karriere entstammte, genannt werden. Für die Ausbildung des Reichsbewußtseins hat man es als erheblich angesehen, daß nach der Jahrhundertwende die Familien Castell, Schlitz zu Goertz, Sayn, Wied und Stolberg ihre jüngeren Söhne in den kaiserlichen Dienst schickten. Als geradezu epochemachend wurde bewertet, daß einige katholische Familien in Süddeutschland, die bis dahin ganz nach Österreich orientiert waren, wie die Öttingen, Schönburg, Thurn- und Taxis und Waldburg sich bereit zeigten, ihre Söhne in den Reichsdienst eintreten zu lassen. In der Gruppe der schlesischen Standesherrn wären die Hatzfeldt-Trachenburg und Lichnowsky zu nennen. Unter den altangesehenen Grafenhäusern ragten die drei ostpreußischen Familien der Dohna, Dönhoff und Eulenburg hervor, die drei Jahrhunderte lang um die preußische Krone verdient waren.

Die Masse des Diplomatennachwuchses ging aus freiherrlichem und untituliertem altem wie neuem Adel hervor. Auffallend ist, daß die renommierten junkerlichen Familien der Mark Brandenburg oder Pommerns relativ sparsam vertreten sind. Ihre Domäne blieben Militär oder innere Verwaltung. In der Diplomatie mit der erforderten Vermögensgarantie unterzukommen, mochte vielen Rittergutsbesitzern zu beschwerlich sein. Und wer erinnerte sich nicht in diesem Zusammenhang der Charakterisierung dieser Schicht durch Bismarck, demzufolge die Kategorie des hausbackenen preußischen Landadels für die Diplomatie nicht den wünschenswerten Ersatz liefere; bei den meisten Aspiranten aus dem Landadel habe man den Eindruck gehabt, daß sie sich aus dem engen Gesichtskreis ihrer damaligen Berliner, man möchte sagen provinziellen Anschauungen schwer loslösen ließen und daß es ihnen nicht leicht gelingen würde, den spezifisch preußischen Bürokraten mit dem Firnis des europäischen zu übertünchen[47].

Daß der überwiegende Teil der deutschen Diplomaten zur Zeit der Reichsgründung preußischer Staatsangehörigkeit war, ergab sich aus den Umständen. Wie Bismarck erwartet hatte, übte der Reichsdienst bald seine Anziehungskraft auf den ehrgeizigeren Teil der bundesstaatlichen Beamtenschaft aus. So findet man gegen die Jahrhundert-

[47] Bismarck, Gedanken und Erinnerungen. Stuttgart 1888, Bd. 1, S. 3 f.

wende alle deutschen Landschaften in der Diplomatie vertreten. Ohne erschöpfend zu sein, mögen die Namen der bekannteren Angehörigen des Dienstes in landsmannschaftlicher Gliederung aufgereiht werden:

Ostpreußen: Eulenburg, Dönhoff, Dohna, Werther, Heyzing;

Schlesien: Lichnowsky, Schweinitz, Saurma, Raschdau, Monts, Hatzfeldt-Trachenberg, Eckardstein, Hohenlohe-Ratibor, Pless, Richthofen, Pückler, Schmidthals;

Pommern: Arnim, Bucher, Lancken-Wakenitz;

Brandenburg und Berlin: Lynar, Solms, Groeben, Alvensleben, Bismarck, Thielmann, Jagow, Mühlberg, Canitz;

Hamburg: Rücker-Jenisch, Bernhard Bülow;

Holstein: Rantzau, Plessen;

Mecklenburg: Bülow, Hirschfeld, Holstein, Flotow;

Niedersachsen: Münster, Wedel, Stolberg, Eisendecher, von dem Bussche;

Westfalen: Ketteler, Rosen, Stemrich, Derenthall

Rheinland: Mirbach, Limburg-Stirum, Hatzfeldt-Wildenburg, Stumm, Wolff-Metternich, Busch;

Hessen: Schoen, Keudell, Mumm, Dörnberg, Reichenau;

Thüringen: Werthern, Reuß, Wangenheim, Hammann, Brincken;

Sachsen: Le Maistre, Zedtwitz, Rex, Wallwitz, Tschirschky, Speck von Sternburg, Gutschmidt, Vitzthum von Eckstädt, Lindenau;

Bayern: Berchem, Rotenhan, Bray, Arco, Tattenbach, Kühlmann, Luxburg;

Württemberg: Kiderlen-Wächter, Griesinger, Ow-Wachendorf, Müller;

Baden: Marschall von Bieberstein, Brauer, Bodmann.

Aus dem ehemals zur preußischen Krone gehörigen Neuenburg in der Schweiz stammten die Pourtalès und Wesdehlen; Radolin war Posener Pole, Radowitz vor zwei Generationen serbischer Abstammung.

Es ergibt sich mithin ein buntes Bild nach Landsmannschaft, nach Individualität, nach Persönlichkeitswert und Berufsethik. Von einem Übergewicht des altpreußischen, junkerlichen Elements kann nicht die Rede sein.

In konfessioneller Hinsicht hat Bismarck, wie Radowitz bestätigt, bei der Personalpolitik die Parität als Grundsatz praktiziert[48]. Trotz des hitzigen Kampfes gegen den „politischen Katholizismus" hat Bismarck

[48] Radowitz, Aufzeichnungen, Bd. 1, S. 274.

im Geschäftsverkehr Katholiken nicht anders als Protestanten behandelt. Engste Mitarbeiter wie Hohenlohe, Hatzfeldt, Radowitz waren katholisch, letzterer bearbeitete sogar während des Kulturkampfes die kirchlichen Angelegenheiten in der Politischen Abteilung. Geringschätzige Bemerkungen Herbert Bismarcks oder Philipp Eulenburgs über Katholiken in ihren internen Korrespondenzen dürfen nicht überbewertet werden, besonders, wenn sie aus dem Zusammenhang gerissen sind. Überhaupt schliffen sich die religiösen Vorurteile gegen die Jahrhundertwende ab. Wir kennen keinen Fall, wo konfessionelle Velleitäten innerhalb des diplomatischen Korps Ärgernis ausgelöst hätten. Ein Dienst wie der auswärtige ist ohnehin nicht geeignet, Zeloten zu erzeugen. Der Eintritt katholischer süddeutscher Standesherrn wurde, wie bereits gesagt, in der Gesellschaft begrüßt und als Fortschritt betrachtet[49]. Die Prozentzahlen der Konfessionsangehörigkeit sprechen eindeutig für ein protestantisches Übergewicht. Die Gründe hierfür liegen auf der Hand. Abgesehen von der Konfessionsverteilung im Reich war der Stamm der 1871 aus dem preußischen Dienst übernommenen Beamten protestantisch, unterhielt das Königreich Bayern einen eigenen diplomatischen Apparat mit überwiegend katholischen Kräften und herrschte in vornehmen katholischen Familien auch damals noch die Gepflogenheit, jüngere Söhne dem geistlichen Stand zu geloben, wodurch viele Intelligenzen dem öffentlichen Dienst abgewendet wurden, ein Argument, welches Ende des 19. Jahrhunderts auch hinsichtlich der Besetzung der Lehrstühle an den bayerischen Hochschulen zu lebhaften und nicht immer vorurteilsfreien Diskussionen geführt hat.

*

Das iraelitische Element war zahlenmäßig gering vertreten. Die Gleichstellung der Juden im öffentlichen Dienst war erst durch die liberale Gesetzgebung 1869 erfolgt. Gerade deswegen verdient gewürdigt zu werden, daß in einer Behörde, die sich als eine durchaus exklusive betrachtete, mehrere Beamte jüdischer Abstammung in leitende Positionen aufrückten: Philippsborn als Direktor und späterer Gesandter, Kayser als Direktor, Rudolf Lindau als Pressereferent, von Magnus als Gesandter; halbjüdisch waren Graf Limburg-Stirum, Unterstaatssekretär Graf Berchem, der Botschafter Freiherr von Thielmann. Judenfreundlich waren Teile der Aristokratie und des hohen Beamtentums nicht; ob man dabei von Antisemitismus sprechen darf, soll hier nicht

[49] Spitzemberg, Tagebuch, S. 269.

entschieden werden. Abfällige Urteile über Juden, besonders die nach gesellschaftlicher Geltung drängenden reichen, waren an der Tagesordnung. Die sich daraus ergebende Problematik ist jüngst in einer grundlegenden Studie über Bismarck und seinen Bankier Bleichröder untersucht worden[50]. Den jüngsten Sohn Bleichröders in die Karriere aufzunehmen, nahm man nach Holstein Anstoß[51]. Herbert Bismarck, in seinen Äußerungen immer ungeniert, sprach sich 1887 gegen die Bewerbung eines Sohnes des Bankhauses Oppenheim aus mit der Begründung, Juden seien besonders aufdringlich, auch würden andere Diplomaten einen „Judenbengel" peinlich empfinden[52]. Die brutalen Auslassungen Herberts, der unter dem Druck des Verhältnisses seines Vaters zu Bleichröder litt, sollten nicht verallgemeinert werden. Neben anderen scheuten sich auch Diplomaten gelegentlich nicht, Bleichröders Hilfe zur Abtragung ihrer Schulden in Anspruch zu nehmen. Nach der Jahrhundertwende dürften sich die Zustände in dieser Hinsicht entspannt haben. Bülow bestätigt ausdrücklich, daß der Kaiser frei von Antipathien gegen Juden war. Wie Bismarck würdigte auch Bülow die Bedeutung der jüdischen Finanzwelt, und er will sich gegen die Zurücksetzung von Juden gewehrt haben. Als der junge Albert Goldschmidt-Rothschild, der Enkel des 1901 verstorbenen letzten Frankfurter Rothschild, von der angestrebten Militärlaufbahn zurückgewiesen wurde, ebnete ihm Bülow den Weg als Attaché an der Botschaft in London[53]. Freilich handelt es sich hier um einen Ausnahmefall, der keinen Rückschluß auf die Einstellung deutscher Diplomaten den Juden gegenüber im allgemeinen gestattet. Wohlhabende Juden, die gesellschaftlich in den Vordergrund zu treten bemüht waren, wurden in die Kategorie der Parvenus eingeordnet, welche in keiner Laufbahn den Kollegen willkommen waren.

Für Offiziere wie Beamte war die Frage der Heirat nur zu oft für die weitere Karriere bestimmend. Bismarck bemerkte einmal, die Brauchbarkeit eines Diplomaten litte unter seiner Frau; scherzhaft ergänzte er, es wäre richtig, für Diplomaten den Zölibat einzuführen[54]. Bismarcks

---

50 Fritz Stern, Gold und Eisen. Bismarck und sein Bankier Bleichröder. Frankfurt 1978, S. 207 ff., 561 ff.

51 Holstein-Papiere, Bd. 2, S. 86; Stern bringt keinen Hinweis auf die angebliche Bewerbung von James Bleichröder.

52 Morsey, Reichsverwaltung, S. 121, Anm. 120.

53 Bülow, Denkwürdigkeiten, Bd. 1, S. 405; Spitzemberg, Tagebuch, S. 446.

54 Bülow, Denkwürdigkeiten, Bd. 1, S. 497.

Gattin Johanna ermangelte alles dessen, was man in jener Zeit von einer Diplomatengattin erwartete, sie erfüllte ihre Pflichten als Hausfrau und Mutter, verstieg sich aber nie dazu, die Rolle einer Dame der Gesellschaft zu spielen. Die Befugnis des Behördenchefs, den Heiratskonsens zu erteilen, war hergebrachte Übung. In einer ständischen Gesellschaft, deren fürstliche Spitzen dem Prinzip der Ebenbürtigkeit verpflichtet waren, hatte die Heiratserlaubnis eine heilsame Wirkung. Sie konnte den Beamten vor unüberlegten Entschlüssen schützen. Der an sich gering besoldete Beamte sollte davor bewahrt bleiben, durch eine „Mißheirat" seine soziale Stellung zu mindern.

Problematisch waren die Heiraten mit Ausländerinnen bereits in der Frühzeit der Diplomatie. Der Argwohn des Durchsickerns von Geheimnissen war immer wach, ganz abgesehen von den Unannehmlichkeiten, die für die Familien bei kriegerischen Verwicklungen entstehen konnten. Da nun die fürstlichen Spitzen Europas als Großfamilie über alle Grenzen hinweg versippt waren – und in dieser Weise verkörperte sich die Einheit des alten Europa – war es schwierig, Beamten die Heirat mit Ausländerinnen zu versagen, zumal das auch dem kosmopolitischen Charakter der Adelsgesellschaft widersprochen hätte. Es ist daher nicht verwunderlich, unter den Frauen deutscher Diplomaten, wie auch hoher Militärs, in dem angeblich nationalistischen Zeitalter, das in geistiger Hinsicht weltoffener als das zwanzigste Jahrhundert war, manchen Ausländerinnen zu begegnen. Als Radowitz für die Heirat mit der Tochter des russischen Gesandten in München Konsens erbat, war das binnen kurzer Zeit der achte Antrag solcher Art. Man bewog Bismarck, dem Überhandnehmen von Heiraten mit Ausländerinnen zu wehren. Es kam zu einem ersten Erlaß, der die Konsequenz der Dienstentlassung als äußerstes androhte[55]. Diesem Erlaß ist aber keine strikte Folge gegeben worden. Graf Lynar, die Botschafter Schweinitz, Radolin, Wedel, Flotow, Schoen, Tschirschky, Speck von Sternburg, nicht zuletzt Bernhard Bülow, waren mit ausländischen Frauen vermählt. Caprivi hat den Erlaß erneuert, doch ohne besondere Nachwirkung. Opfer dieses Purismus wurden u. a. die Gesandten von Brandt und von Kusserow. Welche Folgen man einer nicht als dem Stande gemäßen Ehe anlastete, wird im Falle Tschirschky erwähnt. Er war mit einer aus der ungarischen Geschäftswelt stammenden wohlhabenden Dame verheiratet und soll deshalb als Botschafter in Wien von der

---

[55] Immediatbericht v. 6. 11. 1868, Petersdorff, Hg., Bismarck, Ges. Werke, Bd. 6a, S. 432.

dortigen Aristokratie geschnitten worden sein. Politische Konsequenzen mögen füglich bezweifelt werden; denn die leichtlebig oberflächliche Wiener Adelsgesellschaft besaß nicht genügenden Ernst in politischen Fragen.

Prüfungen, Reichtum, Geburt allein ebneten noch nicht den Weg in das Auswärtige Amt. Im Hinblick auf einen an Zahl so kleinen Beamtenkörper waren Beziehungen und Fürsprachen in manchem Falle entscheidend. Soweit der Bewerber einer eingesessenen Familie mit Zutritt zum Hofe entstammte, bedurfte es freilich keiner besonderen Empfehlung, gehörte man doch von Hause aus zur Gesellschaft, aus der sich die Diplomatie herkömmlich ergänzte. Gegen dieses allerpersönlichste Moment im Stellenkampf ist zwar immer wieder Sturm gelaufen worden, doch ist es unleugbar zu tief in der menschlichen Natur verankert, um aus der Welt geschafft werden zu können. Junge Herrn konnten sich empfehlen als Reserveoffiziere in renommierten Regimentern oder als Angehörige gewisser studentischer Verbindungen. Radowitz und Bülow gehörten dem Corps Borussia in Bonn an und dienten bei den Bonner Husaren. Bei beiden waren das nur Zugaben, gehörten sie doch durch ihre Väter zu dem bevorzugten Kreise und glänzten überdies durch brillante Intelligenz. Andererseits hatte Holstein weder gedient noch einem Corps angehört, ebensowenig Monts. Kiderlen war Angehöriger einer theologischen Stiftsverbindung in Tübingen gewesen, die bar jeden mondänen Anstrichs war, und er hatte in einem gewöhnlichen Infanterieregiment gedient. Kühlmann hat es abgelehnt, während des Studiums in Leipzig und Berlin einem Corps beizutreten, doch war er Reserveoffizier bei den Bamberger Ulanen, dem Hausregiment des fränkischen Adels, dessen Chef der Kaiser war. Wie er berichtet, hat das aber nichts genutzt, trotz glänzender Examen, ausgedehnter Sprachenkenntnisse hat ihm der Personalreferent wenig Aussichten auf Eintritt in den Dienst gemacht. Aber die Bekanntschaft des Vaters Kühlmann mit dem Reichskanzler Hohenlohe hat den Weg ins Amt auf elegante Weise geebnet[56].

Neben Empfehlungen spielten Zufälle ihre Rolle. Man kann hier Eckardstein oder Raschdau erwähnen, der wegen seiner gewandten wirtschaftspolitischen Analysen von Bismarck entdeckt und in jungen Jahren in die Politische Abteilung einberufen wurde. Ähnlich erging es Brauer. Das Desinteresse der älteren Schule der deutsch-preußischen

[56] Kühlmann, Erinnerungen, S. 120 f.

Diplomaten für wirtschaftliche Fragen wurde erwähnt. Die umfangreichen Korrespondenzen der Holstein, Eulenburg, Hatzfeldt entbehren aller wirtschaftspolitischen Bezüge, wodurch auch die Thesen derjenigen entkräftet werden, die im Auswärtigen Amt ein gefügiges Werkzeug des imperialistischen Kapitalismus sehen.

Die wenigen Beispiele mögen verdeutlichen, daß die Rekrutierung des diplomatischen Korps keineswegs einer engen Schablone folgte. Von einem Monopol gesellschaftlicher Gruppen oder Verbände kann nicht eigentlich gesprochen werden. Unter den mehr als einhundert corpsstudentischen Verbindungen beanspruchten die des „weisen Kreises" – Saxoborussen in Heidelberg, Borussia in Bonn, Saxonia in Göttingen – eine besondere Vornehmheit und verhalfen ihren Angehörigen zum Zugang zu Stellungen in Staat und Industrie. Bei den älteren Beamten, die in der Bismarckzeit entgegentreten, scheint die corpsstudentische Vergangenheit weniger gefragt gewesen zu sein als in der Wilhelminischen Periode. Erst Herbert Bismarck hat die Zugehörigkeit zu vornehmen Corps gern gesehen. Die Corps nahmen an der „Refeudalisierung" besonders aktiven Anteil, und der Kaiser bezeichnete sie bei Gelegenheit in Bonn als besondere Pflanzstätten für den Staatsdienst[57]. Bülow hat den Wert corpsstudentischer Erziehung bei den zur Formlosigkeit neigenden Deutschen wohl eingeschätzt, höher noch die Offizierserziehung[58]. Die Nachwelt sollte anstehen, den Einfluß der corpsstudentischen Konnexionen im Auswärtigen Amt zu überschätzen, zumal wenn man in Betracht zieht, mit welcher Unverfrorenheit später herrschende politische Parteien und Verbände ihre Kandidaten als Steilaufsteiger ohne qualifizierte Ausbildung in die Schlüsselstellungen hineingeschoben haben. Auch ist die Kritik an den Corps häufig dem sozialen Neid derer entsprungen, die außerhalb standen.

Es kann hier darauf verzichtet werden, näher auf eine jüngere Untersuchung der Zusammensetzung der Führungsschichten in Österreich und Preußen einzugehen[59]. Es ergibt sich daraus, daß im reichsdeutschen Dienst das bürgerliche Element stärker als im österreichischen

---

[57] Raschdau, Unter Bismarck und Caprivi, S. 215.

[58] Bülow, Denkwürdigkeiten, Bd. 1, S. 28 (enthält eine Kritik des als taktlos verrufenen Grafen Anton Monts, der weder Offizier noch Corpsstudent gewesen war).

[59] Nikolaus von Preradowitsch, Die Führungsschichten in Österreich und Preußen 1804–1918 (= Veröffentlichungen d. Instituts für europäische Geschichte, Bd. 11). Wiesbaden 1955.

vertreten war. Zur Zeit des Berliner Kongresses betrug die Zahl der Bürgerlichen im Auswärtigen Amt 37 %, 1918 45 %, in der Leitung der Geschäfte waren es 1909 66 %, 1918 75 %. Der Anteil der altpreußischen Edelleute machte zu Bismarcks Zeit 22 % aus. Die Botschafter allerdings gingen aus dem Adel hervor. Von zwölf Botschaftern der Bismarckzeit gehörten nur drei dem altpreußischen Adel an[60]. Von den vierzig Botschaftern zwischen 1871 und 1914 kamen zwölf aus der Offizierslaufbahn[61].

Dergleichen Prozentzahlen mögen Hinweise auf die soziale Zusammensetzung des Beamtenkörpers geben, laufen aber an der geschichtlichen Wirklichkeit vorbei. Die quantitative Methode ist für die Erfassung historischer Zusammenhänge unzulänglich. Sie bringt nicht zum Ausdruck, welcher Beamte einen wirklichen Einfluß auf die Geschäfte besaß, welcher nur Statist oder Funktionär war. Innerhalb des Systems der Mächte hatten nur die Botschafter Stellungen inne, die für die große Politik gewichtig sein konnten. Dies war vielleicht der Fall bei Schweinitz in Petersburg, bei Hatzfeldt und Wolf-Metternich in London, bei Radowitz und Marschall in Konstantinopel. Ihnen gegenüber waren Männer wie Keudell, Münster, Radolin, Pourtalès oder Schoen Stelleninhaber, die auf den Lauf der Dinge nur einen geringen Einfluß besaßen. Nicht anders stand es mit den meisten Gesandten.

Die Botschafter in den Spitzenstellungen genossen ein ungewöhnliches Ansehen, weil weltweite Politik nur von den im Botschafteraustausch stehenden großen Mächten betrieben wurde. „Es liegt", bemerkte Holstein[62], „in der Stellung der Botschafter etwas, was sie auf die übrigen Staatsbürger einschließlich der auswärtigen Minister herunterblicken läßt und überhaupt dem Größenwahn aussetzt." Man hat wiederholt in der Literatur von Bismarcks „großen Botschaftern" gesprochen, unter

---

60 Es waren Harry Graf Arnim, Albrecht Graf Bernstorff, Paul Graf Hatzfeldt-Wildenburg, Chlodwig Fürst Hohenlohe, Robert von Keudell, Georg Graf Münster, Joseph Maria von Radowitz, Heinrich VII. Prinz Reuß, Hans Lothar von Schweinitz, Eberhard Graf Solms-Sonnenwalde, Otto Fürst zu Stolberg-Wernigerode, Carl Freiherr von Werthern.

61 Johann Graf Bernstorff, Karl Max Fürst Lichnowsky, Friedrich Graf Pourtalès, Heinrich VII. Prinz Reuß, Wilhelm Eduard Freiherr von Schoen, Hans Lothar von Schweinitz, Eberhard Graf Solms-Sonnenwalde, Hermann Freiherr Speck von Sternburg, Ferdinand von Stumm, Hans Freiherr von Wangenheim, Karl Graf Wedel, Bernhard Franz von Werder.

62 Holstein- Papiere, Bd. 2, S. 72.

ihnen Schweinitz, Reuß, Münster, Hatzfeldt. Dem kritischen Urteil hält diese Kategorisierung kaum stand. In den vertraulichen Briefen der allerdings in ihrem Urteil nicht immer unvoreingenommenen Zeitgenossen wie Herbert Bismarcks, welcher das Botschafterpersonal, mit dem sein Vater arbeiten müsse, geradezu kläglich fand[63], (wie Holstein oder Bülow) wird die Politur abgekratzt. Mochten die Herrn der älteren Schule immerhin die Probe in der harten Lehre Bismarcks bestanden haben, so wirkten die Charaktere der wilhelminischen Zeit blasser. Radolin in Petersburg und Paris, Schoen in Paris, Eulenburg oder Tschirschky in Wien, Monts in Rom waren, zieht man ihre gesellschaftliche Position ab, keine prägenden Persönlichkeiten. Es nimmt nicht wunder, daß Bülow über die Unzulänglichkeit der Bewerber und die geringe Auswahl geeigneter Kandidaten Klage führte[64].

Diese deutschen Diplomaten waren weder besser noch schlechter als ihre europäischen Kollegen. Raschdau sprach von der durchschnittlichen Begabung der Berufsgenossen; überdurchschnittliche Fähigkeiten fand er in der Diplomatie ebensoviel und ebensowenig wie sonstwo. Gute Erziehung, gewandtes Auftreten und vorteilhaftes Erscheinungsbild waren ihm fundamentale Voraussetzungen für den Dienst. Er traf sich in seinem Urteil mit Bismarck, der von umfassender Sprachenbeherrschung eines Diplomaten weniger hielt als von der Fähigkeit, gut schreiben zu können, ein gebildeter Mann zu sein, einen offenen Kopf zu besitzen[65]. Dergleichen Aussagen bestätigen erneut die Unzulänglichkeit statistischer Methoden; es ist gleichgültig, wieviele Beamte dem Uradel, dem Briefadel oder dem Bürgertum angehört haben. Bismarck hat übrigens die Bedeutung der einzelnen Botschafterposten, unabhängig von den dort wirkenden Personen, unterschiedlich bewertet: Wer in Rom oder London als Botschafter fungierte, sei ohne Bedeutung, denn bei parlamentarischen Mächten käme es nur auf Beobachtung, nicht auf Beeinflussung an, hingegen sei die Persönlichkeit des Botschafters dort wichtig, wo auf Männer mit wirklicher Macht in Händen eingewirkt werden müßte. Von diesem Blickpunkt war Bismarcks Wahl der Botschafter gut und zutreffend[66].

Aller solcher Voraussetzungen ungeachtet hatten doch nur solche Persönlichkeiten Aussicht, kaiserliche Botschafter zu werden, die sich durch

---

63 Ebd., Bd. 3, S. 114, 115, 123, 124, 126.

64 Monts, Erinnerungen, S. 46.

65 Petersdorff, Hg., Bismarck, Gesammelte Werke, Bd. 8, S. 378.

66 Monts, Erinnerungen, S. 222.

Leistung und persönliches Ansehen hervorgetan hatten. Kaiserliche Protektion hat nur ausnahmsweise nachgeholfen wie im Falle Eulenburg oder Speck von Sternburg, wobei gewisse Rücksichten auf den amerikanischen Präsidenten obwalteten. Es gab keinen Anspruch für einen langgedienten Beamten auf eine Ernennung zum Botschafter, wenn auch das in der Beamtenschaft herkömmliche Gebot der Anciennität meist beachtet wurde. Es gab keine festen Regeln des Roulierens zwischen Inland und Ausland. Die Versetzung auf einen wichtigen Posten, trotz mancher dazwischengreifender Personalintrigen, ist nie leichtfertig erfolgt; die Korrespondenzen legen dar, daß vielerlei Gesichtspunkte, nicht zuletzt die Rücksicht auf das Gastland, beachtet wurden. Der gesellschaftsscheue Holstein hat, von jüngeren Jahren abgesehen, nie auf einem gehobenen ausländischen Posten gedient. Hatzfeldt oder Radowitz hatten beide lange Jahre in der Routine der politischen Abteilung verbracht, ehe sie zu Botschaftern bestellt wurden. Bernhard Bülow und Kiderlen, denen man zeitig das Zeug zum höheren beimaß, hatten, ehe sie Staatssekretäre wurden, den längsten Teil ihrer Laufbahn im Ausland zugebracht. Andererseits herrschte der Grundsatz, einen Beamten im Ausland sich nicht verwurzeln zu lassen. So beurteilte Bismarck den Grafen Münster als einen jener Botschafter, die sich im Gastland akklimatisiert und das Gefühl für das eigene Land verloren hätten[67]. Persönliche wie politische Gründe ließen eine allzulange Tätigkeit auf einem bestimmten Posten unerwünscht erscheinen.

Der Dienstbetrieb innerhalb der politischen Abteilung hat, wie die Memoiren berichten, die einzelnen Mitarbeiter stark gefordert, wenn es auch damals für die höheren Beamten keine feste Dienststundeneinteilung gab. Wenn Holstein bis in die Nächte hinein in seinem Büro arbeitete, entsprach das seiner Eigenart. Auf Auslandsposten war der Dienst zwangloser. Die Urlaubsbemessung wurde großzügig gehandhabt, ein Übermaß an Urlaubsansprüchen allerdings erweckte Befremden wie im Falle Hatzfeldts oder Eulenburgs, der bis zu einem halben Jahr von seinem Wiener Posten abwesend war[68], wobei ihm das Beispiel seines früheren Münchener Chefs, des Grafen Werthern, vor Augen stand. Überlanger Urlaub war nicht die Regel.

Wenn im Vorstehenden häufig Eulenburgs Erwähnung getan ward, dann gilt für ihn, daß er in vieler Hinsicht ein Ausnahmefall war, nach

[67] Rogge, Holstein und Hohenlohe, S. 240, 259.
[68] Holstein-Papiere, Bd. 3, S. 427.

dem der kaiserliche diplomatische Dienst nicht beurteilt werden darf. Eulenburg gehörte zu den wenigen künstlerisch-ästhetisch veranlagten Naturen, wie sie in Deutschland nicht häufig anzutreffen sind. Man mag hier an Robert von Keudell, Graf Karl Pückler oder Felix von Müller denken, die dank ihrer musikalischen Begabung ihrem Salon eine besondere Anmut verleihen konnten. Ausgesprochen gelehrte Naturen wie Kurd von Schloezer oder Hermann von Thile waren selten. Das Bedürfnis auswärtiger Kulturpolitik war noch unentwickelt. Die klassische Diplomatie ist nie dazu mißbraucht worden, nationale Kulturprodukte im Ausland zu verbreiten. Soweit die Auslandsvertretungen im kulturellen Sektor tätig waren, beschränkte sich das auf die Förderung internationaler Ausstellungen, auf Vermittlung des Gelehrtenaustausches, auf Schulen oder Missionsanstalten und die Unterstützung der archäologischen Stationen, deren Arbeit durchaus im Rahmen des nationalen Ehrgeizes stand[69].

## ZUSAMMENFASSUNG

Das deutsche diplomatische Korps verstand sich als eine Führungsschicht, die sich vorbehaltlos mit dem Kaiserreich gleichsetzte. Bei aller Kritik an den widerspruchsvollen Manifestationen des Kaisers gab es für Diplomaten wie für Beamten und Offiziere Grundgesetze der Loyalität dem Herscher gegenüber, die unerschütterlich waren. Loyalität ist nicht mit Unterwürftigkeit oder Byzantinismus zu verwechseln. Auch solche Spielarten lassen sich belegen, waren aber mehr bestimmten Persönlichkeiten in der engeren Umgebung des letzten Kaisers eigentümlich und galten kaum für die Masse der Angehörigen des auswärtigen Dienstes. Bernhard Bülow, als Typus der wilhelminischen Ära vorgestellt, ist nicht einfach als Höfling zu klassifizieren. Er war viel zu kritisch und geistig unabhängig, seine außerordentliche Gewandtheit, dem Kaiser zu schmeicheln, war mehr die eines Psychologen einem Psychopathen gegenüber als die eines Byzantiners.
Indem sich die Diplomaten mit dem bestehenden Staat identifizierten, identifizierten sie sich auch mit der auswärtigen Politik des Kaiserreiches. Wie immer bei politischen Fragen fehlte es im Kreise der Beamten keineswegs an unterschiedlichen Auffassungen über die Gestal-

---

[69] Radowitz, Aufzeichnungen Bd. 1, S. 286 ff.

tung der Beziehungen zu den Mächten. Hinsichtlich der großen nationalen Bedürfnisse und des weltpolitischen Geltungsdranges herrschte wesentliche Übereinstimmung. Die Diplomatie sah sich als Hüter der nationalen Interessen. Über Fehlbeurteilungen der internationalen Lage, über Augenblicke falscher Weichenstellungen, über die unverbundene West- und Ostpolitik zu handeln, ist nicht Aufgabe dieses Beitrags. Allzusehr bleibt die Antwort auf solche Fragen vom Nachhinein diktiert. Der handelnde Zeitgenosse bewegt sich hinsichtlich der Zukunft im Dunkeln. Politik, insbesondere große Politik innerhalb des spannungsgeladenen, von Ehrgeiz, nationalem, wirtschaftlichem und militärischem Machtstreben erfüllten Staatensystem vor 1914 war ein Risiko, wie Politik immer risikobezogen und nie statisch sein wird.

Übereinstimmung herrschte unter den deutschen Diplomaten in dem Wunsche, zu England in einem guten Verhältnis zu stehen und auftretende Spannungen zu beseitigen. Deshalb gab es auch in den Kreisen des Auswärtigen Amtes immer Vorbehalte gegen die Flottenpolitik. Man wird sich schwertun, einen Botschafter oder Gesandten namhaft zu machen, dessen Berichterstattung auf einen kriegerischen Austrag bestehender Gegensätze angelegt gewesen wäre. Dennoch war der Krieg als Mittel und Möglichkeit der Auffassung der Diplomaten inhärent; es kam ihrer Ansicht nach nur darauf an, unter welchen Bedingungen man in die Phase der heißen Auseinandersetzung eintreten würde. Gegen 1914 verbreitete sich mehr eine fatalistische Stimmung gegenüber einem anscheinend unabänderlichen politischen Prozeß.

Hat das deutsche diplomatische Korps die ihm gestellten Aufgaben gemeistert? Man wird diese Frage im Vergleich zur übrigen Beamtenschaft und zum Offizierskorps nicht verneinen können. An Pflichterfüllung, loyaler Gesinnung, Abwicklung des wahrzunehmenden Dienstes, an gesellschaftlichem Takt hat es nicht gefehlt. Ausländische Beobachter haben an der Arbeit und am Verkehrston der deutschen Kollegen keine Kritik geführt. Sie waren untereinander gesellig und vielfach freundschaftlich verbunden. Wurde hin und wieder das Vorgehen eines Botschafters getadelt, so galten dergleichen Tadel reziprok auch gegenüber ausländischen Vertretern, bezogen sich aber nicht auf das Korps als solches. Man kann den Diplomaten kaum vorwerfen, blind für die Entwicklung gewesen zu sein. Im Gegenteil waren sie aufgeschlossen, welterfahren; soweit man ihren Memoiren Glauben schenken darf, haben sie seit den neunziger Jahren die Ziellosigkeit, die Unsicherheit in der Führung der auswärtigen Geschäfte mit Skepsis verfolgt. Eine so kluge Beobachterin wie die Freifrau von Spitzemberg, in deren Haus Diplomaten ein- und ausgingen, notierte häuftig die Kritik an der Wilhelmstraße, die gleichsam von einer chinesischen Mauer umgeben, sich gegen das Land abkehre[70].

Harold Nicolson, ein keineswegs mit Deutschland sympathisierender, aber um Objektivität bemühter Kritiker, nennt den deutschen diplomatischen Dienst vor 1914 „a fine profession“[71]. Personell mit tüchtigen und ehrenwerten Leuten besetzt, die meist der Karriere entstammten, hätten sie ein deutliches Bewußtsein der europäischen Gesamtinteressen besessen und mehr Einfühlungsvermögen als die Bürokratie der Wilhelmstraße gehabt. Es sei fast tragisch zu lesen, und zu beobachten, wie häufig ihre Ratschläge unbeachtet oder falsch verstanden worden seien.

Jules Cambon, der Frankreich in Berlin in Jahren stärkster Spannung vertreten hat, lobt den Korpsgeist der europäischen Diplomatie, die kameradschaftlichen Bindungen, die oft herzlichen Beziehungen und die Ehrenhaftigkeit, die unter den Diplomaten jenseits von Patriotismus und Rivalität bestanden habe[72]. Das deutsche diplomatische Korps darf beanspruchen, in dem europäischen durchaus integriert gewesen zu sein.

Nicolson weist weiter darauf hin, daß in England vor 1914 die Kritik des Parlaments an der Führung der auswärtigen Geschäfte unüblich gewesen sei. Die Öffentlichkeit hätte es als selbstverständlich betrachtet, daß das Foreign Office nach den Grundsätzen der Größe, Ehre und Würde der Nation handelte. Kaum anders war es in Deutschland, wo die Führung der Außenpolitik zur Prärogative der Regierung gehörte. Bei aller Kritik, die gelegentlich vom Reichstag ausging, kann nicht geleugnet werden, daß die breite Öffentlichkeit der auswärtigen Politik insoweit zugestimmt hat, als sie überzeugt war, Größe und Ansehen des Vaterlandes seien in guten Händen. Kritische wie unkritische Betrachter versuchen deutlich zu machen, die Katastrophe im Juli 1914 sei bei einem größeren Einfluß des Reichstages abwendbar gewesen. Das ist nicht zu beweisen. Bismarck warf einmal gesprächsweise hin, daß die Fortschrittspartei im Vollzug ihres Programmes ziemlich bald zum Bruch mit unseren Bundesgenossen führen müsse[73]. Die Agitation der sogenannten vaterländischen Verbände, der hinter ihnen stehenden

---

70 Spitzemberg, Tagebücher, S. 439.

71 Harold Nicolson, Diplomacy. Oxford 1955, S. 148; Ders., The Evolution of Diplomatic Method. London 1956.

72 Jules Cambon, Der Diplomat. Berlin 1925, S. 18 ff.

73 Petersdorff, Hg., Bismarck, Gesammelte Werke Bd. 3, S. 357; Bd. 4, S. 142.

Interessengruppen und ihrer betörten Anhängerschaft hörte nie auf, in Kreisen der Diplomaten Anlaß zu Besorgnis und zu Ermahnungen zu größerer Zurückhaltung zu geben. Dem Reichstag gegenüber war das Auswärtige Amt nicht stark vertreten. Außer Bismarck und Bülow waren die Staatssekretäre wenig geeignet, die Politik vor dem Hause eindrucksvoll zu vertreten. Der Umgang mit dem Parlament war für Diplomaten ungewohnt. In der Geringschätzung der Parlamentarier dürften sie die Auffassung der übrigen Beamten geteilt haben. Die von der Forschung behandelte Frage des Zusammenhanges zwischen Machtpolitik und Wirtschaft kann hier nicht behandelt werden. Alle großen Mächte haben die ungehinderte wirtschaftliche Betätigung in der Welt als ein ihnen selbstverständlich zukommendes Recht angesehen. Das Maß, in dem dazu die diplomatischen Vertretungen eingeschaltet wurden, war zu Zeiten unterschiedlich. Da Afrika Kolonialland war, waren der Nahe und Ferne Osten dem wirtschaftlichen Wettbewerb ausgeliefert. Die Türkei bietet sich als erstrangiges Beobachtungsfeld, und hier war Deutschland bestrebt, eine wirtschaftlich führende Rolle zu spielen. Die deutsche Botschaft unter Leitung Marschalls von Bieberstein hat sich mehr, als es nach den Maßstäben der klassischen Diplomatie üblich war, der wirtschaftlichen Expansion zur Verfügung gestellt. Hingegen spielten in dem rein machtpolitischen Kalkül der europäischen Großmächte ökonomische Erwägungen, wenn überhaupt, so doch nur eine untergeordnete Rolle. Die große Politik war von idealen Motiven bestimmt, die die Lehre von der Staatsräson entwickelt hatte. Es ging hier um Macht, um Ehre, um Prestige. Die deutschen Diplomaten bewegten sich wie ihre Kollegen in den Traditionen der alten Kabinettspolitik. Wie erwähnt, beweisen die vertraulichen Korrespondenzen der die deutsche Politik leitenden und planenden Persönlichkeiten wie Holstein, Hatzfeldt, Kiderlen, Bülow hinreichend ihre Unabhängigkeit von ökonomischem Zweckdenken.

Die andere Frage, die sozialgeschichtliche, ist oben bereits abgehandelt worden. Die Rekrutierung aus Kreisen des Adels und des Geldes war historisch bedingt, sie entsprach dem Standard der übrigen Mächte. Im ganzen gesehen war das bürgerliche Element im Vordringen. Man kann nicht sagen, daß die Bürgerlichen in eine Defensivstellung gedrängt waren und der Adel unerbittlich auf seinem Standesvorteil beharrt hätte. Ein nicht unwichtiger Teil außenpolitischer Arbeit war immer von Nichtadeligen geleistet worden, und Bismarck war nicht ungeneigt, sogar Bürgerliche als Botschafter zuzulassen. Es erscheint vertretbar, die neureichen Geadelten wie die Stumms, Kühlmann, Schoen dem großbürgerlichen Element zuzuordnen. Mit dem Begriff Adel verbindet man herkömmlich Forschheit des Auftretens, Sicherheit, grandseigneuralen Lebensstil, Eleganz. Bei einem Manne wie Holstein, der die deutsche Diplomatie in ihrem Kurs jahrelang prägend bestimmt hat und der ein feines soziales Empfinden durchaus besaß, kann man diese äußeren Standeseigenschaften nicht beobachten. Der bürgerliche Gesandte Friedrich Rosen hat dem Amt eine dankbare Erinnerung entgegengebracht und sich unter adeligen Mitarbeitern keineswegs zurückgesetzt gefühlt.

Ein Beamtenkörper besitzt weder eine Kollektivseele noch eine Kollektivverantwortlichkeit. Der Apparat einer Behörde setzt innere Disziplin voraus, die dem einzelnen verbietet, seine Erkenntnisse zum Maßstab der Dinge zu erheben. Auch hätte der einzelne Beamte weder die Kraft noch die Macht besessen, den Kurs zu bestimmen. Ein Heraustreten aus dem Apparat würde nur als Ausnahme, nämlich wenn die Fundamente menschlicher Gesittung bedroht sind, zu rechtfertigen sein. Das aber war in den Augen der beteiligten Diplomaten 1914 nicht der Fall. Nicolson macht geltend, der Kriegsausbruch und damit das Ende der alten Diplomatie sei nicht eine Schuld der Diplomaten gewesen, sondern die Folge anderer Sachzwänge. Unter den deutschen Diplomaten hat das Vorgehen der Wilhelmstraße im Juli 1914 keineswegs allgemeine Billigung erfahren. Bald nach Ausbruch des Kriegs hat man den Diplomaten eine Verschwörung gegen den Frieden zum Vorwurf gemacht. Die memoirenschreibenden deutschen Diplomaten haben solchen Anklagen Material geliefert, teils überbewertet aus Verbitterung über den Zusammenbruch ihres Lebenswerks, teils aus Mangel an innerer Geschlossenheit der Behörde. Abgesehen von fehlendem Augenmaß trüben Neid, Mißgunst, Kulissenkämpfe, Personalquerelen das Bild. In jedem entsprechenden Organismus ist ähnliches der Fall, nur mag man sich fragen, ob die Ungeniertheit des Tones und oft die Herzlosigkeit des Urteils nicht eine dem deutschen Wesen eingegebene Eigentümlichkeit sind. Solange Bismarck Chef war, blieb die Autorität unbestritten. Seinen Nachfolgern ist es nicht gelungen, das diplomatische Korps mit solidarischem Bewußtsein zu erfüllen. Neben natürlichen, menschlichen Reibungen gab es sachliche wie vor allem der Mangel an Zielsetzung, der sich als roter Faden durch die Geschichte des Verhältnisses der Zentrale zu den Auslandsdienststellen zieht. Die Wurzeln dieses Übels waren nicht zuletzt in den Charakteren der leitenden Beamten begründet. Diesem Problem nachzugehen bleibt einer inneren Geschichte des Auswärtigen Amtes vorbehalten.

# Vom Kaiserreich zur Weimarer Republik: Das deutsche diplomatische Korps in einer Epoche des Umbruchs

von Kurt Doß

Zu Anfang dieses Beitrages über die Entwicklung des deutschen diplomatischen Korps von der Kaiserzeit zur Weimarer Republik mögen zwei Bilder kurz aufleuchten, deren Deutung sich im weiteren Laufe meiner Ausführungen von selbst ergeben dürfte, die aber schon jetzt zu einer Erhellung des weiten Problemkreises, den dieses Thema aufwirft, dienen können:

In seinen Erinnerungen „Mein Leben – eine Dienstreise" vermerkt Otto von Hentig, der den Novemberumsturz 1918 als junger Legationssekretär im Auswärtigen Amt in der Wilhelmstraße erlebte, folgendes: „Das Auswärtige Amt war von Wilhelmstraße 75 bis 77 in jenem Tage vollkommen verlassen bis auf den Pförtner Mühlenhaupt und eine kleine Mamsell unter dem Dach, die bis dahin dort eine dünne Suppe ausgegeben hatte. Wie Leichenfledderer durchzogen einzelne bewaffnete Revolutionäre die stillen Gänge. Mühlenhaupt hat mich und wohl auch manchen anderen häufig an diesen Tag erinnert." Hentig schilderte dann weiter, daß „nach Tagen völliger Ohnmacht" ein Freiwilligenbataillon aufgestellt wurde, „um den besonders gefährdeten Tiergartenbereich zu schützen"[1]. Der deutsche Diplomat Hans E. Riesser vermerkte aus derselben Zeit, im November 1918: „Auf mein Gesuch um Aufnahme (in den auswärtigen Dienst) erhielt ich am 22. November 1918 die Einberufung und trat zwei Tage später meinen Dienst an... Im Gehrock und Zylinder machte ich meine Antrittsbesuche im Auswärtigen Amt. Der Personalchef Prinz zu Wied begleitete mich."[2] Was drücken diese beiden Momentaufnahmen aus? Zum einen, so schien es, als ob auch für das Auswärtige Amt im November 1918 die Stunde

[1] Werner Otto von Hentig, Mein Leben eine Dienstreise. [2]Göttingen 1963, S. 209.

[2] Hans E. Riesser, Von Versailles zur UNO. Berlin 1962, S. 35 f.

gekommen war, in der das Alte endgültig stürzte und eine neue Epoche der Amtsgeschichte beginnen würde. Zum anderen aber, daß selbst in der Stunde Null das Auswärtige Amt an dem festhielt, was es als Vorrecht und Legitimation seiner einzigartigen Stellung betrachtete: eine Elite zu sein, die an den konservativen Formen festhielt, selbst wenn die bisherige Welt, der monarchistisch aristokratische „Überbau" zusammenbrach. Welche der hier angezogenen Überlegungen ist die richtige? Dieses zu untersuchen, ist der Zweck dieses Beitrages.

Die äußere Form und der Ausbau des Amtes hatten sich seit der Bismarckschen Ära nur wenig verändert. Deutschland war in den Ersten Weltkrieg mit einem Auswärtigen Amt getreten, in dem die Politische Abteilung IA das eigentliche Kernstück bildete. In ihr wurde die Außenpolitik des deutschen Reiches, soweit sie Angelegenheit des Auswärtigen Amtes war, bestimmt. Noch in dem „Handbuch für das Deutsche Reich auf das Rechnungsjahr 1918" heißt es: „Die Abteilung IA beschäftigt sich mit den Angelegenheiten der höheren Politik und den Personalien der im diplomatischen Dienst des Reiches stehenden Beamten[3]. In dieser Abteilung wurde nach dem Zugriff Holsteins im Jahre 1895 nicht nur die Außenpolitik betrieben, hier wurde gleichzeitig auch die Personalpolitik der Diplomaten gesteuert. Der eigentlichen Personalabteilung IB waren also die Diplomatenpersonalien entzogen worden. Getrennt von der Abteilung I arbeiteten auch die übrigen Abteilungen. Die Abteilung II, die für „Angelegenheiten des Handels und Verkehrs" zuständig war, in der zum Beispiel „Auswanderungsangelegenheiten, die Medizinal-, Veterinär- und Quarantänesachen sowie Eisenbahn, Post, Telegrafie und Schiffahrtsangelegenheiten" ressortierten war keineswegs mehr, genau so wenig wie die Aufteilung III, die juristische Abteilung, nur dem Adel vorbehalten. Hier fanden sich schon in der Mehrzahl tüchtige „Geheimräte" aus dem Bürgertum, die zum Teil aus der Konsulatslaufbahn kamen.

Die eigentliche aristokratisch-konservative Führungsschicht fand sich dafür geschlossen in der Abteilung IA. Diese adelige Führungsschicht hatte sich im Laufe der wilhelminischen Zeit noch weiter verstärkt, so daß hier eine Umstellung erst langsam nach der Novemberrevolution möglich war. Hatte es zur Zeit Bismarcks noch vereinzelte bürgerliche Diplomaten gegeben, die aus der Konsulatskarriere hervorgegangen

[3] Handbuch für das Deutsche Reich auf das Rechnungsjahr 1918. Bearbeitet vom Reichsamt des Innern, 40. Jg., Berlin 1918, S. 51.

waren und die sich in überseeischen Gebieten als Gesandte oder Ministerresidenten betätigten, so war deren Zahl, wie der Gothaische „Hofkalender“ für das Jahr 1913 ausweist, auf ein Minimum geschrumpft. Das aristokratische Ausleseprinzip hatte sich im Laufe der Jahre nicht vermindert, sondern vermehrt. Daß dieser innere Halt auf gemeinsamer aristokratischer Familientradition und gemeinsamen Lebenskreisen beruhte, dafür legte der spätere Botschafter von Dirksen in Moskau zur Zeit der Weimarer Republik in seinen Erinnerungen ein beredtes Zeugnis ab. Noch in den ersten Jahren der Republik weist er auf das damalige Fundament einer großen aristokratischen Karriere hin, die ihn mit dem damaligen Staatssekretär im Auswärtigen Amt von Schubert verband: „Da wir zusammen erzogen worden waren, in Heidelberg und Bonn, aktiv gewesen waren, so verband uns eine Freundschaft, die wir von unseren Eltern geerbt hatten“[4].

Sehen wir uns die Gliederung des Amtes kurz vor der Novemberrevolution im Herbst 1918 an, so wurde es geleitet von Staatssekretär von Hintze, dem Nachfolger des Staatssekretärs von Kühlmann.

Ihm zur Seite standen zwei Unterstaatssekretäre, Wilhelm von Stumm und Freiherr von dem Bussche-Haddenhausen (1916 war die zweite Unterstaatssekretär-Stelle geschaffen worden). Jede der vier Abteilungen hatte als höchsten Beamten einen Direktor. Ihm unterstanden ein Ministerialdirigent und die entsprechenden Vortragenden Räte. Nur die Abteilung IA besaß keinen Direktor. Ihre Aufgaben wurden mit wahrgenommen von dem Staatssekretär. Es deutet die Heraushebung dieser „diplomatischen Abteilung“ an, da der Staatssekretär in allen Angelegenheiten, seien sie politischer oder personeller Art, das Recht des unmittelbaren Vortrages beim Reichskanzler, dem einzigen „verantwortlichen Minister“ in der alten Staatskonstruktion, besaß.

Der Dirigent der IA-Abteilung war damals Freiherr Langwerth von Simmern. Ihm unterstanden die vier Vortragenden Räte: die Geheimen Legationsräte Graf von Mongelas, Dr. von Rosenberg, Dr. Rhomberg und der „Wirkliche Legationsrat“ Dr. von Bergen.

Man sieht, daß die Amtsspitze und die diplomatische Abteilung IA noch wenige Monate vor Kriegsende sich fest in der Hand adeliger Vertreter befanden. Die einzige Ausnahme war Dr. Rhomberg, der aus

---

[4] Herbert von Dirksen, Moskau, Tokio, London – Erinnerungen und Betrachtungen aus 20 Jahren deutscher Außenpolitik 1919–1939. Stuttgart 1950, S. 55.

der Konsulatslaufbahn kam und ein Vertrauter des Geheimrats Schüler war, über den noch zu sprechen sein wird.
Wenn wir uns in den letzten Jahren des deutschen Kaiserreichs die deutschen diplomatischen Vertreter im Ausland ansehen, so entsprach das Standesbild völlig dem Bild in der Zentrale in Berlin.
Selbstverständlich sind 1913 alle großen Posten in Europa mit Mitgliedern des Adels, in vielen Fällen sogar des Hochadels besetzt. In Großbritannien finden wir den Fürsten Lichnowsky, in Frankreich den Freiherrn v. Schoen (einen ehemaligen Staatssekretär des Auswärtigen Amts), in Österreich Heinrich von Tschirschky und Bogendorff, in Rußland den Grafen Pourtalès, in Italien Gottlieb von Jagow, den späteren Staatssekretär im Auswärtigen Amt im Jahre 1914, in Japan den Grafen von Rex, und in dem bedeutendsten überseeischen Staat in Amerika, in den USA, amtierte Graf Bernstorff. Man könnte diese Liste auch auf die Außenposten minderer Bedeutung erweitern. Es ergäbe sich kein anderes Bild. Interessanter ist die Frage: Wurden wir im letzten Friedensjahr vor 1914 auch noch von bürgerlichen Diplomaten im Gesandten- oder Botschafterrang vertreten? Einen bürgerlichen Botschafter gab es nicht, und Gesandte kaum. Ich zähle sie auf: In Europa begegnet uns nur in Portugal der Gesandte Rosen, der bekannte Orientalist und spätere Reichsaußenminister in der Weimarer Republik. In Brasilien residierte Dr. Michahelles, in Haiti Dr. Perl und in Kuba als „Außerordentlicher Gesandter und Bevollmächtigter Minister" A. Pauli[5]. Damit ist die Liste der bürgerlichen Diplomaten in Spitzenstellungen schon erschöpft. Vergleicht man dieses Bild mit der Bismarckzeit, so muß man feststellen, daß im Laufe der letzten Vorkriegsjahre die Feudalisierung des diplomatischen Korps nicht abgenommen, sondern im Gegenteil sich verstärkt hatte. Von 54 deutschen Missionen im Ausland waren 1913 acht nicht besetzt. Die neun deutschen Botschaften in Frankreich, Großbritannien, Italien, Japan, Oesterreich-Ungarn, Rußland, Spanien, Türkei waren sämtlich von adeligen Vertretern besetzt. Unter den 28 Gesandten befanden sich nur drei bürgerliche, während 1871 zu Beginn des Kaiserreiches noch neun deutsche bürgerliche Missionschefs vor allem in Süd-Amerika Dienst taten.
Großzügiger war man im deutschen Auswärtigen Amt mit der Besetzung der übrigen Abteilungen. Die Abteilung IB, die von Holstein 1895 gekappte Personal-Abteilung, wurde 1918 von dem Dirigenten, dem

[5] Handbuch ... Rechnungsjahr 1918 (vgl. Anm. 3), S. 51.

Wirklichen Geheimen Legationsrat Weller geleitet. Die Direktorenstelle war unbesetzt. Die fünf Vortragenden Räte waren bis auf eine Ausnahme (von Kühlmann) alle bürgerlich. Die 2. Abteilung, die eigentliche Handelsabteilung, besaß in Dr. Johannes einen bürgerlichen Direktor. Der Dirigent, Dr. Goebel von Harrant, stammte aus süddeutschem Adel. Von den sechs Vortragenden Räten waren nur zwei adelig: Dr. Joseph von Loehr, ein Hesse, und Edler von Stockhammern, ein bayerischer Adeliger. Die Rechtsabteilung, die 3. Abteilung, war fast vollständig in bürgerlicher Hand.

Der Direktor war „Seine Exzellenz Dr. Kriege, Wirklicher Geheimer Rat", ein für seine Tüchtigkeit bekannter Jurist. Der Dirigent Schmidt-Dargitz und vier der sechs Vortragenden Räte waren ebenfalls bürgerlich. Wenn man aus dieser Übersicht eine Folgerung ziehen will, so kann diese nur lauten: Das eigentliche Auswärtige Amt alter Prägung, um dessen Erhalt und gesellschaftliche Vormachtsstellung es sich für die hochkonservativen Kreise nur lohnte zu kämpfen, war die Abteilung IA, die sich „mit den Angelegenheiten der höheren Politik" beschäftigte. Die übrigen Abteilungen hatten dieser I. Abteilung nur „zuzuarbeiten". Sie waren nützliche Helfer, bei denen es weniger auf das gesellschaftliche Fluidum der Mitarbeiter ankam als auf den tüchtigen Sachverstand in Spezialfragen.

Es ist nicht zuviel gesagt, daß das Urteil des erfolgreichen bürgerlichen Diplomaten Ludwig Raschdau über die Politische Abteilung des Auswärtigen Amts auch noch am Ende des Kaiserreichs galt: „Die eigentliche politische Abteilung des Amts spielte sich damals ausschließlich innerhalb der ersten, der politischen, vom Staatssekretär persönlich geleiteten Abteilung ab, die den übrigen Abteilungen gegenüber auch gesellschaftlich wie eine fremde Behörde erschien. Der Abstand zwischen den Offizieren eines Garde-Kavallerie-Regiments und denen eines Train-Bataillons konnte kaum größer gewesen sein als zwischen den Räten der sogenannten Abteilung A und den übrigen Teilen des Amts. Jene rechneten auf die Verwendung in der Diplomatie, diesen war sie so gut wie verschlossen"[6]. Man könnte dem entgegenhalten, daß Raschdau eine Situation geschildert hatte, in der in Deutschland noch die monarchistisch-absolutistische Verfassungs- und Gesellschaftsstruktur in voller Blüte stand. Daß diese aber fast bis zum Ende der Monarchie unangefochten blieb, daß sie immer noch die Lebens- und

[6] Ludwig Raschdau, Wie ich Diplomat wurde. Berlin 1938, S. 43.

Denkformen fast bis zur Novemberrevolution bestimmte, bestätigt ein unverdächtiger Zeuge, der liberale Politiker Friedrich Payer, der 1917 im Kabinett des Grafen Hertling Vizekanzler wurde, damit also, wenn auch auf dem Wege über die Volksvertretung eine der höchsten Regierungsstellen im Deutschen Reich einnahm. In seinen Erinnerungen, die bald nach Kriegsende erschienen, schreibt er: „Es schwebte über dem Auswärtigen Amt ein Geist der Exklusivheit, für den Außenstehenden lag über ihm der Nimbus des Geheimnisvollen, für den Laien undurchdringlich. Es war ein geschlossener Organismus innerhalb der Regierung, in den nur Auserwählten ein Einblick gewährt wurde und diesem nicht gern und nicht weiter, als unbedingt notwendig war"[7]. Wer die Dinge nur von außen sieht, der muß annehmen, daß dieses alte Auswärtige Amt ein monolithischer Block war, der unbeweglich in der Brandung der Zeit stand, ohne die Veränderung dieser Zeit anzunehmen. Diese Annahme aber wäre ein Fehlschluß.

Gerade der Ruf nach Reformen hatte dieses im Grunde erzkonservative Reichsamt am ersten getroffen. Wir können ihn weit zurückverfolgen bis in die Bismarckzeit. An der Spitze der kritischen Schriften steht die frühe und fundierte Kritik an der deutschen Handelspolitik durch A. Steinmann-Buchner im Jahre 1884[8]. Der „Bund der Industriellen" gründete 1898 einen „Ausschluß für die Errichtung einer Reichshandelsstelle", die eine eigene Schriftenreihe herausgab[9] und einen größeren privatwirtschaftlichen Einfluß auf die Gestaltung der deutschen Handelspolitik verlangte. Im deutschen Reichstag setzte im neuen Jahrhundert fast jährlich eine heftige Kritik am Auswärtigen Amt ein, wenn dessen Etat beraten wurde. Es wurde vor allem Anstoß an der Exklusivität des diplomatischen Berufs genommen mit seiner einseitigen Bevorzugung des Adels, aber genau so auch kritisierten die Redner die Vernachlässigung deutscher wirtschaftlicher Belange durch die Beamten des Auswärtigen Amtes.

Es war keineswegs die Sozialdemokratische Partei, die bei dieser Opposition die Führungsstelle übernahm, sondern hier gingen die bürgerlichen Parteien, vor allem das Zentrum und die Nationalliberalen, in

[7] Friedrich von Payer, Von Bethmann Hollweg bis Ebert. Berlin 1923, S. 59.

[8] A. Steinmann-Buchner, Die Reform des Konsulatswesens aus dem volkswirtschaftlichen Gesichtspunkt. Berlin 1884.

[9] Vgl. Friedrich Facius, Wirtschaft und Staat. Die Entwicklung der staatlichen Wirtschaftsverwaltung in Deutschland vom 17. Jahrhundert bis 1945 (= Schriften des Bundesarchivs). Boppard 1959, S. 85, 86, 109, 110.

Front gegen die politische Reichsleitung. Zum Führer dieser Opposition machte sich der junge Reichstagsabgeordnete Gustav Stresemann. Am 15. 3. 1910 griff er den Staatssekretär im Auswärtigen Amt von Schoen an, der noch im vorhergehenden Jahr behauptet hatte, daß er keinen Unterschied zwischen Adel und Bürgertum kenne, obgleich nach Stresemanns Ausführungen immer noch eine Art „Gardeprinzip" in Bezug auf die Diplomatie herrsche. Stresemann wies darauf hin, daß noch immer alle deutschen Botschaften nur mit Adeligen besetzt seien, .... „und zwar nicht nur in Bezug auf das Botschaftspersonal..., das gehe bis in die Konsulate herunter. Bei denjenigen Generalkonsulaten, die in großen Städten sind, ist der Adelige Konsul, in der Provinz ist der Bürgerliche Konsul"[10]. In diesem Zusammenhang fiel auch das später oft zitierte Stresemannwort, daß „Politik und Völkerrecht in erster Linie Weltwirtschaftspolitik zu sein habe".

Die Reformbewegung im Auswärtigen Amt in Richtung auf die Verstärkung zur „Weltwirtschaftspolitik" wird allerdings später auch von adeligen Vertretern des Konsularkorps unterstützt werden. Als Beispiele seien genannt Generalkonsul Franz von Herff, der eigentlich der erste deutsche Botschafter nach dem Ersten Weltkrieg in Rom werden sollte, aber kurz vor Übernahme des Postens starb, und der aus der Konsulatslaufbahn hervorgegangene spätere Direktor der handelspolitischen Abteilung im Auswärtigen Amt, Karl Edler von Stockhammern. Umgekehrt wird ein bürgerlicher Vertreter des Konsulatsdienstes, der aber schon vor dem Ersten Weltkrieg in die diplomatische Laufbahn überwechseln konnte, Friedrich Rosen, der spätere Außenminister in der Weimarer Republik, sich den Reformbestrebungen und seinem Initiator Schüler verschließen[11].

Dem Versprechen der verschiedenen Staatssekretäre auf Durchführung der Reform folgten nur halbe Maßnahmen. Es gab zwar Beratungen im Auswärtigen Amt über diese Fragen und die Gründung einer Reformkommission, aber letztlich keine maßgeblichen Entscheidungen.

Immerhin, der Kampf einer neuen Gesellschaftselite, die im Zusammenhang mit der europäischen Industrialisierung sich nicht nur in Deutschland gebildet hatte, einer Elite, die sich vornehmlich aus In-

---

10 Deutscher Reichstag. Stenographische Berichte. Bd. 260 – 58. Sitzung, 15. 3. 1910, S. 2135.

11 Kurt Doß, Das Deutsche Auswärtige Amt im Übergang vom Kaiserreich zur Weimarer Republik. Düsseldorf 1977, S. 158 ff.

dustrie-, Außenhandels- und Bankkreisen zusammensetzte, verlangte immer hartnäckiger die Anerkennung ihres gesellschaftlichen Status auch in der Berücksichtigung bei den Aufstiegsmöglichkeiten in den Kreis der ersten Klasse der Diplomatie, in dem sich bislang fast ausschließlich der juristisch gebildete Adel bewegte.

Daß ähnliche Probleme auch in anderen europäischen Staaten, so in Großbritannien, auftauchten, darauf weist Tannenbaum in seinem Werk „Die Generation vor dem Kriege" hin: „Die jungen Söhne des grundbesitzenden Adels behielten eine sichere Stellung in der Armee, im diplomatischen Korps und in der Beamtenschaft des Empire. Doch die Peerswürde wurde immer mehr Personen verliehen, die mit Handel und Industrie verbunden waren"[12]. Wie man sieht, versuchte die englische regierende Schicht das neue Anspruchsbedürfnis in eine schon vorhandene Sonderreform des gesellschaftlichen Aufstiegs zu lenken und gleichzeitig den sozialen Status der im Staatsdienst führenden Schichten zu schonen.

Ein weiteres Gefühl der Beunruhigung und des Unbehagens löste die große Reform des französischen auswärtigen Dienstes im Jahre 1907 aus, in der viele Gedanken deutscher Reformüberlegungen realisiert wurden. Hier war es vor allem die Umstellung in der Zentrale auf das Regionalsystem, das mit der Bevorrechtung der diplomatischen Abteilung und damit mit ihrer Sonderstellung Schluß machte[13].

Der Ausbruch des Ersten Weltkrieges sollte vorerst einmal in Deutschland alle diese Überlegungen zurückdrängen. Es ist aber bezeichnend für die deutsche Situation, daß der Ruf nach einer Reform des Auswärtigen Amts „an Haupt und Gliedern" mit der Länge des Krieges und mit der allmählichen Verschlechterung der außenpolitischen Situation des Deutschen Reiches an Heftigkeit zunahm.

Je mehr sich diese verschlechterte, desto stärker wurde die Kritik an der unfähigen deutschen Außenpolitik, für die man nun – zu Recht oder zu Unrecht – das deutsche Auswärtige Amt verantwortlich machte. Diese Kritik erreichte ihren Höhepunkt kurz nach Ausrufung des un-

---

[12] Edward Tannenbaum, 1900, Die Generation vor dem Kriege. Berlin, Wien 1978, S. 62. Vgl. dazu: F. M. L. Thompson, English Landed Society in the Nineteenth Century. London 1963, und Anthony Giddens, The Class Structures of the Advanced Societies. New York 1973.

[13] Vgl. hierzu die ausgezeichnete Arbeit von P. G. Lauren, Diplomats and Bureaucrats. The Institutional Reponses to Twentieth-Century Diplomacy in France and Germany. Stanford 1976.

eingeschränkten U-Boot-Krieges im Jahre 1917 und nach dem Eintritt der USA in den Krieg. Es war die Zeit, als das Auswärtige Amt und der Reichskanzler bei dem Versuch, den uneingeschränkten U-Boot-Krieg zu verhindern, ihren letzten, aber kriegsentscheidenden Kampf gegen Ludendorff und die Admiralität verloren hatten. Die massivste Kritik kam nicht etwa aus der Masse der arbeitenden Bevölkerung, die die unmittelbaren Folgen dieser Kriegswende noch nicht verspürte, sondern aus den Kreisen der hanseatischen Übersee-Kaufmannschaft und der Reeder. Während Landwirtschaft und Industrie durch den Krieg noch keine Verluste erlitten hatten, sondern im Gegenteil einen Auftragsboom erlebten, waren Schiffahrt und Überseehandel von ihren Tätigkeitsfeldern ausgeschlossen. Der größte Teil der deutschen Handelsflotte lag in neutralen Häfen. Jede Ausweitung des Krieges, besonders die auf die USA und auf Südamerika, bedeutete weitere Millionenverluste an Schiffsraum und eine zusätzliche Zerreißung von Handelsverbindungen, die man für die Nachkriegszeit konservieren wollte. Es war eine der größten Sorgen der deutschen Überseefirmen, den Draht zu den großen südamerikanischen Staaten nicht abreißen zu lassen. Jede Versenkung südamerikanischer Handelsschiffe brachte die Kriegserklärung dieser Großstaaten in unmittelbare Nähe. Der Kampf des Auswärtigen Amtes gegen die auf dem Gebiet des uneingeschränkten U-Boot-Krieges sich unnachgiebig gebende Marineleitung ist ein Ruhmesblatt in der Geschichte des Auswärtigen Amtes[14]. Es gelang zwar nicht mehr, Brasilien aus der Reihe der Gegner auszuschalten, aber es gelang, den damals wichtigsten südamerikanischen Großstaat Argentinien bei seiner Neutralität zu halten. Belastet bis an die Grenze der Kriegserklärung durch Argentinien wurde das deutsch-argentinische Verhältnis durch das ungeschickte und arrogante Handeln des deutschen Gesandten in Buenos Aires Graf Luxburg, der durch seine berüchtigten „Luxburg-Depeschen", in denen er die deutsche Regierung aufforderte, argentinische Schiffe „spurlos zu versenken", und in denen er den amtierenden argentinischen Außenminister einen „anglophilen Esel" nannte, beide Regierungen in eine fast aussichtslose politische Situation hineinmanövriert hatte. Nachdem diese Depeschen durch den amerikanischen Geheimdienst entschüsselt und aller Welt

---

14 Näheres über die Rolle des Auswärtigen Amtes im Kampf um die Neutralität Argentiniens und über die Luxburg-Affaire in Doß, Auswärtiges Amt, S. 40 ff.

bekanntgegeben worden waren, setzte ein Sturm der Entrüstung im Ausland gegen diese „barbarische" deutsche Außenpolitik ein.

Wenn nicht auf argentinischer Seite der kluge und weitblickende Staatspräsident Yrigoyen, wenn nicht auf deutscher Seite der Staatssekretär von Kühlmann, der Unterstaatssekretär von dem Bussche-Haddenhausen und der Botschaftsrat Haniel von Haimhausen in einer gemeinsamen Aktion, bei der der argentinische Botschafter Molina in Berlin gute Vermittlerdienste leistete, die Vernunft zu ihrem Recht hätten kommen lassen, wäre das gute deutsch-argentinische Verhältnis an dieser Affäre zerbrochen. Beide Seiten verstanden es, die Vertreter der Extremforderungen zu überspielen: Yrigoyen, indem er die gemäßigte Mehrheit in beiden Häusern des Parlaments für sich gewann, das Auswärtige Amt, indem es den deutschen Gesandten desavouierte und Argentinien eine halbe Versprechung zur Schonung seiner Schiffe gab. In einem listenreichen Spiel wurde der Admiralstab in diesem Falle zu einer nachgiebigen Haltung veranlaßt. Was hier im Jahre 1917 zur Zeit der Peripetie des Ersten Weltkrieges von seiten des deutschen Auswärtigen Amtes möglich gemacht wurde, war das Meisterwerk einer außenpolitischen Aktion und ein gutes Stück alter Geheimdiplomatie. Das so sehr geschmähte Auswärtige Amt hatte auf einem zwar begrenzten, aber wichtigen Felde bewiesen, daß seine leitenden Beamten ihr Handwerk verstanden, wenn ihnen ein genügend weiter Spielraum zugemessen wurde. Das Ergebnis dieses harten Stükkes Arbeit drang nicht nach außen. Darauf legten beide Parteien wert. Publik wurde nur das nicht zu verstehende Verhalten des deutschen Gesandten Graf Luxburg. Sein verfehltes Handeln löste jenen großen Sturm aus, der in den Ruf nach einer Reform des Auswärtigen Amtes an Haupt- und Gliedern mündete. Luxburg wurde der Prototyp des unfähigen, dafür aber arroganten deutschen Diplomaten. Sein Fehlverhalten wurde – immer wiederkehrend – das Leitsignal für die jetzt massiv einsetzenden Reformforderungen.

Was aber war in den letzten Jahren an reformatorischen Tätigkeiten überhaupt geschehen? So gut wie nichts!

Ab 1911 erfolgte eine zaghafte Erweiterung der Attaché-Ausbildung, indem Studien- und Besichtigungsreisen in Industrie- und Handelsgebiete und Kurzvorträge von leitenden Männern der Wirtschaft stattfanden, um den zukünftigen Diplomaten einen Einblick in die wirtschaftliche Praxis zu bieten. Diese ersten kleinen Schritte in ein bis dahin den Diplomaten unbekanntes Gebiet hatte der damalige Leiter des Konsular-Referats in der Personalabteilung Schüler organisiert. Er fand darin Unterstützung in dem weltoffenen Staatssekretär von Kiderlen-Wächter[15]. Im übrigen aber änderte sich an der Struktur und in der Personalpolitik des Auswärtigen Amtes nichts. Erst die Luxburg-Affäre sollte mit einem Schlage die Situation auf dem Felde der Reform verändern, und zwar, wenn man die soziale Schichtung des deutschen Kaiserreichs bedenkt, in einem fast revolutionären Sinne.

Eine Gruppe Hamburger Überseekaufleute hatte sich zu einem Aktionskomitee zusammengeschlossen, das am 29. 11. 1917 eine kurze Beschwerdeschrift mit über hundert Unterschriften „erster Hamburger Adressen" an den Reichskanzler Graf Hertling sandte, in der – anknüpfend an das Verhalten des Grafen Luxburg – eine heftige Anklage erhoben wurde gegen die „durch den Krieg zutage getretenen großen Irrtümer des Auswärtigen Amtes ..., die zum Teil nur auf mangelnde Kenntnis der Verhältnisse im Ausland zurückzuführen sind"[16]. Während diese erste Denkschrift noch den Charakter einer spontanen Verärgerung trägt, bietet die zweite Denkschrift desselben Kreises, die sogenannte „Hamburger Denkschrift" („Hamburger Vorschläge zur Neugestaltung des deutschen Auslandsdienstes") vom April 1918 die wohldurchdachte Neuordnung eines zukünftigen deutschen Auswärtigen Dienstes, in dem die Struktur des Amtes, sein Aufgabenbereich und die Auswahl seiner Beamten den Forderungen der modernen Weltwirtschaft entsprechen sollten. In ähnlichem Geist gehaltene Denkschriften wurden von der offiziellen Vertretung der hanseatischen Übersee-Kaufmannschaft, den Handelskammern von Hamburg, Bremen und Lübeck eingereicht und von dem führenden Hamburger Bankier Max Warburg. Eine diesem Reformgedanken zustimmende Resolution verabschiedete die Hamburger Bürgerschaft am 29. 5. 1918.

Diese im vierten Kriegsjahre erhobene Kritik an dem bis dahin unbestrittenen „vornehmsten" Reichsamt löste dort eine denkwürdige Reaktion aus. Es wurde nicht im Sinne des alten Obrigkeitsstaates heftig zurückgeschlagen, sondern der neue Staatssekretär Richard von Kühlmann, ein Mann, der durch Heirat mit der Großindustrie verschwägert war und von wirtschaftlichen Dingen mehr verstand als seine Vorgänger, war zum Gespräch bereit. Eine Woche nachdem die deutschen

---

15 Vgl. 100 Jahre Auswärtiges Amt 1870–1970, hg. vom Auswärtigen Amt durch Heinz Günther Sasse u. Ekkehard Eickhoff, Bonn 1970, S. 32 f.

16 Zur Gesamtdarstellung für dieses und das Folgende: Vgl. Doß, Auswärtiges Amt, S. 92 ff.

Reichstagsabgeordneten nach Hamburg eingeladen worden waren, um die Hamburger Überseeprobleme an Ort und Stelle kennenzulernen, kam jetzt ein amtierender Staatssekretär, um vor amtlichen, aber auch vor nichtamtlichen Gremien Rede und Antwort über die Zukunft seines Amtes zu stehen. Diese Begegnung Kühlmanns am 20. 6. 1918 mit amtlichen Vertretern, vor allem aber mit solchen der Kaufmannschaft, ist ein Beispiel dafür, daß die alte Machtordnung im Kaiserreich im Begriff war, sich aufzulösen. Kühlmann erwies sich in dieser Versammlung als ein geschickter Taktiker, der die ihm vorgetragenen Polemiken zum Teil elegant abbog mit dem Hinweis auf die für diese Kompetenzen zuständigen Stellen im Reichstag und auf die Person des Reichskanzlers. Bei manchen Punkten (zum Beispiel der diplomatischen Laufbahn) wies er auf die Möglichkeit einer Verständigung hin, im übrigen aber überließ er das schwerwiegende Problem, das Verhältnis des Kaufmanns zum Diplomaten, seinem Begleiter, Geheimrat Schüler.

Das Hamburger Gremium erlebte damit zum ersten Male denjenigen Mann im Auswärtigen Amt, der in den nächsten drei Jahren für die Reform innerhalb des Auswärtigen Amtes zuständig werden sollte, der für die Bedeutung wirtschaftspolitischer Fragen ein offenes Ohr hatte, der aber auch die Grenze deutlich sah, die zwischen dem eigenständigen Wirken eines Kaufmanns und dem amtlichen Wirken eines Vertreters des Reiches lag.

Edmund Schüler[17], der im Jahre 1918 seinen Staatssekretär nach Hamburg begleitete und in den Verhandlungen mit den hanseatischen Vertretern die Hauptlast trug, war damals Geheimer Legationsrat und Leiter des Konsulatsreferats im Auswärtigen Amt. Der 1873 geborene Sohn eines bürgerlichen preußischen Generalmajors und Direktors der Preußischen Artilleriewerkstätten in Spandau schlug nach Absolvierung der zweiten juristischen Staatsprüfung, nach ausgedehnten Reisen durch England und Schottland und nach einer informatorischen Beschäftigung bei der Deutschen Bank im Jahre 1900 die Konsulatslaufbahn ein. Der reich Begabte, künstlerisch stark Befähigte – auf dem Gebiet der Architektur war er selbständig schaffend tätig – vereinte in sich einen offenen Blick für alle wirtschaftspolitischen Fragen und – vielleicht durch seine musischen Neigungen verstärkt – auch eine klare Vorstellung über den zukünftigen Aufbau und Wirkungsmöglichkeiten

[17] Kurzes Lebensbild Schülers bei Doß, Auswärtiges Amt, S. 157 ff.

eines neuen Auswärtigen Amtes. Die außerordentlichen organisatorischen Fähigkeiten des jungen Konsuls wurden von seinem Vorgesetzten in Konstantinopel, dem dortigen Generalkonsul und späteren Unterstaatssekretär Stemrich, bald entdeckt. Im Jahre 1906 wurde Schüler nach nur fünf Jahren Auslandsdienst in die Zentrale zurückgerufen, ohne sie – abgesehen von einigen kurzen Missionen – je wieder zu verlassen.

In Edmund Schüler besaß das Auswärtige Amt einen hochqualifizierten Vertreter, der in der kritischen Übergangszeit vom Kaiserreich zur Republik als einziger ein Konzept für den notwendigen personellen und strukturellen Umbau des Amtes besaß und der außerdem – trotz eines sehr sensiblen Charakters – über die notwendige Durchsetzungskraft verfügte, die ursprünglich mehr theoretischen Vorstellungen in die Wirklichkeit umzusetzen. Es ist in der preußisch-deutschen Beamtengeschichte ein nur selten zu vermerkendes Phänomen, daß die Reform eines Amtes mit dem Namen eines Beamten verbunden wird. Die „Schülersche Reform" ist in der Geschichte des deutschen Auswärtigen Amtes ein feststehender Begriff für den einzigen großen Modernisierungsversuch im ersten Drittel des 20. Jahrhunderts geworden. Die Persönlichkeit dieses ungewöhnlichen Mannes aber blieb weitgehend der Öffentlichkeit verborgen.

Der ernsthafte Wille zu einer Reform des Auswärtigen Amtes tritt in den letzten Monaten der kaiserlichen Regierung deutlich in Erscheinung. Staatssekretär von Kühlmann beauftragte Schüler und Graf Wedel am 14. Mai 1918 mit der „Bearbeitung der mit der Umgestaltung des auswärtigen Dienstes zusammenhängenden Geschäfte", und schon am 30. Juni 1918 legte Reichskanzler Graf Hertling dem Kaiser einen Bericht vor, „daß die Vorarbeiten für die Umgestaltung des Auslandsdienstes ..... zu einem vorläufigen Abschluß gekommen sind". Diese eiligen Aktionen im Auswärtigen Amt sind nicht nur auf erneute heftige Angriffe Stresemanns im Reichstag und auf die Hamburger Initiativen zurückzuführen, sondern auch auf den unerwarteten Konkurrenzanspruch eines rivalisierenden Reichsamtes. Das im Jahre 1917 neu gegründete Reichswirtschaftsamt[18] hatte seine Rechte auf dem Gebiet der Außenhandelspolitik angemeldet. Zahlreiche Handels- und Industriekreise, besonders in Mittel- und Süddeutschland, standen diesem Amt, von dem sie eine intensivere Förderung ihrer Wirtschaftsinteressen als von dem als zu exklusiv angesehenen Auswärtigen Amt er-

[18] Vgl. F. Facius, Wirtschaft und Staat, S. 85 ff.

hofften, mit Sympathie gegenüber. Stimmen wurden laut, das gesamte Konsulatswesen dem Reichswirtschaftsamt anzugliedern. Selbst die Bremer Handelskammer war nur mit Mühe bei den Verhandlungen über die hanseatische Denkschrift von einem solchen Verhalten abzuhalten.

Das besondere Merkmal der Schülerschen Reform ist, daß die Arbeit an ihr vom Herbst 1918 bis in das Jahr 1919 kontinuierlich läuft und daß der Beobachter, der diese Reformbewegung nur an den entsprechenden Akten studiert, kaum einen Hauch davon verspürt, daß innerhalb dieses Zeitabschnittes der Erste Weltkrieg beendet wird, daß eine Revolution stattfindet und daß die Republik ausgerufen wird. In den letzten Wochen des Kaiserreichs wird Schüler zum Dirigenten der Personalabteilung ernannt und im ersten Jahre der Weimarer Republik, am 31. 8. 1919, zum Direktor dieser Abteilung. Die zahlreichen Reisen Schülers, die Konferenzen im Amt und außerhalb des Amtes mit Handelskammern und mit Handels- und Industrieverbänden in und außerhalb Berlins fanden unter denkbar schwierigen äußeren Verhältnissen in dem Revolutions- und Umsturzwinter 1918/19 statt. Nur ab und an findet sich in den Protokollen eine karge Notiz, daß dieser oder jener Vertreter nicht kommen konnte, weil es keine Zugverbindung gab, oder daß Schüler aus dem gleichen Grunde nicht rechtzeitig bei einer Sitzung süddeutscher oder westdeutscher Handelskammern erscheinen konnte. Schüler entwickelte in diesen Monaten eine Arbeitsenergie, die ihn bis an die Grenze seiner physischen Kräfte trieb.

Eine der wichtigsten Reformverfügungen wurde knapp vier Wochen nach der Revolution erlassen. Am 2. Dezember 1918 wurde die Verschmelzung der diplomatischen und der konsularischen Laufbahn vorgenommen. Diese Verfügung trug noch die Unterschrift des letzten kaiserlichen und ersten republikanischen Staatssekretärs Solf. Von ausschlaggebender Bedeutung für die Reform war selbstverständlich die durch die Revolution erfolgte Umwandlung der kaiserlichen Ämter in verfassungsmäßige Reichsministerien unter der Leitung eines dem Parlament gegenüber verantwortlichen Reichsministers (Gesetz über die vorläufige Reichsgewalt vom 10. 2. 1919)[19]. Die bisherigen Staatssekretäre wurden Minister, die Unterstaatssekretäre bekamen die Amtsbezeichnung „Staatssekretär". Alle ehemaligen Reichsämter erhielten die Bezeichnung „Reichsministerium", nur das Auswärtige Amt behielt seine alte Bezeichnung aus der kaiserlichen Zeit.

---

[19] Vgl. 100 Jahre Auswärtiges Amt, S. 34.

Der erste Außenminister der Republik Graf Brockdorff-Rantzau (13. 2. 1919 – 21. 6. 1919) kündigte in seiner Etat-Rede am 10. 4. 1919 die Durchführung der lange fälligen Reform an. Er und seine Nachfolger, die sozialdemokratischen Außenminister Müller-Franken (21. 6. 1919–27. 3. 1920) und Dr. Adolf Köster (13. 4. 1920–25. 6. 1920) waren diejenigen Männer, die Schüler den notwendigen politischen Rückhalt gaben, um seine Reformen durchzuführen. Erst unter dem vierten Außenminister der Republik, dem weniger reformfreundlichen Dr. Walter Simons (25. 6. 1920–10. 5. 1921), fand Schüler nicht mehr die ministerielle Rückendeckung. Der selbstbewußte, aber empfindliche Mann zog hier entschlossen die Konsequenz. Er verließ am 31. 12. 1920 mit 48 Jahren das Amt, ließ sich in den vorläufigen Ruhestand versetzen und hat seit dieser Zeit kein öffentliches Amt mehr übernommen. Mit 79 Jahren starb er am 20. 10. 1946 in Berlin.
Das Reformwerk Schülers umfaßte vier große Bereiche, die zwar organisatorisch nebeneinander standen, im Grunde aber aus einer Wurzel erwuchsen:

I. Die Vereinigung der diplomatischen und der konsularischen Laufbahn;
II. die Einführung des Regionalsystems, das heißt die Vereinigung politischer und wirtschaftlicher Fragen in Ländergruppen, als Verwaltungsreform in der Zentrale;
III. die Gründung einer mit dem Amte zwar lose verbundenen, aber weitgehend selbständigen Außenhandelsstelle (der späteren Abteilung X);
IV. die Öffnung des auswärtigen Dienstes, vor allem in gewissen Spitzenstellungen, für Männer aus der Welt des Handels und der Wirtschaft, aber auch der Politik und der Wissenschaft[20].

Das Auswärtige Amt sollte aus einer Zeit, in der die höfischen und die gesellschaftlichen Normen im internationalen Verkehr noch eine gewisse Einheitlichkeit der internationalen Politik möglich erscheinen ließen, herausgeführt werden in eine Zeit, in der auch die zwischenstaatliche Politik in bisher noch nicht gekanntem Maße mit wirtschaftlichen und sozialen Fragen konfrontiert wurde und in der neue Führungsschichten in vielen Teilen der Welt ihre Ansprüche anmeldeten.
Schüler wollte keineswegs an die Stelle der Politik die Wirtschaft setzen. Er hielt allerdings die Trennung beider Bereiche für einen „der Grundirrtümer des alten Auswärtigen Amtes".

---

[20] Vgl. Doß, Auswärtiges Amt, S. 216 ff.

Die fast als hektisch zu bezeichnende Arbeitsweise Schülers läßt erkennen, daß er wohl selbst das Gefühl hatte, nicht sehr lange über die Macht zu verfügen, die er tatsächlich in den Jahren 1919 und 1920 besaß. So wollte er jedenfalls die Probleme anpacken, die ihm am vordringlichsten erschienen. Im Vordergrund stand die neue Ausbildungsordnung für den Nachwuchs. Zum ersten Male wurden die Attachés besoldet. Neu war die verstärkte Ausbildung in wirtschaftlichen Fragen. Außerdem war ein abgeschlossenes Studium nicht mehr unbedingte Voraussetzung für den Eintritt in den auswärtigen Dienst. Eine kaufmännische oder eine Banktätigkeit konnten auch eine Vorbildung für die Karriere sein. Diese Regelung war allerdings für den konservativen Stamm der alten Beamten so ungeheuerlich, daß sie nach wenigen Jahren wieder abgeschafft wurde.
Auch bevorzugt aufgebaut wurde von Schüler eine dem Amt lose angegliederte Abteilung X, die Außenhandelsstelle. Sie sollte im Zusammenhang mit der Reform sowohl die Ansprüche der Wirtschaft als auch die des Staates in einer durch den verlorenen Krieg völlig neuen Situation koordinieren und – nach Schüler – „ein lebendiges Bindeglied zwischen Wirtschaft und Wilhelmstraße" werden. Offensichtlich war aber die Zeit für ein solches halbstaatliches Großunternehmen noch nicht reif. Es fiel schon im Oktober 1921 den Sparmaßnahmen zum Opfer. An seine Stelle trat die wesentlich bescheidenere „Zweigstelle des Auswärtigen Amtes für Außenhandel". Der Gedanke Schülers aber, daß eine Verbindung zwischen Überseehandel und Exportindustrie auf der einen Seite und dem Auswärtigen Amt auf der anderen Seite bestehen müsse, blieb von diesem Zeitpunkt an erhalten und wurde organisatorisch ausgebaut. Ihre heutige Nachfolgeorganisation ist die „Bundesstelle für Außenhandelsinformationen"[21] in Köln. In einem Punkte waren sich die Reformer im Amt, an der Spitze Schüler, und die konservativ Beharrenden einig: Außenpolitik, auch wirtschaftlich fundierte Außenpolitik, darf nur vom Auswärtigen Amt betrieben werden. Allein der Rückhalt, den Schüler bei seinen Ministern so verschiedener Färbung wie Brockdorff-Rantzau und Müller-Franken fand, ermöglichte es ihm, den Kampf auf diesem Felde der „Kompetenz der Ämter", besonders gegen das Reichswirtschaftsministerium zu bestehen. Schüler war Realist genug, um zu wissen, daß ein Erfolg nur zu erringen war, wenn die Schaltstationen des Amtes mit Männern seines

[21] W. Kasulke, Die Bundesstelle für Außenhandelsinformationen. Bonn 1971.

Vertrauens besetzt waren. Dies gelang ihm im Bereich der Abteilungsleiter der sechs neu geschaffenen Regionalabteilungen. Die personellen Veränderungen, die Schüler in der Zentrale vorgenommen hatte, waren von entscheidender Bedeutung. Zum ersten Male standen Männer an der Spitze der wichtigsten Abteilungen, die zum größten Teil aus der Konsulatslaufbahn hervorgegangen waren und die nicht nur neues Verständnis für die Wirtschaftspolitik innerhalb der Außenpolitik mitbrachten, sondern die auch einer anderen Gesellschaftsschicht entstammten. Es kann keine Rede davon sein, daß im Auswärtigen Amt jemals eine „linkslastige" Personalpolitik betrieben wurde. Es waren vielmehr Repräsentanten des Bürgertums, die den Adel in der Karriere in mehreren Fällen ablösten. Allein das Vorrücken der „Konsularen" in das erste Glied der höheren Beamtenschaft war für dieses Amt schon eine revolutionäre Tat.
Noch revolutionärer war allerdings die Besetzung großer Auslandsposten durch „Außenseiter"[22], also Männer, die nicht einmal aus der Konsulatskarriere kamen. Die Frage wurde besonders akut, als nach der Ratifizierung des Friedensvertrages am 10. Januar 1920 die wichtigsten Botschafter- und Gesandtenposten bei den ehemaligen Feindstaaten zu besetzen waren. Schüler war schon im Jahre 1919 auf „Talentsuche" gegangen, vor allem in den von ihm so sehr geschätzten hanseatischen Handelskreisen. „Ich suche nur erste Adressen", schrieb er einem Freund. Es war aber nicht einfach, „erste Adressen" für die Arbeit im Auswärtigen Amt zu gewinnen. Der Hamburger Reeder Woermann zum Beispiel entzog sich ihm mit der Begründung, daß er die eigene Reederei wieder aufbauen müsse. Auch andere maßgebende Männer der Wirtschaft versagten sich ihm aus ähnlichen Gründen.
Immerhin gelang es, aus Hamburg zwei Senatoren zu gewinnen, Bürgermeister Dr. Sthamer als Botschafter in London und den Bankier von Berenberg-Goßler als Botschafter in Rom. In Paris wurde das Reich durch den ehemaligen Abgeordneten der Bayerischen Volkspartei Mayer-Kaufbeuren vertreten, in Brüssel war das ehemalige Mitglied des Rats der Volksbeauftragten und spätere Reichsjustizminister Landsberg der Geschäftsträger. Der ehemalige sächsische Innenminister Dr. Walter Koch, ein versierter Jurist und Finanzfachmann, vertrat die Republik in Prag. Der „Senior" der neu berufenen Außenseiter war der Sozialdemokrat Dr. Adolf Müller, der bis zum Jahre 1933 deutscher

[22] Vgl. Doß, Auswärtiges Amt, S. 270 ff.

Gesandter in Bern war. Zwei außerordentlich befähigten sozialdemokratischen Außenseitern wurden kurz nach dem Ausscheiden Schülers noch diplomatische Posten anvertraut: dem ehemaligen Reichspressechef Rauscher im Jahre 1921 die Gesandtschaft in Warschau, die er bis zu seinem Tode im Dezember 1930 geschickt und klug führte, und dem ehemaligen Reichsaußenminister Dr. Adolf Köster, der das Reich in Riga und Belgrad bis zu seinem Tode im März 1930 erfolgreich vertrat. Am 5. 3. 1923, also zwei Jahre nach Schülers Ausscheiden, ergab eine im Auswärtigen Amt angefertigte Übersicht, daß in Europa 26 diplomatische Spitzenstellungen vorhanden waren:

16 Stelleninhaber waren „Beamte des Auswärtigen Amtes"
8 Stelleninhaber waren „Herren, die dem Auswärtigen Amt bisher nicht angehört hatten"
2 Stellen (Kopenhagen und Budapest) waren unbesetzt.

Mit diesem sich noch durch die Schülersche Personalpolitik auswirkenden Verhältnis 2 : 1 von Insidern und Outsidern auf den diplomatischen Außenposten des Reiches war der Kulminationspunkt erreicht und schon fast überschritten. Nach Schüler wurde nur noch ein Außenseiter in eine Spitzenstellung berufen. Es war der Kruppdirektor Dr. Wiedfeldt, der von 1922 bis 1925 als erster Nachkriegsbotschafter das Deutsche Reich in Washington vertrat.

Ist die Schülersche Reform gescheitert?

Trotz mancher Modifikationen, die nach dem Abgang des Reformers vorgenommen wurden, hat das Amt bis auf den heutigen Tag entscheidende Züge der Reformzeit behalten. An die Trennung der konsularischen und der diplomatischen Laufbahn wurde ernsthaft nicht gedacht. Daß Wirtschaftspolitik ein integrierter Bestandteil jeder Außenpolitik zu sein habe, wurde als Erbe Schülers vielleicht erst einer Generation von Diplomaten klar, die nach dem völligen machtpolitischen Zusammenbruch Deutschlands im Jahre 1945 mit Erfolg versuchte, in der Bundesrepublik mit den noch verbliebenen Kräften eine Außenpolitik zu betreiben, die die Vorstellungen Schülers mehr verwirklichte, als dies in den zwanziger Jahren geschehen konnte.

Die beamteten Staatssekretäre, die von 1920 bis 1936 das Amt leiteten, kamen zwar noch aus der alten Führungsschicht des kaiserlichen Amtes. Sie waren aber fachlich gut vorgebildet, und von keinem ist bekannt, daß er nicht gewillt war, der Republik vorbehaltlos zu dienen. Es waren:

1. Dr. Edgar Haniel von Haimhausen (1920–1922), ab 1923 Reichsgesandter in München;

2. Ago Freiherr von Maltzan (1922–1924), ab 1925 Botschafter in Washington;
3. Dr. Carl von Schubert (1924–1930), ab 1930 Botschafter in Rom (Quirinal);
4. Dr. Bernhard Wilhelm von Bülow (1930–1936), gestorben 21. 6. 1936.

Zum Schluß wäre noch zu fragen: Woher gerade das ungeheure Beharrungsvermögen der Führungsschicht dieses ehemaligen kaiserlichen Reichsamtes kommt, das die Katastrophe von 1918 und den noch größeren Zusammenbruch von 1945 zum Teil jedenfalls unbeschadet überstanden hat.

Es war einmal das konservative Element der Bismarckschen Zeit, das sich als sehr immun gegen die Neuerungen anderer Epochen erwies, und es war zum anderen der Korpsgeist einer Elite, die sich kannte und durch die gemeinsame Ausbildung eines Jahrganges, der „Crew", in denselben Anschauungen und Vorstellungen erzogen war und hierbei einen sehr sensiblen Geist des Insidertums mit einer Abwehrstellung nach außen entwickelte. Hierfür noch zwei kurze Zeugnisse:

1. „Ich begegne mehr und mehr unfreundlichen Gesichtern unter der preußischen Aristokratie und denjenigen Diplomaten, die an meiner Ernennung Anstoß nehmen und sich in ihren Avancements-Hoffnungen gestört sehen"[23].
2. „Ich bin nicht gern nach London gegangen, denn ich glaubte nicht, daß ich bei meinem Alter – ich war 63 Jahre alt – noch einmal umlernen und mich in einen neuen Beruf hineinarbeiten könne, dem ich bis dahin völlig fremd gegenüber gestanden hatte" .... „denn es war nur natürlich, daß die Bevorzugung eines Außenseiters Mißstimmung und Unzufriedenheit bringen muß" ... „Ich kann nicht sagen, daß ich im Laufe meiner Tätigkeit greifbare Beweise dafür gehabt hätte, daß man mir im Auswärtigen Amt gern ein Bein gestellt hätte, wenn ich auch dauernd fühlte, daß zwischen dem Amt und mir nur lose Beziehungen bestanden"[24].

Der Verfasser des ersten Zitats war der Aristokrat Chlodwig Fürst Hohenlohe-Schillingsfürst, ehemaliger bayerischer Ministerpräsident und

[23] Zitiert nach H. E. Riesser, Haben die deutschen Diplomaten versagt? Bonn 1959, S. 37.

[24] Entnommen den handschriftlichen Aufzeichnungen Sthamers (ohne Datum), Hamburger Staatsarchiv, Familie Sthamer. Berufung zum deutschen Botschafter in London und Tätigkeit als solcher (1919–1921).

späterer Reichskanzler, der 1874 den deutschen Botschafterposten in Paris übernahm, der Verfasser des zweiten der ehemalige Hamburger Bürgermeister Sthamer, der auf Schülers Veranlassung als erster Botschafter der Republik 1920 nach London ging. Zwischen den beiden Aussagen liegt ein Zeitraum von über 50 Jahren. Das Mitglied der bayerischen Hocharistokratie klagt über die gleiche Beschwernis wie der bürgerliche Repräsentant der Hansestadt Hamburg in der Weimarer Republik.

Wer in der Diplomatie in eine Führungsstellung gelangte, ohne aus der „Karriere" zu kommen, der wird ein „Outsider" bleiben, sei er nun ein Aristokrat oder eine bürgerliche Spitzenkraft in seinem Fach.

Wie sehr überlebte Standesvorurteile auch noch bei der Besetzung von hohen Diplomatenposten zu Beginn der Weimarer Republik eine Rolle gespielt haben, möge ein letztes Beispiel illustrieren, das ich nicht geglaubt hätte, wenn ich es nicht in den Akten gefunden hätte. Unter dem 6. 8. 1920 schrieb Staatssekretär von Haniel an den Reichsaußenminister Simons: „Zum Glück haben die soeben eingezogenen Erkundigungen über unseren Kandidaten für Rom ergeben, daß er zwar in einen gesellschaftlichen Skandal verwickelt war, indem er den Liebhaber der Frau erschoß. Im übrigen wurde er mir von einem zuverlässigen Gewährsmann als ein nicht sehr bedeutender, aber vorzüglich gesellschaftlich gewandter und zuverlässiger Mann geschildert mit einem nicht unbeträchtlichen Vermögen"[25].

Dieser Rückfall in der Beurteilung eines Diplomaten nach Maßstäben des ancien regime im zweiten Jahre der Weimarer Republik entbehrt nicht einer gewissen Tragikomik. Es handelt sich immerhin um die Beurteilung eines Bewerbers, der den neuen Typus des deutschen Auslandsvertreters repräsentieren sollte. Man kann hieraus ersehen, wie schwierig, wie langwierig und wie dornenreich der Weg für die wenigen Männer war, die in dieser Übergangszeit vom Kaiserreich zur Weimarer Republik ein neues Auswärtiges Amt aufbauen wollten. Wieweit dieses Bemühen gelang, wieweit es scheiterte, konnte erst in den Folgejahren erkennbar werden, die von den nächsten Beiträgen behandelt werden.

---

[25] Staatssekretär von Haniel an Reichsaußenminister Dr. Simons, Berlin, 6. 8. 1920, Auswärtiges Amt, Büro Reichsminister, Organisation, Personalfragen, Bd. 1.

# Struktur, Organisation und außenpolitische Wirkungsmöglichkeiten der leitenden Beamten des Auswärtigen Dienstes 1921–1933

VON PETER KRÜGER*

## I. EINE TRADITIONELLE ELITE UNTER NEUEN BEDINGUNGEN

Anfang Juni 1926, während einer außenpolitisch ziemlich ruhigen Phase, schrieb einer der führenden Beamten des Auswärtigen Amts, der Ministerialdirektor Köpke, in einem Resümee der laufenden Geschäfte[1]: „In Personalien ist die Wiener Frage noch offen. Jeden Tag hat die Presse einen anderen Kandidaten beim Wickel. Gestern und vorgestern wurden Hatzfeldt und Lerchenfeld abgeschlachtet. Die einzige Entlastung in der Öffentlichkeit ist die, daß seit gestern auch Tokio zum Gegenstand freundlicher Auseinandersetzungen gemacht wird, wobei Solf nicht übermäßig glänzend fortkommt und, ohne daß irgendein Mensch ahnt woher und wieso, die Kandidatur Voretzsch mit Namensnennung affichiert wird. Ich hatte heute Morgen eine Nachricht von Bell, den ich im Auftrage des Ministers anrufen mußte, daß seine politischen Freunde [vom Zentrum] sich erst am Montag mit der Kan-

---

* Für Auskünfte aus den Personalakten auf meine zahlreichen Anfragen hin und für ihre ausdauernde Hilfsbereitschaft danke ich Frau Dr. Keipert und Herrn Dr. Sareyko im Archiv des Auswärtigen Amts von Herzen. Ich habe die Auskünfte in den Anmerkungen nicht jeweils kenntlich gemacht. – Außerdem danke ich dem Deutschen Adelsarchiv, Marburg, unter Herrn Dr. von Hueck für seine Unterstützung.

1 Politisches Archiv des Auswärtigen Amts, Bonn (= PA), Büro Staatssekretär (= St.S.) P, Bd. 7 a (4567 / E 166 832–38). – Zum Stand der Elitenforschung in Deutschland: Dietrich Herzog, Politische Führungsgruppen. Probleme und Ergebnisse der modernen Elitenforschung (= Erträge der Forschung, Bd. 169). Darmstadt 1982; Ursula Hoffmann-Lange, Elitenforschung in der Bundesrepublik Deutschland. In: Aus Politik und Zeitgeschichte, Beilage zur Wochenzeitung Das Parlament. B 47/83 v. 26. 11. 1983, S. 11–25.

didatur Mertens beschäftigen würden und wir bis zum Ergebnis dieser Besprechung mit endgültigen Entscheidungen warten möchten."

Inzwischen ist zwar der Einfluß der Parteien auf die Stellenbesetzung im auswärtigen Dienst noch gewachsen, aber das Interesse der Öffentlichkeit bemerkenswert gesunken. Heutzutage wüßte doch auf Anhieb selbst unter den politisch Interessierten und Gebildeten kaum einer den Namen eines amtierenden Staatssekretärs des Auswärtigen Amts oder eines wichtigen Botschafters zu nennen. In den 20er Jahren hingegen konnten sich die Besetzungen ebenso wie das Verhalten der Stelleninhaber ständiger Aufmerksamkeit in der Presse erfreuen, und zwar nicht erst unter der Rubrik „kurze Meldungen". Der Primat der Außenpolitik, der ja nicht nur eine wissenschaftliche, sondern allgemein verbreitete und populäre politische Betrachtungsweise war[2], und der Nimbus einer nach wie vor eminenten und erlesenen Behörde strahlten auch nach den Veränderungen des Ersten Weltkriegs noch eine Faszination aus, die sich bis heute nicht völlig verloren hat.

Diplomat zu sein, galt in der Weimarer Republik trotz mancher herausfordernder Infragestellung als Inbegriff der Zugehörigkeit zur Elite, was immer man mit diesem vieldeutigen Wort verbinden mochte. Und das war auch eine ganz richtige Auffassung, um so mehr, wenn man sie näher bestimmt und den auswärtigen Dienst als eine besonders traditions- und prestigebetonte unter den politischen Führungsgruppen auffaßt, genauer als eigene Gruppierung innerhalb der Funktionseliten staatlich-politischen Handelns. Der auswärtige Dienst – womit die Zentrale in der Wilhelmstraße und die Auslandsvertretungen gemeint sind – war eine Elite nach Stellung und Ansehen, nach Ausbildung und Anforderungen und, mit gewissen Einschränkungen, nach der Rekrutierung.

Das fortbestehende Ansehen des auswärtigen Dienstes war sowohl Ausdruck einer Tradition als auch bestimmter Bedingungen und Bedürfnisse nach 1918. Noch für längere Zeit prägend, auch nach den

---

2 Zur Betonung des Primats der Außenpolitik am Anfang der Weimarer Republik sogar innerhalb der Führung der SPD siehe etwa Quellen zur Geschichte des Parlamentarismus und der politischen Parteien, 1. Reihe, Bd. 6,II: Die Regierung der Volksbeauftragten 1918/19. Eingeleitet von Erich Matthias, bearbeitet von Susanne Miller unter Mitwirkung von Heinrich Potthoff. Düsseldorf 1969, S. 238 f. Über den Vorrang des nationalen Machtstaates bei Max Weber Wolfgang J. Mommsen, Die antinomische Struktur des politischen Denkens Max Webers. In: Historische Zeitschrift 233 (1981), S. 35–64.

Verfassungsänderungen von 1918/19 und der Abschaffung des Adels als privilegierter Stand, blieb das Vorbild aristokratischen Dienstes für Staat und Monarchie lebendig, wie es im Absolutismus angelegt worden war. Insbesondere das höhere Offizierskorps und die Diplomatie bildeten vor dem Ersten Weltkrieg Domänen des Adels, ungeachtet des Vordringens der gehobenen bürgerlichen Schichten von Besitz und Bildung seit der Mitte des 19. Jahrhunderts, die sich wenigstens im Bereich von Militär und Beamtentum den vorherrschenden monarchisch-aristokratisch durchdrungenen Verhaltensmustern weitgehend anpaßten. Das Verfassungssystem der konstitutionellen Monarchie hatte diese Entwicklung noch unterstrichen, indem sie die Sphäre des Monarchen und der auf ihn bezogenen, ihm zugeordneten Funktionen der Exekutive einschließlich des Ernennungsrechts für Regierung, höhere Verwaltung und Offizierskorps trennte von der Sphäre des Parlaments und der übrigen, vorwiegend bürgerlichen gesellschaftlichen Kräfte, die in Wirtschaft, Parteien und Verbänden aller Art eigene politische Eliten heranbildeten. Deren Bedeutung wuchs, weil dieser ganze Bereich der Gesellschaft immer wichtiger wurde auf Grund der beschleunigten Industrialisierung, der wissenschaftlichen und technischen Entwicklung, der Bevölkerungszunahme sowie des wirtschaftlichen Wachstums, seiner Chancen und Zwänge. Demgegenüber erwiesen sich Monarchie und aristokratische Führungsschicht, privilegierte Stellung und begünstigendes Verfassungssystem für den auswärtigen Dienst zwar als vergänglich, aber sie hatten sein politisch-gesellschaftliches Prestige doch so fest begründet, daß es die Zäsur von 1918/19 überdauerte.

Dazu war allerdings mehr nötig als ein großer Ruf, nämlich die Fortdauer bestimmter Einstellungen und Aufgaben, die teils in der Sache selbst, den spezifischen Erfordernissen von Außenpolitik, teils in der historischen Entwicklung Deutschlands lagen. Zunächst einmal brauchte die Gesellschaft Zeit, die einschneidende Abschaffung von Monarchie und Aristokratie zu verarbeiten; sie tat es in einer längeren Phase des Übergangs und der zum Teil recht widerwilligen Umgewöhnung. Eine gewisse personelle Kontinuität konnte das Auswärtige Amt wahren. Es gab schon deshalb keinen abrupten Umbruch, weil ein Prozeß der Aufnahme und Assimilierung von Bürgerlichen und schließlich auch der Reformbemühungen in Gang gekommen war, der ein Ethos des Amtes und der Aufgaben geschaffen hatte, das den Umbruch der Novemberrevolution und die Öffnung, Modernisierung und Verjüngung in der unmittelbar anschließenden Reformära ohne tiefgreifende Erschütterungen zu bewältigen vermochte. Ähnlich den inneren Ressorts haben die Sachzwänge nach dem Zusammenbruch von 1918, die drängenden Anforderungen der inneren und äußeren Staatserhaltung in der Tradition des Dienstes am Staat dem Auswärtigen Amt keine Atempause vergönnt. Doch haben gerade diese schweren und verantwortungsvollen Aufgaben ihm im Grunde die Anpassung erleichtert, um so mehr, als Anpassung und Reaktionssicherheit, die nun aller Staatsverwaltung in Deutschland abverlangt wurden, zum diplomatischen Geschäft gehören, obgleich sie 1918/19 in ganz außergewöhnlichem Maße nötig waren. Diplomatische Profession – mochte sie auch in den Turbulenzen nach dem Ersten Weltkrieg nicht gerade Höchstleistungen vollbringen und in zeitweisem Mangel an Nüchternheit traditionelle Schwächen zeigen –, dazu Prestige und Amtsethos wurden in ihrem Zusammenwirken für die Wahrung des besonderen Ranges, den das Auswärtige Amt weiterhin einnahm, allerdings wirksam unterstützt durch die ungeschmälert fortdauernde, vorrangige Bedeutung der Außenpolitik in der Weimarer Republik, aus welchen Quellen sie auch immer gespeist sein mochte: aus dem Bedürfnis, die strukturell unverändert gegebene Großmachtstellung möglichst bald auch anerkanntermaßen wieder einzunehmen, was sich vornehmlich in der Forderung nach Gleichberechtigung und nach Revision der nicht als legitim anerkannten Ordnung des Versailler Vertrages manifestierte, oder aus der geradezu existentiellen Notwendigkeit der Ankurbelung und Entfaltung des Außenhandels, der internationalen Geschäftsverbindungen und der Kapitalversorgung. Dafür erwies sich im übrigen als wesentlich, daß es dem Auswärtigen Amt, wenn auch mühsam, gelang, seine Kompetenz für alle Arten von auswärtigen Beziehungen zu wahren.

Der Eindruck einer Elite wird abgerundet durch einige Merkmale des auswärtigen Dienstes im allgemeinen. Das Bildungsniveau war hoch. Neben die Fachkenntnisse und die Basis der klassischen juristischen Ausbildung des hohen Beamten traten Sprach- und Kulturkenntnisse, der berufliche und gesellschaftliche Verkehr in den höchsten Kreisen, die Gewandtheit der Formen und die Ausdrucksfähigkeit. Außerdem gehörten dazu besondere Anforderungen, also die Bereitschaft zu dauernder nationaler Repräsentanz, ein hohes Maß an Mobilität und Anpassung, Verhandlungs- und Kompromißfähigkeit, aber auch das Erfordernis sorgfältiger Detailarbeit und Situationsanalysen als Basis außenpolitischen Handelns; schließlich die Unentbehrlichkeit eines besonders guten, häufig grundsätzlich geheimen Informationsstandes, geknüpft an Verschwiegenheit und nicht selten an entsagungsvolle Arbeit in der Stille.

Dieses alles trug nach der Novemberrevolution bei zu dem fast ungeschmälerten Funktionieren einer Elite und zur Fortdauer des Bildes, das man sich von ihr machte – ungeachtet mancher Unzulänglichkeiten, Herausforderungen und scharfer Kritik. Nur so ist es zu verstehen, daß der Rat der Volksbeauftragten dem Gesandten in Kopenhagen, Graf Brockdorff-Rantzau, im Dezember 1918 den Posten des Staatssekretärs bzw. Außenministers anbot und auch seine weitgehenden Forderungen anstandslos akzeptierte[3]. Die Achtung vor dem Fachmann und die Vorsicht auf ungewohntem Gelände, die hinter dieser Haltung der SPD stand, kam plastisch im Zentralrat der Arbeiter und Soldatenräte zum Ausdruck, als Fritz Herbert (SPD) erklärte: „In der Außenpolitik kann man nur mitreden, wenn man viel gelesen hat", während Wilhelm Knoblauch (SPD) forderte[4]: „Mit Rücksicht darauf, daß die ganze Frage der Außenpolitik nicht in der Weise beherrscht wird, wie es wünschenswert wäre, um Beschlüsse zu fassen, sollte man doch nicht zu sehr auf diese Dinge eingehen."

Das Prestige des auswärtigen Dienstes erwies sich auch darin, daß seine Stellen sehr begehrt blieben und hohe Beamte aus anderen Ressorts ihn erstrebenswert fanden. Das Auswärtige Amt hat es damals verstanden, sich innerhalb der Regierung, in Verwaltungs- und Haushaltsfragen eine gewisse Sonderstellung zu wahren[5]. Es bildete auch nach der sozialen Herkunft weiterhin eine Elite. Selbst wenn der Umbruch von 1918/19 zu Gewichtsverlagerungen führte, so rekrutierten sich die höheren Posten im In- und Ausland doch vornehmlich aus der Oberschicht und den gehobenen Mittelschichten, obgleich der nach wie vor starke Anteil des Adels zurückging. Daß man sich in der Wei-

---

3 Peter Krüger, Deutschland und die Reparationen 1918/19. Stuttgart 1973, S. 73, 76 f. Eine Biographie Brockdorff-Rantzaus bereitet Hans Gatzke, Universität Yale, vor.

4 Der Zentralrat der deutschen sozialistischen Republik 19. 12. 1918–8. 4. 1919 (= Quellen zur Geschichte der Rätebewegung in Deutschland 1918/19, Bd. 1). Bearbeitet von Eberhard Kolb unter Mitwirkung von Reinhard Rürup. Leiden 1968, S. 758, 761.

5 Eines von vielen Beispielen: Außenminister Simons an den Reichskommissar für die Vereinfachung und Vereinheitlichung der Reichsverwaltung Carl, 11. 11. 1920; PA, IB/Rep. IV Geschäftsgang 27 adh. I, Bd. 6, mit der in Haushaltsdebatten durchgängig angewandten, wenn auch jeweils nach den Umständen variierten Argumentation, daß für das Auswärtige Amt besondere Gesichtspunkte, besondere Aufgaben und infolgedessen eine Sonderstellung gelten müßten.

marer Zeit von der betonten Bindung an die Aristokratie gelöst hatte, machte 1929 der scharfe Zusammenstoß zwischen dem Auswärtigen Amt und der Deutschen Adelsgenossenschaft deutlich. Es mobilisierte die gesamte Reichsbürokratie gegen diesen Verband, prangerte dessen herabwürdigende publizistische Angriffe auf die Außenpolitik und auf Stresemann an und wandte sich dabei vor allem gegen den „Aufruf zum Kampf gegen das System" – mit dem bemerkenswerten Zusatz des Auswärtigen Amtes „also gegen den Staat"[6], womit der Staat als Sache der Beamtenschaft und nicht einer Gruppe der Oberschicht reklamiert und sogar die so gefährliche Differenzierung zwischen dem bestehenden politischen System und der abstrakten Idee des Staates einmal überbrückt wurde. Die höheren Beamten, soweit sie Mitglied der Deutschen Adelsgenossenschaft waren, wurden zur Stellungnahme und zum Bericht über die Form, in der sie ihre Mißbilligung bekundet hätten, aufgefordert. Der Vorfall, seine Vorgeschichte und die Reaktionen der etwa 20 betroffenen Beamten, die von recht unterschiedlichem Engagement für die neue Ordnung zeugten, waren im übrigen charakteristisch für die Unsicherheit einer früheren Führungsschicht, die positions- und funktionslos geworden war und in den sprunghaften Veränderungen der 20er und 30er Jahre nicht die Zeit und die Basis zur Neuorientierung fand.

Es gab durchaus Beamte, die sich bei aller Disziplin reserviert gegenüber der Republik und ihren Symbolen verhielten. Dergleichen zeigte sich in Begebenheiten am Rande, etwa den gelegentlichen Auseinandersetzungen zwischen Außenminister Stresemann und dem Botschafter von Neurath über die Gestaltung des Verfassungstages an der Botschaft in Rom oder in gewissen Auswirkungen der zwiespältigen Re-

[6] Erlaß Köpkes, 9. 9. 1929; auch an die Reichskanzlei mit der Bitte, sämtliche Reichs- und Staatsbehörden „im gleichen Sinne zu verständigen, damit eine einheitliche Stellung der gesamten deutschen Beamtenschaft herbeigeführt wird." Die Angriffe hatten schon früher eingesetzt; „Deutsches Adelsblatt" Nr. 12 (16. 3. 1929), 19 (4. 5.), 24 (8. 6.) und Nr. 36 (31. 8. 1929). Die Folge war ein entsprechendes Rundschreiben der Reichskanzlei, 19. 9., worin außerdem auf die Tatsache verwiesen wurde, daß Reichswehrminister Groener die Deutsche Adelsgenossenschaft zur politischen Organisation erklärt hatte (Angehörigen der Streitkräfte war die Mitgliedschaft in politischen Organisationen verboten). – PA, IB/Rep. IV, Personalia Generalia 29 A. – Akten der Reichskanzlei, Das Kabinett Müller II. Bearbeitet von Martin Vogt. Boppard 1970, S. 903 f.

gelung der Flaggenfrage, ein dauernd unerquickliches Thema, das zu Unmut erregenden Lösungen führte, besonders in fernen Gegenden mit starken, nationalistischen, auf Schwarz-Weiß-Rot beharrenden deutschen Kolonien oder in Hafenstädten. In Stockholm etwa setzten die Gesandten von Rosenberg und Nadolny die weithin sichtbare schwarz-weiß-rote Handelsflagge, während Schwarz-Rot-Gold recht diskret im Hintergrund blieb[7].

Wie überhaupt in der Weimarer Republik gab es auch im Auswärtigen Amt keine umfassende eindeutige republikanische Neuentwicklung, wohl aber verheißungsvolle Ansätze in einer schwierigen Phase des Umbruchs, die vor allen Dingen Zeit brauchten, um die Zerbrechlichkeit der Anfänge in die Stetigkeit und Festigung neuer Traditionen zu verwandeln. Es war schließlich eine ungeheure Veränderung, die sich nicht so leicht und schon gar nicht schnell bewältigen ließ. Zu diesen Neuansätzen zählte in der Stresemann-Ära das Verhältnis der Spitzenbeamten zu Stresemann selbst, dem herausragenden Parlamentarier, zu den Parteien und der Öffentlichkeit[8]. Weiter zählte dazu die Faszination, die Stresemann ausstrahlte, die ihn zur – nach seinem Tod bitter fehlenden – Leitfigur jener jungen Generation höherer Beamter werden ließ, die nicht mehr vom Kaiserreich übernommen und durch Jahrzehnte von ihm geprägt waren, eine Generation, die unsicher und orientierungslos zu werden drohte und neuer Leitbilder der Republik dringend bedurfte[9]. Verheißungsvolle Ansätze zeigten sich schließlich in dem aktiven Engagement wenigstens der Mehrheit der leitenden Beamten beim Kampf gegen die wüsten Kampagnen Hugenbergs, sei-

---

7 Köpke (wie Anm. 1) schrieb angesichts des unseligen Flaggenerlasses, der das Ende des 2. Kabinetts Luther auslöste, „wir werden noch allerhand muntere Dinge in dieser entsetzlichen Angelegenheit erleben", und sah ironisch „den Modus Rosenberg und Nadolny", der schon zu Anfragen des Auswärtigen Amts geführt hatte, „die schwarz-weiß-rote am Dach und schwarz-rot-gold an der Hintertür ernstlich in Frage gestellt". – Kontroversen zwischen Stresemann und Neurath: John L. Heineman, Hitler's First Foreign Minister. Constantin Freiherr von Neurath, Diplomat und Statesman. Berkeley 1979, S. 33–37.

8 Peter Krüger, Die Bedeutung des Auswärtigen Amtes für die Außenpolitik Stresemanns. In: Wolfgang Michalka, Marshall Lee (Hg.), Gustav Stresemann. Darmstadt 1982, S. 400–415.

9 Während der Büdinger Tagung hat dies der St.S. und Botschafter a.D. von Herwarth – Eintritt in das Auswärtige Amt 1927 – besonders betont und mir an Hand einiger Beispiele erläutert.

ner Verbündeten und seines Presse-Imperiums gegen das parlamentarisch-republikanische System von Weimar, die im Volksbegehren gegen den Young-Plan kulminierten. Auch dafür sind Begebenheiten am Rande kennzeichnend. Der langjährige Leiter der Presseabteilung, Walter Zechlin (SPD), der mit seiner Abteilung die publizistische Hauptlast des Abwehrkampfes der Reichsregierung zu tragen hatte, empfahl seinem Parteigenossen, dem Reichskanzler Müller, man könne ohne Bedenken einen konservativen Beamten auf eine führende Position der Presseabteilung setzen, er werde es an persönlichem Einsatz gegen Hugenberg nicht fehlen lassen[10]. Die Fachgruppe Auswärtiges Amt des Reichsverbandes der höheren Verwaltungsbeamten schließlich setzte sich energisch zur Wehr gegen die laue und empörende Einstellung des eigenen Verbandes, als es um das Verhalten der Beamten zum Volksbegehren gegen den Young-Plan ging[11]. Hingegen bestätigte sich die Tatsache einer ungefestigten, noch nicht endgültig entschiedenen Staatsauffassung darin, daß für die Mehrzahl der höheren Beamten die Abwehr von Angriffen auf das republikanische politische System – obgleich nicht die persönliche Ablehnung, Mißbilligung und der begrenzte Widerstand – in dem Augenblick endete, wenn eine neue Regierungsgewalt sich etablierte und die neuen Kräfte selbst den Staat verkörperten wie 1933. Dann traten gerade für den auswärtigen Dienst, der es in erster Linie mit der internationalen Stellung des Reiches zu tun hatte, andere Loyalitäten an die erste Stelle: die äußere Machtstellung und die Nation[12].

## II. STRUKTUR UND STRUKTURWANDEL IM BEREICH DER LEITENDEN BEAMTEN

### *Voraussetzungen und Kriterien*

Die folgende detailliertere Untersuchung der leitenden Beamten des Auswärtigen Amtes in den Jahren 1921–1933 steht unter der umfassenden Frage, wie man organisatorisch und in der personellen Beset-

---

[10] W. Zechlin an Hermann Müller, 21. 10. 1928; Archiv der sozialen Demokratie (Friedrich-Ebert-Stiftung), Nachlaß Müller, Mappe III.

[11] Siehe u. a. Schreiben Köpkes, 22. 10. 1929; PA, IB/Rep. IV, Personalia Generalia 29, Bd. 6.

[12] Siehe dazu auch S. 163 ff.

zung mit den Wandlungsprozessen fertig wurde, genauer ob man sich in den pluralistischen Machtstrukturen der Republik zurechtfand und zu adäquaten Lösungen für das Problem der Abstimmung von innerer Struktur der Behörde und politischer Aufgabe gelangte.

Der Rahmen bedarf einiger Erläuterungen. Der Zeitraum 1921–1933 umfaßt die Entwicklung des Auswärtigen Amtes in der Weimarer Republik nach dem Ende der Ära Schüler und der weitgehenden Vollendung der nach ihm benannten Reform. Der Ministerialdirektor (mit dem Range eines Staatssekretärs) Schüler ließ sich Ende 1920 auf drei Monate beurlauben und diesen Urlaub um weitere drei Monate verlängern. Seine stark angegriffene Gesundheit war der Anlaß, doch vor allem verstand er sich nicht mit Außenminister Simons, was sachliche und persönliche Gründe hatte. Simons beauftragte am 10. 2. 1921 von Neurath, den Gesandten in Kopenhagen, „während seiner zeitweisen Anwesenheit im Amte" mit bestimmten personellen und organisatorischen Fragen, „deren Bestimmung ich mir vorbehalte"; Neurath könne nach Ermessen die Mitarbeit der Personalabteilung in Anspruch nehmen[13]. Das ging weit und markierte einen Einschnitt. Von dem Gesandten in Den Haag, Rosen, wünschte Simons im Januar 1921 die Ausarbeitung eines „Planes zur Reorganisation des auswärtigen Dienstes und der politischen Methoden", nachdem Rosen am 5. 1. 1921 auf ein Ersuchen Simons' von Ende 1920 hin schon eine ausführliche Aufzeichnung über die Neuregelung der Ausbildung – zugleich als Stellungnahme zu Schülers Plänen – geschickt hatte[14], die dann Neurath benutzen konnte. Das Verlangen der leitenden Beamten nach einer effizienteren Organisation zur Bewältigung der außenpolitischen Aufgaben äußerte sich vernehmlich[15], doch wichtige Veränderungen wur-

---

13 PA, IB/Rep. IV, Personalia Generalia 87, Bd. 9. Simons' Nachfolger Rosen bot Schüler den Gesandtenposten in Riga an; Schüler lehnte ab (ebd.). Siehe darüber hinaus die Briefe Simons' vom 24. und 30. 12. 1920 (PA, Büro Reichsminister [= RM] 2, Bd. 1) und 4. 1. 1921 (ebd., Bd. 2). Für Schülers Position, die nur aus Gründen der Sparsamkeit keine dritte Unterstaatssekretärsstelle war, vgl. die Verfügung Müllers, 10. 10. 1919 (PA, IB/Rep. IV, Personalia Generalia 87 adh. I).

14 PA, RM 2, Bd. 1 und 2.

15 Simons selbst äußerte mehrmals besorgt – und nicht ohne Grund –, daß die größte Gefahr der Reform im „Auseinandergehen" der Abteilungen und Referate, der Unübersichtlichkeit also, liege; dem versuche er durch persönliches Eingreifen an leitender Stelle zu begegnen. Ein erneutes Umstellen der Organisation indessen würde zum Chaos führen. Siehe

den erst in die Wege geleitet, als Rosen der Nachfolger von Simons wurde. Schüler verließ nach seinem langen Urlaub endgültig den aktiven Dienst. Jedenfalls war dies das Ende der Ära Schüler und der Fortentwicklung der Reform in seinem Sinne – was immer er noch vorgehabt haben mag[16].

Nach der zeitlichen Abgrenzung die gegenständliche: Als einheitliche Richtlinie zur Erforschung des diplomatischen Korps als Elite 1871–1945 sollte die Untersuchung der leitenden Beamten vom Dirigenten aufwärts, der Botschafter und der Gesandten gelten. Dies läßt sich unter mehreren Aspekten begründen, zunächst einmal mit dem historischen Befund, daß sich innerhalb dieser Schicht die einflußreichen Vertreter des auswärtigen Dienstes in der Weimarer Republik befanden. Rechtlich und politisch betrachtet umfaßt dieser Rahmen den überwiegenden Teil der von Zeit zu Zeit in ihrer Abgrenzung schwankenden Gruppe der jederzeit absetzbaren, der politischen hohen Beamten. Sie entwickelte sich gerade in Preußen aus der besonderen Verfügungsgewalt des Monarchen über seine hohen Beamten, wie sie grundlegend schon im Beamtengesetz vom 21. 7. 1852 verankert war – bezeichnend für das Problembewußtsein in bezug auf die große politische Bedeutung der Verwaltung. Die Möglichkeit, leitende Beamte vom Abteilungsleiter an aufwärts ohne weitere Begründung zur Disposition zu stellen, erweiterte das Reichsgesetz vom 31. 3. 1873 speziell für den auswärtigen Dienst derart, daß auch Vortragende Räte, ständige Hilfsarbeiter und Konsuln darunter fielen[17]. Dies blieb maß-

---

u. a. Brief vom 18. 9. 1920; PA, RM 2, Bd. 1 (K 652/K 170 411 – der Bestand ist nur teilweise verfilmt). Das Problem war also erkannt, die Lösung des persönlichen Eingreifens enthüllte allerdings eine gewisse Ratlosigkeit. Jedenfalls wurde keine weiterführende organisatorische Lösung angestrebt.

16 Der Einschnitt wurde auch deutlich in einer ausführlichen Debatte im Haushaltsausschuß des Reichstags vom 24.–26. 1. 1921 (PA, IB/Rep. IV, Personalia Generalia 87, Bd. 9), deren Hauptergebnis es war, daß man die Reformen Schülers im Kern für richtig hielt, nur gewisse Übertreibungen und Einseitigkeiten – etwa durch zu starkes Zurückgreifen auf Außenseiter oder durch Überbetonung der Wirtschaft – vermieden werden sollten.

17 Gesetz-Sammlung für die Königlich Preußischen Staaten 1806 bis 1874. Berlin 1875, Bd. II, S. 361, Bd. V, S. 206. – Siehe auch Harro-Jürgen Rejewski, Die Pflicht zur politischen Treue im preußischen Beamtenrecht (1850–1918). Berlin 1973.

gebend bis in die Weimarer Republik, die das im Detail mehrfach veränderte Beamtengesetz vom 17. 5. 1907[18] übernahm – sichtbares Zeugnis der herausragenden politischen Stellung des Auswärtigen Amtes. Eine besondere politische Akzentuierung und Ausweitung des Kreises der Betroffenen bis hinunter zum Oberregierungsrat (Besoldungsgruppe A XII) erfolgte dann im Gesetz über die Pflichten der Beamten zum Schutze der Republik vom 21. 7. 1922[19]. In diesem Zusammenhang findet sich auch die für die Weimarer Zeit gültige Umschreibung des politischen Beamten[20]: „Durch Reichs- oder Landesgesetz kann über die bestehenden Vorschriften hinaus bestimmt werden, daß im Interesse der Festigung der verfassungsmäßigen republikanischen Staatsform nichtrichterliche Beamte, die den jetzigen Besoldungsgruppen von A XII an aufwärts angehören und die entweder sich in leitender Stellung oder in der Stellung von Stellvertretern leitender Beamten befinden oder politische Entscheidungen zu treffen haben [...], jederzeit durch die vorgesetzte oberste Reichs- oder Landesbehörde mit Gewährung des gesetzlichen Wartegeldes einstweilen in den Ruhestand versetzt werden können."

Diese Entwicklung machte es allerdings erforderlich, die politischen Spitzenbeamten in engerem Sinne vom Ministerialdirektor an aufwärts – einschließlich der Besetzung der wichtigen Auslandsposten – besonders herauszustellen. Ihre Ernennung oder Entlassung mußte sowohl im Kabinett als auch mit dem Reichspräsidenten erörtert werden[21]. Nach der Konsolidierung des auswärtigen Dienstes blieben die Spitzenpositionen in der relativ langen Ära Stresemann von Veränderungen aus politischen Gründen verschont. Minister und Ressort stimmten in hinreichendem Maße überein. Allerdings trug die fortschreitende Tendenz zu bürokratischer Vereinheitlichung und immer detaillierterer Regelung des Beamtenstatus – Neuordnung der Besoldung[22], Festlegung

---

18 Heinrich Triepel, Quellensammlung zum Deutschen Reichsstaatsrecht. 4Tübingen 1926, S. 403 ff.

19 Ebd., S. 188 ff.

20 Akten der Reichskanzlei, Die Kabinette Wirth I und II. Bearbeitet von Ingrid Schulze-Bidlingmaier. Boppard 1973, S. 934, Anm. 3, dazu allgemein S. 904 f. und S. 912 (Regelung mit den Regierungsparteien, DNVP-Mitglieder möglichst von den Personalreferenten-Posten fernzuhalten).

21 Das geschah 1921/22; Akten der Reichskanzlei, Wirth, S. 356 f., 601.

22 Triepel (wie Anm. 18), S. 139 ff. (Gesetz vom 21. 12. 1920).

des Pensionsalters auf 65 Jahre[23] etc. – seit der Weimarer Republik dazu bei, die Sonderstellung des Auswärtigen Amts zu verringern. Zu diesen allgemeinen Entwicklungen als Rahmenbedingungen des auswärtigen Dienstes und seiner leitenden Beamten gehören auch die gesellschaftspolitischen Entscheidungen über den Status des Beamten in den Anfangsjahren der Weimarer Republik. Hierbei spielte die Reaktion auf den Kapp-Putsch eine besondere Rolle, als der Allgemeine Deutsche Gewerkschaftsbund und der Deutsche Beamtenbund die Forderung nach „Demokratisierung der Verwaltung" und einem „freiheitlichen Beamtenrecht" erhoben. Außerdem seien die Minister zu sehr von reaktionären Beamten umgeben, deshalb solle man Vertrauensleute aus den Fraktionen der Weimarer Koalition zu Ratgebern ernennen. Diese und ähnliche Vorschläge bis hin zur Errichtung einer zentralen Beamtenabteilung im Reichsministerium des Innern wurden als undurchführbar abgelehnt. Stattdessen sollte mehr Nachdruck auf die richtige Besetzung der Personalreferate gelegt werden[24]. Im großen und ganzen jedenfalls wurden alle Bestrebungen, den Beamtenstatus aufzulockern oder gar das Berufsbeamtentum in Frage zu stellen, abgebogen[25]. Die hohen Beamten blieben die Hauptratgeber der Regierungen, wenigstens in allen fachspezifischen Fragen, und die Bedeutung des politischen Beamten wurde dadurch noch akzentuiert..

Die Beschränkung der Untersuchung auf die leitenden Beamten läßt sich daher auch rechtfertigen aus ihrer engen, institutionell verankerten, politisch wirksamen Verknüpfung mit der Regierung sowie ganz allgemein aus der zunehmenden Verflechtung zwischen Verwaltungsorganisation und politischer Führung. Denn die interdependenten Organisationsstrukturen und die zunehmende Komplexität in modernen Industriegesellschaften erlauben auch politische Entscheidungen in der

---

[23] Über die Erörterungen im Kabinett siehe z. B. Akten der Reichskanzlei, Wirth, S. 698 f., 883.

[24] Akten der Reichskanzlei, Kabinett Bauer. Bearbeitet von Anton Golecki. Boppard 1980, S. 713 ff., 789 f.; ebd., Kabinett Müller I. Bearbeitet von Martin Vogt. Boppard 1971, S. 119, 277.

[25] Dazu auch Rainer Halmen, „Das Berufsbeamtentum muß unter allen Umständen erhalten bleiben." Die deutsche Beamtenbewegung zwischen Etatismus und gewerkschaftlicher Orientierung im Übergang vom Kaiserreich zur Republik. In: Internationale wissenschaftliche Korrespondenz zur Geschichte der deutschen Arbeiterbewegung 18 (1982), S. 173–205. – Allgemein Ernst-Rudolf Huber, Deutsche Verfassungsgeschichte seit 1789, Bd. 6. Stuttgart 1981, S. 508–24.

Regel nur noch über Organisation. Wenigstens insoweit ist die hohe Beamtenschaft durch Vorbereitung und Treffen von Entscheidungen, durch Vorauswahl von Alternativen und Beachtung von Entscheidungszusammenhängen am eigentlichen politischen Entscheidungsprozeß beteiligt[26]. Das gilt natürlich vor allem bei einem so politischen Ressort wie dem Auswärtigen Amt, das in besonderem Maße Politik sowie deren juristisch fixierte Ergebnisse – Gesetze, Verträge, Richtlinien – nicht nur vorbereitet, sondern im direkten tagtäglichen Verkehr mit dem Ausland Politik auch ausführen muß. Die Verquickung von politischer und administrativer Elite erscheint also nicht nur unvermeidlich, sondern auch systemnotwendig.

Auslandsmissionen, die anderen Ressorts fehlten, und die umfangreicher und verzweigter werdenden Ressortstrukturen, die unterhalb der Direktorenebene die Dirigenten als Leiter einer Unterabteilung in den Blick rückten, machen für die Abgrenzung der leitenden Beamten einige Differenzierungen erforderlich. Anstelle von Dirigenten traten im Auswärtigen Amt der Weimarer Zeit häufig Vortragende Legationsräte mit Dirigentenbefugnissen auf (also ein recht variables System)[27].

26 Niklas Luhmann, Organisation und Entscheidung (= Veröffentlichungen der Rhein.-Westfäl. Akademie d. Wiss., Geisteswissenschaften H. 232). Opladen 1978.

27 Das führte auch immer wieder zu Auseinandersetzungen in den Haushaltsberatungen, weil dem Auswärtigen Amt nach Ansicht der Abgeordneten zu viel Bewegungsfreiheit verblieb. Die Besoldung war so geregelt, daß die Vortragenden Legationsräte für die Dauer ihrer Dirigententätigkeit eine Zulage in Höhe der Differenz zwischen der abschließenden Besoldungsstufe A XIII und dem Einzelgehalt nach B2 erhielten. Die B-Gehaltsstufen – bis hinauf zum Reichskanzler – wären damit auch ein Signum des leitenden Beamten. In den Etatberatungen des Haushaltsausschusses des Reichstags am 16. 2. 1925 erklärte Ministerialdirektor von Stohrer, Leiter der Abt. I (Personal und innere Verwaltung), die Dirigentenstellen seien geschaffen worden, um „einige im auswärtigen Dienst auf selbständigen Posten tätig gewesene Männer in den Dienst der Zentralverwaltung zurückzuholen"; PA, RM 2, Bd. 5. Bei dem modernen Trend der Gewichtsverlagerung von den Auslandsmissionen zur Zentrale mußte die Attraktivität der Zentrale in Stellung und Besoldung erhöht werden. Das hatten auch die Abgeordneten früh erkannt (siehe etwa Hermann Müller am 25. 1. 1921, PA, IB/Rep. IV, Personalia Generalia 87, Bd. 9). Doch das war nicht der einzige Grund; man brauchte von den Organisationsaufgaben her in den großen Abteilungen zwischen dem Referatsleiter und dem Abteilungsleiter die Unterabteilungen zur Zusammenfassung bestimmter Bereiche.

Zusätzlich zu Botschaftern und Gesandten möchte ich die Generalkonsuln I. Klasse einbeziehen, sowohl wegen ihrer Bedeutung als auch wegen ihrer Rang- und Besoldungsstufe[28]. Wichtig waren sie insbesondere in den Ländern, wo sie praktisch die diplomatische Vertretung ersetzten, also in den britischen Dominions und in Indien. Beiseite gelassen habe ich die Leiter der Presseabteilung (Ministerialdirektoren), sofern ihre Karriere nichts weiter mit dem Auswärtigen Amt zu tun hatte. Die Vereinigte Presseabteilung der Reichsregierung war dem Auswärtigen Amt eingegliedert, personell von seinen Beamten besetzt und war ihm und der Reichskanzlei gemeinsam unterstellt. Nur der Leiter stand auf dem Etat der Reichskanzlei.

### *Stellenstruktur und Aufstieg von Bürgerlichen*

Insgesamt kommt man unter diesen Voraussetzungen für die Jahre 1921–33 auf 161 leitende Beamte. Vergleicht man diese Zahl mit den im Haushalt des Auswärtigen Amts für bestimmte Jahre ausgewiesenen Stellen vom Dirigenten, Generalkonsul I. Klasse und Gesandten an aufwärts[29], dann werden die Veränderungen des Personalstands, Ausscheiden und Ergänzung während dieser gut 12 Jahre in ihrem Ausmaß deutlich. So zählte das Auswärtige Amt im Jahre 1921 direkt nach der Schülerschen Reform außer dem Minister 50 Spitzenstellen: 2 Staatssekretäre, 7 Ministerialdirektoren, 4 Vortragende Legationsräte mit Dirigentenbefugnissen, 6 Botschafter, 25 Gesandte und 6 Generalkonsuln I. Klasse. In bezug auf die Besoldung handelte es sich um Stellen mit Einzelgehältern (B-Stellen). 3 der 4 Dirigenten waren Abteilungsleiter, weil die 7 Ministerialdirektoren-Posten für die neugeschaffenen 10 Abteilungen nicht ausreichten. Die 6 Generalkonsuln I. Klasse waren zunächst als fliegende Stellen eingerichtet, um noch

[28] Sie waren den Gesandten I. Klasse gleichgestellt. Auch hier spielte die Notwendigkeit eine Rolle, die Attraktivität und die Aufstiegschancen zu erhöhen; daneben sollte der wirtschaftlichen Bedeutung bestimmter Regionen durch die Möglichkeit Rechnung getragen werden, leitende und gut qualifizierte Beamte dorthin zu entsenden. PA, IB/Rep. IV, Personalia Generalia 87 adh. I, Verfügung Hermann Müllers vom 1. 7. 1919. Die in dieser und der vorangehenden Anmerkung geschilderten Maßnahmen sollten außerdem die Zirkulation zwischen Innen- und Außenbeamten verbessern.

[29] PA, IB/Rep. II, Generalia 57 a; siehe auch Tabelle 1 im Anhang.

Beförderungsmöglichkeiten im Ausland zu bieten, also nicht auf bestimmte Orte fixiert. Doch allmählich wurden auch sie fest verankert[30] nach der wirtschaftlichen und politischen Bedeutung der Amtsbezirke (mit leichten Schwankungen: Pretoria, Montreal, Melbourne/Sidney, Kalkutta, Dublin, Mailand). In der zweiten Hälfte der 20er Jahre vermehrte man diese Stellen, so daß es 1930 17 Generalkonsuln I. Klasse gab. Nach der teilweisen Umorganisierung der Abteilungen und der Konsolidierung der neuen Struktur gab es 1925 74 Spitzenstellen, doch hatte sich ihr Verhältnis untereinander verschoben. Die Ausweitung erfolgte bei den Auslandsmissionen, was mit der vollen Wiederaufnahme der im Ersten Weltkrieg unterbrochenen Beziehungen zusammenhing. In der Zentrale gab es seit Ende 1922 nur noch einen Staatssekretär. Die Abteilungsleiter waren jetzt zwar alle Ministerialdirektoren, weil aber die Zahl der Abteilungen verringert worden war, gab es nur noch 6; dafür waren die Dirigenten auf 6 angewachsen, während 6 weitere Beamte Dirigentenbefugnisse wahrnahmen, ohne entsprechend bezahlt zu werden. Bemerkenswert war im übrigen – überall machten sich die Sparmaßnahmen der Stabilisierungsphase bemerkbar –, daß man bei den Gesandten differenzierte; es gab inzwischen 40, doch die Hälfte davon war im Gehalt heruntergestuft und fiel als Gesandte II. Klasse nicht mehr unter die Einzelgehälter, die den Gesandten I. Klasse und darüber vorbehalten blieben. Zum Vergleich: den 50 Spitzenstellen von 1921 und den 74 von 1925 standen 1918, im letzten Jahr des Kaiserreichs, 54 gegenüber – 11 im Inland, einschließlich des Staatssekretärs, und 43 im Ausland. 4 Generalkonsulate für die Dominions und Indien wurden wegen ihrer Bedeutung und im Hinblick auf den Vergleich einbezogen.
Das Verhältnis zwischen den leitenden Beamten im Inland und denen im Ausland bewegte sich in der Weimarer Republik bei 1 : 4, und der Auslandsbereich weitete sich noch aus. Die führenden Positionen in der Zentrale waren rar und inzwischen politisch wichtiger – abgesehen von wenigen herausragenden Auslandsvertretungen: Paris, London, Washington, Moskau, Warschau –, was sich auch darin zeigte, daß nach der Gehaltsstufe – so problematisch der Vergleich auch sein mag – der Ministerialdirektor zwar unter dem Botschafter, aber doch über dem Gesandten I. Klasse rangierte. Die mengenmäßige Verteilung zwischen den In- und Auslandsbeamten der Spitzengruppe ist nicht un-

---

30 PA, IB/Rep. IV, Personalia Generalia 87, Bd. 10 (Vermerk vom 18. 5. 1926).

wichtig bei der Beurteilung des Gewichts, das der Adel noch im Auswärtigen Amt besaß.
Die prägende Kraft des Adels in Tradition, Stil, Atmosphäre und Einfluß war zweifellos auch nach 1918 noch wirksam. Von den 161 leitenden Beamten waren 62, das bedeutet knapp 39 %, adlig. Zum Zwecke der Hervorhebung von Mitgliedern der im Kaiserreich aufgestiegenen Familien möchte ich die Differenzierung des Adels etwas anders als üblich vornehmen und Uradel (25 Vertreter) sowie älteren Briefadel (11) einer Schicht des neuen Briefadels (26 Vertreter) gegenüberstellen, jenen adligen Spitzenbeamten also, deren Familien die Nobilitierung im wesentlichen erst während des Kaiserreichs erlangten, also in der Generation der Väter. Schält man aus diesen Gruppierungen die wenigen Beamten heraus, die nach Ausweis der Quellen[31] wirkliches Gewicht im auswärtigen Dienst erlangten, so kommt man auf etwa 12 von 62. Diese 12 verteilten sich ziemlich gleichmäßig auf die genannten Gruppen: 7 gehörten zu den 36 Vertretern des Uradels und älteren Briefadels, 5 zu den 26 Vertretern des neuen Briefadels[32]. Während – und damit wird die Sache interessant – unter diesen leitenden Beamten im älteren Adel kein Übergewicht bei denen, die in der Zentrale oder denen, die im Ausland ihre bedeutendste Position erreichten, zu verzeichnen ist, überwiegen im neuen Adel (4 von 5) eindeutig diejenigen, die in der Wilhelmstraße ihre einflußreichste Stellung erlangten. Die Zahlengrößen wären für die Auswertung zu gering, wenn dieser Trend sich nicht weiterverfolgen ließe. Unter den nicht-adligen Spitzenkräften – 15 von 99, im Verhältnis etwas weniger als unter den Adligen – überwogen noch deutlicher diejenigen, die während der Weimarer Zeit maßgeblichen Einfluß innerhalb des Auswärtigen Amtes und nicht auf Auslandsposten gewannen – 14 von diesen 15, wenn man von prominenten Außenseitern absieht, die von vornherein nach draußen geschickt wurden. Daraus läßt sich schon der Schluß ziehen, daß die aufsteigenden bürgerlichen Führungsschichten, ob im Kaiserreich noch nobilitiert oder nicht, mit ihren begabtesten Vertretern beim aus-

[31] Dies ist natürlich eine Frage, die nicht mit quantifizierenden Methoden zu beantworten ist, sondern nur auf Grund einer Untersuchung der tatsächlichen Führung und Gestaltung der außenpolitischen Geschäfte.

[32] Zum Vergleich: Im Januar 1927 waren im höheren Dienst in der Zentrale von 462 Beamten einschließlich der Attachés 112 adlig (in den Auslandsvertretungen relativ mehr); PA, IB/Rep. IV, Personalia Generalia 42 Allg., Bd. 2. – Siehe auch Tabelle 2 im Anhang.

wärtigen Dienst stärker in den politisch-bürokratischen Machtzentren im Innern zum Zuge kamen und dadurch begünstigt wurden, daß die Zentrale im Verlauf der Modernisierung und neuen Aufgabenstellung an Bedeutung noch gewann. Sie brachten häufig ein ausgeprägt modernes politisches und wirtschaftliches Organisationsverständnis auf, was noch dadurch unterstrichen wird, daß unter ihnen in erster Linie diejenigen zu finden sind, die aus anderen Ressorts kamen, und die wenigen, die in Spitzenpositionen des Reichsverbandes der Deutschen Industrie überwechselten. Davon wird noch die Rede sein.

Der Adel, gerade der alte Adel, hatte während der Weimarer Republik durchaus noch erheblichen, aber keineswegs mehr beherrschenden Einfluß und ist vor allem mit Rücksicht auf die Bedeutung der Positionen, die er einnahm, zu differenzieren. Gewiß wirkte die Assimilationskraft der traditionellen, von der Monarchie gestützten aristokratischen Führungsschicht bei den aufsteigenden bürgerlichen Führungsschichten über das Ende des Kaiserreichs hinaus, gewiß aber wirkten die bürgerlich-industriegesellschaftlichen Anforderungen und Verhaltensweisen nach 1918 verstärkt auch auf die inneren Organisationsstrukturen des Amtes und die Stellenbesetzung ein. Dieser modernisierende Zug erscheint insofern noch prägnanter, als die führenden Beamten gerade der Stresemann-Ära 1923–29 nicht nur in der Mehrzahl bürgerlich, sondern zugleich die Jüngsten unter den Spitzenkräften waren.

Vielleicht bildete ein leitender Auslandsposten für einige der älteren Diplomaten auch eine willkommene Rückzugsposition. Die Altersstruktur der leitenden Beamten verschob sich, obgleich keineswegs gravierend, im Sinne einer gewissen Verjüngung. Als Maßstab hierfür kann in erster Linie das Alter gelten, in dem ein höherer Beamter die wesentliche Stufe des Vortragenden Legationsrates oder eine vergleichbare Position erreichte, und von da aus, wieviel Jahre er zu den folgenden Stufen brauchte. Im übrigen ist die Altersstruktur der untersuchten leitenden Beamten sehr uneinheitlich, entsprechend den sehr unterschiedlich verlaufenen Karrieren, dem Einfluß des Krieges und den Erschütterungen der Nachkriegszeit. Der Älteste war Jahrgang 1856, der Jüngste 1892. Der Schub von 1918–20 brachte altersmäßig sehr unterschiedliche neue Kräfte in den auswärtigen Dienst – neben vielen jungen Leuten, Anfängern, die vieldiskutierten Außenseiter, in der Regel gestandene Männer verhältnismäßig hohen Alters. Eine Verjüngung trat insofern ein, als viele Ältere aus den verschiedensten Gründen nach Kriegsende ihre Führungspositionen räumten, in die dann, und zwar in einer mehrjährigen Staffelung, die sich bis 1924 hinzog, die Jüngeren einzogen. Ohne Zweifel stellte diese Form der Verjüngung eine gewisse Stärkung des bürgerlichen Elements, auch der Bürokratisierung und Rationalisierung des Ressorts dar. Sie spiegelte damit zugleich die umfassenderen Veränderungen der Zeit in doppelter Hinsicht wider: Zum einen in der gestiegenen Bedeutung der Zentrale auf Grund der Reorganisation, der stärkeren Verflechtung in die Innenpolitik und der sinkenden Exklusivität wegen der fortschreitenden Homogenisierung einer Reichsbürokratie, zum anderen im Aufstieg und wachsenden Einfluß jener Bereiche, die schon im alten Auswärtigen Amt stärker von Bürgerlichen besetzt, doch minder angesehen waren, vor allem der Außenwirtschaft. Bezeichnend für den Gesamtvorgang einer solchen Verjüngung ist schließlich, daß die hier untersuchten leitenden Beamten auch am Beginn des Zeitraums von 1921–1933 diesen Status des leitenden Beamten, also das Kriterium der Dirigentenebene, ganz überwiegend erst nach 1918 erreicht hatten.

Welchen Einfluß hatte dabei der Erste Weltkrieg? Für die höheren Ränge, sofern sie in den vielen Ländern akkreditiert waren, die zu den Kriegsgegnern des Reiches gehörten, war es eine abrupte Unterbrechung und vielfach ein Abbruch der Karriere. Zu dieser Gruppe gesellten sich nach Niederlage und Novemberrevolution jene führenden Beamten, die unter den neuen Verhältnissen nicht mehr tragbar erschienen. Eine weitere Gruppe blieb nur noch für eine Übergangszeit und schied allmählich aus, wahrscheinlich angesichts der Veränderungen durch die Reform und auf Grund der gewandelten Verhältnisse; einige wenige auch aus Protest gegen den Versailler Vertrag. Jüngere Beamte, die schon die ersten Sprossen, etwa als Legationsrat, erklommen hatten und während des Krieges an wichtigen Plätzen saßen – das waren vor allem die Vertretungen in den neutralen Ländern, außerdem bei den Verbündeten sowie in Verbindungsstäben, beim Großen Hauptquartier, beim Kaiser und Kronprinzen etc. –, erhielten dadurch günstige Voraussetzungen für ihre Karriere. Die Ausweitung des Auswärtigen Amts infolge der vermehrten Aufgaben nach der Reform und auf Grund der vielfältigen Abwicklungen des Friedensvertrages, später die Vermehrung der Auslandsvertretungen wegen der neu entstandenen Staaten und der aus außenwirtschaftlichen Gründen erfolgenden engeren Knüpfung des Konsulatsnetzes, hatte dem Schub der Jüngeren weitere gute Chancen eröffnet. Auf längere Sicht jedoch führte das zu einer Verstopfung der Aufstiegsmöglichkeiten. Kennzeichnend dafür waren rasche Anfangskarrieren im höheren Dienst, die dann steckenblieben. Die Situation verschlimmerte sich in der aus organisatorischen wie aus finanziellen Gründen folgenden Kontraktionsphase besonders seit Ende 1923, was vor allem die Zentrale betraf mit Besetzungsstop und Stellenkürzungen. Immer wieder beklagte sich das Auswärtige Amt in der zweiten Hälfte der 20er Jahre über die Laufbahnverstopfungen und die dadurch verursachte Überalterung des gesamten höheren Dienstes[33].

### *Sozialstruktur, Rekrutierung und Verjüngung*

Die Sozialstruktur der Gruppen, aus denen sich das Auswärtige Amt der 20er Jahre rekrutierte, war selbstverständlich noch geprägt vom Kaiserreich. Die ältesten Beamten hatten ja um 1890 ihre Laufbahn begonnen. Das bürgerliche Element drang jedoch allmählich vor. Reichskanzler von Bethmann Hollweg hatte bereits im Herbst 1914 als Teil seines Reformprogramms der „Neuorientierung" – ganz in der bürokratisch-modernisierenden preußischen Tradition – die Öffnung der höheren Beamtenlaufbahn für breitere Bevölkerungsschichten vorgesehen[34]. Damit sollten nicht nur Forderungen nach Beseitigung von Ungleichheiten erfüllt, sondern auch die Grundlagen geschaffen werden für die notwendige rasche Ausweitung der Reichsbürokratie.
Einseitigkeiten bestanden im Auswärtigen Amt durchaus. Eine Kontinuität bis in die Bundesrepublik hinein setzte sich darin fort, daß die Rekrutierung überwiegend aus den gehobenen Mittelschichten und der Oberschicht erfolgte – bei nur sehr allmählicher Senkung dieses Niveaus. Unter den 161 leitenden Beamten während der Weimarer Zeit lassen sich bloß sehr wenige ihrer Herkunft nach den unteren Mittelschichten zurechnen und nur 2 vielleicht den handarbeitenden Berufen[35]. Zusätzlich zu den 62 Adligen stammten 26 Bürgerliche aus der

---

33 Belege in PA, IB/Rep. IV, Personalia Generalia 87 adh. II.

34 Huber (wie Anm. 25), Bd. 5. Stuttgart 1978, S. 128.

35 Für 3 Beamte ließen sich nur unzureichende Angaben finden, in einer Reihe von weiteren Fällen lag das bekannte Problem vor, daß die Angaben über den Beruf des Vaters vieldeutig waren („Kaufmann", „Landwirt" etc.). Wenn überhaupt, so hätte sich dies nur durch unverhältnismäßigen Zeitaufwand präzisieren lassen. Es ist also ein – wenn auch minimaler – Unsicherheitsfaktor zu berücksichtigen. Die Quellen zur genauen Erfassung der Herkunft aus der Oberschicht fließen naturgemäß reichhaltiger. Kriterien: Adel, Großindustrie, Großkaufleute, Bankiers, Großgrundbesitzer, Spitzenbeamte etwa vom Vortragenden Rat (soweit er hohe Funktionen wahrnahm) und die hohen Offiziere vom Oberst an

Oberschicht; also insgesamt deutlich mehr als die Hälfte. Unter den Vätern standen schon 86 im Staatsdienst, 8 von ihnen im auswärtigen Dienst, 22 in Heer und Marine, 9 als Professoren, dazu 4 als protestantische Geistliche. Insgesamt die Hälfte (43) dieser Staatsdiener war in hohen und höchsten Positionen (etwa vom Vortragenden Rat oder Oberst an aufwärts).

Aus den Daten ist keinerlei Bevorzugung der Preußen abzulesen[36], und in der Weimarer Republik konnte es sogar geschehen, daß die Aufnahme in den auswärtigen Dienst etwas erleichtert wurde, weil die übrigen deutschen Staaten darüber wachten, daß auch ihre Landeskinder in angemessener Zahl in diesen elitären Genuß kamen. Gelegentlich mußte der Staatssekretär bayerischen Reichstagsabgeordneten Aufstellungen darüber machen, wieviele Bayern sich unter den neu aufgenommenen Anwärtern befanden[37]. Sehr viel unausgewogener war das Verhältnis der Konfessionen; Katholiken gab es nur etwa zwischen 15 und 20 % unter den leitenden Beamten, unter den Spitzenbeamten weit weniger. Angriffe in der Presse, Diskussionen in Haushaltssitzungen und das Drängen der Zentrumsabgeordneten auf stärkere Berücksichtigung der Katholiken gehörten in der Weimarer Republik zum Alltag des Auswärtigen Amtes. Aus einer Übersicht vom Januar 1927 geht hervor, daß es vom Minister bis zum Ministerialdirektor keinen Katholiken gab. Auf der Stufe der Vortragenden Legationsräte einschließlich der Dirigenten waren 7 von 42 katholisch, darunter ein Dirigent (Reuter, Abteilung I). Von 9 Botschaftern war einer, von 40 Gesandten waren 5 katholisch. Das Verhältnis für die Gesamtheit des höheren Dienstes, einschließlich der Attachés, lautete 505 zu 84[38]. Eine Antwort für diese Disparität kann kaum im Bereich des Auswärtigen Amts selber gefunden werden; eine antikatholische Personalpolitik läßt sich nicht belegen – im Gegenteil, man achtete bei Bewerbungen sorgfältig auf Berücksichtigung der Katholiken, nur bewarben sich nicht viele. Das Phänomen war außerdem keineswegs auf den auswärtigen Dienst beschränkt. Es scheint sich vielmehr vornehmlich um eine sozial-

aufwärts, außerdem für damals noch die Professoren. – Siehe auch Tabelle 3 im Anhang.

36 Siehe dazu Tabelle 4 im Anhang.

37 PA, IB/Rep. IV, Personalia Generalia 4 Allg., Bd. 7 (16. 11. 1929).

38 Vor allem: PA, IB/Rep. IV, Personalia Generalia 51; IB/Rep. II, Generalia 57a, Bd. 2; RM 2, Bd. 3 (12. 3. 1923), Bd. 5 (11. 3. 1926), Bd. 6 (1929/30). – Nachlaß Müller (wie Anmerkung 10), Mappe III (26. 11. 1928).

und kulturstrukturelle Erscheinung zu handeln, deren Wurzeln tief in die Vergangenheit zurückreichen und sich in einem „katholischen Bildungsdefizit in Deutschland" niederschlugen, was dazu führte, daß deutlich weniger Katholiken in hohe Positionen, in denen Universitätsabschluß Voraussetzung war, gelangten, als nach ihrem Anteil an der Gesamtbevölkerung zu erwarten wäre. Doch wird das nicht der einzige Grund gewesen sein. Die Zahl der Juden war minimal[39].

Ganz finster sah es beim Thema Frauen im höheren Dienst aus. Sie kamen nicht vor, und die Aussichten waren selbst unter Stresemann trübe. Am 5. März 1928 schnitt er das Thema während einer wichtigen Unterredung mit Briand[40] argwöhnisch an: „Im Laufe des Gesprächs mit Briand fragte ich ihn, was eigentlich an den Zeitungsnachrichten sei, wonach sich das französische Außenministerium jetzt mit der Einstellung von Damen in den diplomatischen Dienst beschäftigte. Briand sagte, davon sei niemals die Rede gewesen. Es hätten sich zwei Damen für eine mittlere Bürostelle gemeldet. Sie seien aufgefordert worden, sich an dem Wettbewerb (Concours) zu beteiligen wie alle anderen. Eine der Damen sei aus dem Concours nicht als Siegerin hervorgegangen, die andere habe nach kurzer Zeit ihr Amt am Quai d'Orsay niedergelegt. Eine Einstellung in den eigentlichen diplomatischen Dienst sei bei allen beiden nicht in Frage gekommen." So viel zu Stresemann und den Frauen im Auswärtigen Amt.

Da von gewissen Einseitigkeiten der Rekrutierung die Rede ist, läßt sich die Ausbildung und das sogenannte Juristenmonopol nicht umgehen. Zieht man die Außenseiter aus naheliegenden Gründen einmal ab, so kommt man zu dem Ergebnis: Das Übergewicht der Juristen war erdrückend, viele Assessoren und Promovierte, zwei sogar habilitiert! Selbst in dem bekannten großen, ziemlich ungeregelten Schub neu aufgenommener Attachés zwischen dem 15. November 1918 und dem 31. Dezember 1920 – nicht weniger als 99 Anwärter! – überwogen die Juristen, es waren 82[41]. Interessant ist übrigens, daß bei diesem,

---

39 Michael Klöcker, Das katholische Bildungsdefizit in Deutschland. Eine historische Analyse. In: Geschichte in Wissenschaft und Unterricht 32 (1981), S. 79–98. Die Zahl der Juden ließ sich nicht ermitteln.

40 Akten zur deutschen auswärtigen Politik 1918–1945, Serie B, Bd. 8, Göttingen 1976, S. 305.

41 Aufstellung zur Aufzeichnung Neuraths vom 21. 2. 1921; PA, IB/Rep. IV, Personalia Generalia 4, Allg., Bd. 7: Anwärter für den auswärtigen Dienst (15. 11. 1918–31. 12. 1920) = 99, darunter: Adlige = 18, Juristen = 82, ohne abgeschlossenes Studium = 10, ohne Studium = 2.

unter dem Motto der „Öffnung" stehenden Schwall von Attachés der Anteil der Adligen zurückging, sie stellten nur 18. Anschließend kam es dann zu der für jede Reform und künftige Struktur grundlegenden Neuregelung der Zugangs- und Ausbildungsbedingungen, die Simons – wie schon erwähnt – an Neurath übertragen hatte. Die Ordnung wurde von Simons am 21. 3. 1921 in Kraft gesetzt. Wieder bildeten die juristischen Kenntnisse (auf dem Niveau des Referendarexamens) das Gerüst. Den veränderten Verhältnissen und der Forderung nach stark erweiterten Zugangsbedingungen entsprechend war es aber auch Nichtjuristen und sogar Nichtakademikern möglich, aufgenommen zu werden; sie mußten – notfalls unter Verlängerung der Ausbildungszeit – die Lücken nachholen, wobei moderne Fortbildungsstätten, die Verwaltungsakademien und die Hochschule für Politik, vorgezogen wurden. Im Anschluß an eine allgemeine Aufnahmeprüfung folgte dann das eigentlich Neue – der Grundgedanke hat sich bis heute gehalten –: Der dreisemestrige, praktische und theoretische Vorbereitungsdienst. Zu den Fächern gehörten – neben den juristischen – Geschichte, Volkswirtschaftslehre, Politik und natürlich Vervollkommnung der Sprachkenntnisse. Die Abschlußprüfung war entsprechend umfangreich[42].

Immer wieder wurden hochqualifizierte Fachleute gebraucht und mußten gelegentlich schon für eine Fachausbildung reklamiert werden. So wandte sich beispielsweise am 15. 7. 1925 das Auswärtige Amt an das preußische Kultusministerium, damit es beim berühmten Seminar für orientalische Sprachen darauf hinwirke, daß dringend benötigte, vorrangig einzustellende Bewerber mit gründlichen chinesischen und japanischen Kenntnissen zur Verfügung stünden[43]. In den Merkblättern wurde als erwünscht bezeichnet – hier ist die Hinwendung zu modernen Organisationsmustern greifbar –, daß die Bewerber vorher eine Phase praktischer Tätigkeit einlegten, mit Einblicken vor allem in die Führungs- und Lenkungsstruktur bei einer Handelskammer, einem Wirtschaftsverband, einer Gewerkschaft oder einem Unternehmen; dies führe „zu vorzugsweiser Berücksichtigung". Die Neuregelung war akut seit der Aufforderung von Reichstag und Bundesrat (April und Juni 1914) an das Auswärtige Amt, die Aufnahmeprüfungen unter Berücksichtigung von Wirtschaft, Geschichte und Sprachen für den diplo-

[42] Ebd.

[43] Ebd.; nicht nur die konsularische und diplomatische, sondern auch die Dolmetscherlaufbahn waren zu einer einheitlichen Laufbahn zusammengelegt worden. Die Funktionen blieben allerdings getrennt.

matischen und den konsularischen Dienst einheitlich zu gestalten. Ein Kernpunkt der Schülerschen Reform, die Zusammenlegung beider Dienste, stand damit auf der Tagesordnung. Neurath löste das Prüfungsproblem, indem er eine Kombination der früher üblichen getrennten diplomatischen und konsularischen Prüfungen und Voraussetzungen herstellte, da man an dem grundlegenden Konsulatsgesetz des Norddeutschen Bundes vom 8. 11. 1867 festhalten wollte[44]. Jedenfalls bedeutete diese Ausbildungsordnung eine entscheidende Etappe auf dem Wege zur Professionalisierung.

Der Zugang war also in der Regel an ein hohes Ausbildungsniveau gebunden. Infolgedessen ist die bis in die Gegenwart häufig beklagte Tatsache, daß sich das Auswärtige Amt vornehmlich aus Oberschicht und gehobenen Mittelschichten rekrutiere, zumindest nicht präzise genug. Im Zeichen der mit den Eingangsvoraussetzungen einsetzenden Professionalisierung hängt – das war das Neue seit 1921 – die Chance des Zugangs weitgehend ab von der Öffnung der Bildungschancen für breite Bevölkerungsschichten. Selbstverständlich spielen bis heute hin schichtenspezifische Verhaltensweisen und Anregungen bei der Berufswahl eine Rolle: Leute aus höheren Schichten, womöglich noch unter dem Einfluß von Angehörigen des auswärtigen Dienstes im Verwandten- oder Bekanntenkreis, neigen eher dazu, sich für diese Laufbahn zu interessieren als andere. Ähnlich erklärt sich auch der immer noch unverhältnismäßig hohe Anteil von Adligen. Für sie galt nach wie vor der auswärtige Dienst als einer der traditionellen Berufe ihrer Schicht, deshalb bewarben sich von vornherein mehr Adlige als andere. Für die erhebliche Verbesserung der Zugangschancen war es jedenfalls wesentlich, daß im Zuge der Schülerschen Reform die Anwärter während ihrer Ausbildungszeit bezahlt wurden, der Eintritt in das Auswärtige Amt also nicht mehr vom Vermögen des Bewerbers abhing. Darüber hinaus blieben natürlich die vielfältigen persönlichen Verbindungen für die Rekrutierung wichtig.

Der Vorrang juristischer Ausbildung ist häufig pauschal angegriffen worden. Sie bildete jedoch die gesellschaftliche und politische Basis jeder zur Verwaltungselite aufsteigenden Schicht seit den Anfängen des modernen Staates. Eigentlich ging oder geht es weniger darum, dies zu beseitigen, als vielmehr den Einseitigkeiten des rein Juristischen vorzubeugen. Es ist unentbehrlich als vereinheitlichende, präzise

---

44 Gesetz-Sammlung, Bd. 4, S. 230 ff.

Argumentationsform und Verwaltungssprache, zur Umformung politischer Entscheidungen in Rechts- und Verwaltungsakte sowie zur klärenden Konzentrierung und Differenzierung von Sachverhalten, die zur Entscheidung anstehen, eine in jeder modernen Bürokratie mit ihrer Tendenz zu unbegrenzter Komplexität bei abnehmender Überschaubarkeit notwendige Funktion.

Welchen Einfluß informelle Gruppierungen innerhalb und außerhalb des Amtes auf die Rekrutierung nahmen, muß offen bleiben, da es schwer belegbar ist. Schon von den Zeitgenossen ist oft – im Reichstag, in der Presse usw. – auf die Einwirkungen der Altherrenkonvente bestimmter studentischer Corps aufmerksam gemacht worden. Ebenso oft ist vom Auswärtigen Amt auf verschiedenen Wegen versucht worden, solche Vorwürfe zu entkräften. Vor allem die Bonner Borussen gerieten als besonders „feudales" Corps und wegen ihres häufigen Auftretens in führenden Positionen immer wieder in die Schußlinie[45]. Daß sich hier ein seit langem waches, nicht ganz unberechtigtes Mißtrauen äußerte, war unverkennbar. Es wurde bestärkt durch die Kluft, die ganz generell gerade die Sozialdemokratie damals noch immer von der traditionell durch die Oberschichten geprägten Welt der Diplomaten trennte. Dieses Ressentiment kam sehr gut zum Ausdruck in einem Brief des preußischen Ministerpräsidenten Otto Braun an Reichskanzler Hermann Müller vom 25. 8. 1928, in dem Braun im übrigen seine Inkompetenz auf dem Felde der auswärtigen Politik bewies. Er beschwerte sich, man solle nicht „andauernd, wie einst unter dem alten Regime, das Personal des Auswärtigen Amts aus dem mehr oder weniger geistig beschränkten Kreise der Bonner Borussen rekrutieren."

---

[45] Beispiele: Sitzung Haushaltsausschuß des Reichstags 15. 2. 1923; PA, IB/Rep. II, Generalia 57a, Bd. 2; Frankfurter Zeitung 12. 12. 1925; Aufstellung von Stohrers 8. 2. 1926, PA, RM 2, Bd. 5 (K 652/K 170 907 f.). – Auf einen Artikel des „Vorwärts" vom 1. 4. 1923 folgte eine geschickte Erwiderung Maltzans vom 3. 4., die einiges zurechtrückte, vor allem absurde Gerüchte über die Rekrutierung vornehmlich aus den Bonner Borussen; RM 2, Bd. 3. Allerdings war es gerade damals so, daß auf den leitenden Stellen Bonner Borussen saßen: der Minister von Rosenberg, Maltzan selbst als Staatssekretär und der Ministerialdirektor von Schubert. Jedoch waren die beiden letzteren bei der SPD wohlgelitten; in einer internen Ausarbeitung nach dem Zweiten Weltkrieg tauchte sogar die Behauptung auf, Maltzan, der „rote Ago", wäre einer der Hauptkandidaten der SPD für den Ministerposten gewesen, hätte er nicht 1927 bei einem Flugzeugunglück sein Leben verloren.

Und er dehnte sein Urteil ins Allgemeine aus, als er fortfuhr: „Das hat dazu geführt, daß bei allen wichtigen außenpolitischen Aktionen ein Schwarm monokelgeschmückter Affen geschäftig herumscharwenzelte.“ Parlamentarier und Leute aus anderen Ämtern sollten solche Verhandlungen führen; mit „der stupiden Borniertheit Schuberts auf allen Gebieten“ könne man die anstehenden großen Probleme nicht lösen[46]. Müller war gerade in diesem Fall anderer Meinung, aber der Brief zeugt doch davon, wie schwer sich die tiefe gesellschaftliche Kluft, die hier immer noch bestand, überbrücken ließ.

Daß die Corps von Einfluß waren, ist kaum zu bestreiten, und sei es nur auf Grund der Tatsache, daß die engeren Kontakte ihrer Mitglieder untereinander Querverbindungen und möglicherweise Gruppenbildungen innerhalb des auswärtigen Dienstes förderten. Zahlen werden oft übertrieben, aber immerhin gehörten 49 der 161 leitenden Beamten einem Corps an[47]; darunter befanden sich 7 Bonner Borussen und 5 Saxo-Borussen (Heidelberg). Sie als einseitig ausgerichtet oder pauschal als reaktionär zu kennzeichnen, ist ganz abwegig, vielmehr gab es ausgeprägte Unterschiede. Gerade die aufgeschlossensten Vertreter einer für die Republik von Weimar typischen Außenpolitik, der Verständigungspolitik, gehörten dazu: von Schubert, von Hoesch, von Prittwitz, aber auch von Maltzan; andererseits Vertreter der Rechten wie von Thermann[48]. Auch der wohl bekannteste Diplomat aus den Reihen der SPD, der Gesandte in Warschau, Rauscher, war Corpsstudent (Suevia Heidelberg), womit sich der Eindruck verstärkt, daß Sozialdemokraten dann in den obersten Reichsbehörden Karriere machten, wenn sie – ungeachtet ihrer politischen Anschauungen – entweder bereits in die führenden Schichten integriert waren oder diesen Integrationsprozeß – auch auf Grund ihrer Leistungen – rasch nachholten. Das würde etwa gelten für Adolf und Hermann Müller, Adolf Köster und Walter Zechlin. Schließlich sei auf den Anteil der Corpsstudenten unter den – später noch zu behandelnden – 25 Spitzenbeamten hinge-

46 Nachlaß Müller (wie Anm. 10), Mappe I.

47 Grundlage des folgenden sind die Kösener Corpslisten; für Hinweise danke ich einem Teilnehmer der Büdinger Gespräche, Freiherrn von Fritsch-Seerhausen.

48 Bonner Borussen: Graf Bassewitz, von Maltzan, von Prittwitz, von Richthofen, von Rosenberg, von Schubert, Graf Welczeck; Saxo-Borussen: von Dirksen, von Hoesch, von Moltke, von Thermann, Graf Zech.

wiesen: Unter ihnen waren 15, also 60 %, Mitglieder in einem Corps. Obwohl die meisten ihre Spitzenstellung außergewöhnlichen Leistungen verdankten, waren die Corps auch hier Stützen der Karriere.

Wie weit die Einflüsse der Corps außerdem reichten, läßt sich schwer ermessen. Informelle Zirkel und Mechanismen zur Steuerung der Personalentwicklung gehören zum Wesen moderner Organisationen und Bürokratien, weil es sich um komplexe Informations- und Entscheidungsprobleme handelt. Man müßte eigentlich alle lockeren oder festeren Gruppierungen innerhalb des Amtes sowie zwischen Angehörigen des auswärtigen Dienstes und Außenstehenden untersuchen; etwa den Novemberklub junger, republikanisch gesinnter Beamter von 1918, an dem Friedrich von Prittwitz und Gaffron maßgeblich beteiligt war[49], den Dienstag-Kreis des Wirtschaftsjournalisten Gustav Stolper[50] oder auch nur die Jahrgang-Crews der gemeinsam in das Auswärtige Amt eingetretenen Beamten. Eine weitere Schicht von Verbindungen, nämlich mit der Wirtschaft, und Möglichkeiten personeller Vorentscheidungen sind etwa in dem erwähnten Merkblatt für Bewerber angedeutet. In bezug auf die erwünschte praktische Tätigkeit in einem Unternehmen oder einem Verband – ein durchaus fortschrittlicher Zug – heißt es da: „Das Auswärtige Amt stellt denjenigen, welchen Aussicht auf Zulassung als Anwärter gemacht werden kann, hierbei von Fall zu Fall seine Vermittlerdienste zur Verfügung.“ Im ganzen scheint es auf ein recht vieldeutiges, keineswegs anomales Geflecht von Einflüssen bei der personellen Vorauswahl hinausgelaufen zu sein. Darüber hinaus haben die Parteien, voran die Reichstagsabgeordneten, ihre angemessene Berücksichtigung immer wieder angemeldet, gerade diejenigen mit einem größeren Nachholbedarf an Stellen im insgesamt eher konservativ geprägten auswärtigen Dienst wie das Zentrum und in geringerem Ausmaß die SPD, bemerkenswerterweise aber auch, und in den 20er Jahren meist vergeblich, die DNVP. Selbst als die DNVP Regierungspartei war, leistete das Auswärtige Amt in der Stresemann-Ära den Bemühungen, Deutsch-Nationale in den auswärtigen Dienst zu bringen, beharrlich und erfolgreich Widerstand, und zwar aus sachlichen Gründen, zur Verteidigung der von der Führung des Auswärti-

[49] Friedrich von Prittwitz und Gaffron, Zwischen Petersburg und Washington. Ein Diplomatenleben. München 1952, S. 125–28.

[50] Toni Stolper, Ein Leben in Brennpunkten unserer Zeit. Wien–Berlin–New York. Gustav Stolper 1888–1947. Tübingen 1960, bes. S. 204 f.

gen Amts verfochtenen Verständigungspolitik[51]. Diese wie sämtliche anderen Rekrutierungsfragen stießen unweigerlich irgendwann auf das dornige Problem des Außenseiters.

### *Außenseiter und leitende Beamte aus anderen Ressorts*

Der Außenseiter hat über die Bedeutung des Einzelfalles hinaus prinzipielle Bedeutung für Selbstverständnis, Funktionsweise und Kohäsion moderner, besonders bürokratischer Organisationssysteme. Dieser wesentliche Tatbestand wurde im Falle des Auswärtigen Amts häufig verwischt und überdeckt, indem die Frage der Öffnung für den Außenseiter in meist nicht sehr gedankenvoller Form zum Kriterium für Modernität und Fortschrittlichkeit dieser Behörde erhoben wurde. Sicher liefert die Behandlung des Problems Indizien für Anpassungs- und Innovationsfähigkeit einer Behörde, doch ist eine solche einseitige Fragestellung unangemessen. Ausgangspunkt jeder eingehenderen Betrachtung des Außenseiters in der Weimarer Zeit ist die Tatsache, daß unmittelbar nach Kriegsende im Zuge von Novemberrevolution und Amtsreform tatsächlich ein personeller Umbruch vor sich ging. Ein völliger personeller Neubeginn fand selbstverständlich nicht statt; die mittlere Garnitur der hohen Beamtenschaft – und das waren z. T. die jüngeren, aufstrebenden Leute – blieb erhalten, die Spitze jedoch wurde ausgewechselt. Von der Creme, der berühmten Politischen Abteilung im letzten Jahr des Kaiserreichs, war 1921 keiner mehr in der Zentrale, weder Staatssekretär noch Unterstaatssekretäre, Dirigent oder Vortragende Räte; auch die Direktoren der übrigen Abteilungen wurden ausgewechselt, obwohl unter ihren Vortragenden Räten mehrere blieben; nur die Personalabteilung wahrte die Kontinuität. Auch viele Auslandsmissionen wurden neu besetzt. Am 1. 4. 1919 erklärte Außenminister Graf Brockdorff-Rantzau im Kabinett, von 335 höheren Beamten vor 1914 seien inzwischen nur noch 184 im Dienst, weitere

[51] Es ist im übrigen schwer, Anhängerschaft oder Mitgliedschaft der Beamten in einer Partei festzuhalten; siehe etwa die Schwierigkeiten, intern eine Liste der Zentrums-Mitglieder herzustellen, als das Zentrum seit 1929/30 verstärkt auf Berücksichtigung seiner Leute drängte, PA, IB/Rep. IV, Personalia Generalia 51 (31. 1. 1931). Dirksen war offenbar Mitglied der DNVP, aber trotz deutlicher Auffassungsunterschiede in der Gesamtpolitik gegenüber Schubert und Stresemann sehr loyal; Ernst Feder, Heute sprach ich mit ... Tagebücher eines Berliner Publizisten 1926–1932. Stuttgart 1971, S. 69. Auch von Hassell gehörte der DNVP an.

würden zur Disposition gestellt[52]. Dem Drängen der Parteien, gerade bei Auslandsposten ihre Vorschläge zu berücksichtigen, setzte er Grenzen, die ähnlich für die Weimarer Zeit gültig blieben: „Er müsse jedoch seine grundsätzliche Stellung dahin präzisieren, daß eine eigentliche Parlamentarisierung des auswärtigen Dienstes nicht möglich sei. Eine erfolgreiche auswärtige Politik setze ein Vertrauensverhältnis zwischen dem Gesandten und dem Chef des Auswärtigen Amtes voraus. Die Besetzung der außenpolitischen Stellen müsse daher dem Chef des Auswärtigen Amtes vorbehalten bleiben." Hinsichtlich der ebenfalls notwendigen Rücksichtnahme auf die Parteien vollzog der Staatssekretär in der Reichskanzlei, Albert, am 14. 12. 1919[53] in prägnanter Weise eine Abgrenzung: „Bei der Besetzung leitender Stellen geht das Reichsministerium von dem Grundsatz aus, daß der Hauptnachdruck auf die sachliche Geeignetheit zu legen ist. Neben der sachlichen Geeignetheit spielt aber die Zugehörigkeit zu einer der die Regierung bildenden Parteien insofern eine Rolle, als bei etwaiger Nichtberücksichtigung eines diesen Parteien angehörigen Kandidaten für einen leitenden Posten auch nur der Anschein einer Brüskierung der betreffenden Partei, durch die das vertrauensvolle Zusammenarbeiten getrübt werden könnte, vermieden werden muß."

Prinzipiell gesehen lauerte hinter der Rekrutierung von Außenseitern noch ein Problem: die Gefahr der Auflösung klarer Konturen in der Organisation und einheitlichen Lenkbarkeit des auswärtigen Dienstes und die drohende Zersetzung einheitlicher Konzeption und Durchführung von Außenpolitik. Die personelle Auffüllung nach dem Ersten Weltkrieg fiel zusammen mit der Schülerschen Reform, reagierte auf Forderungen der Wirtschaft, Fachleute einzustellen, und der Parteien, verdiente Mitglieder zu berücksichtigen – allerdings in engen Grenzen. Wie gesagt, die Gewinner waren die jungen Aufsteiger in der Karriere; trotzdem hatte eine kleine Gruppe von Außenseitern, also solche, die sich in anderen Berufen und Funktionen bewährt hatten und ohne spezielle Erfahrung im Auswärtigen Amt oder anderen Reichsressorts in hohe Positionen kamen, durchaus Erfolg (die Außenseiter im auswärtigen Dienst insgesamt – nicht nur unter den leitenden Beamten – sind ein besonderes, noch unerforschtes Problem).

---

[52] Akten der Reichskanzlei, Kabinett Scheidemann. Bearbeitet von Hagen Schulze. Boppard 1971, S. 127 f. – Zu diesem Abschnitt siehe auch Tabelle 5 im Anhang.

[53] Akten der Reichskanzlei, Bauer, S. 493, Anm. 4.

Unter den hier behandelten 161 leitenden Beamten in der Weimarer Zeit befanden sich 20 Außenseiter. Drei von ihnen waren ehemalige Minister, unter ihnen ein Außenminister: der Sozialdemokrat Adolf Köster im Kabinett Müller I, der bei Wirth auch noch Innenminister war, außerdem ein weiterer Sozialdemokrat, der ehemalige Volksbeauftragte und Justizminister Landsberg sowie der Reichsschatzminister Mayer (BVP und Zentrum). Mayer und Landsberg[54] waren auf schwierigen Posten (Paris und Brüssel) ziemlich erfolglos, wobei besonders Mayer das Pech hatte, auch in den Augen Poincarés überschattet zu werden von seinem Botschaftsrat, dem brillantesten deutschen Diplomaten der Zwischenkriegszeit, Leopold von Hoesch. Alle drei Minister erhielten keine Positionen in der Zentrale, sondern Auslandsvertretungen, was angesichts der zunehmenden Laufbahnverstopfung gelegentlich die mißgünstige Frage veranlaßte, ob es wirklich nötig sei, daß jeder ehemalige Minister eine Auslandsmission erhalten solle. Eine weitere Gruppe vorwiegend politisch bedingter Übernahmen blieb ebenfalls auf Auslandsposten beschränkt. Es handelte sich um Rauscher (SPD), Adolf Müller (SPD) und Maximilian Pfeiffer (Zentrum). Rauscher stellte insofern einen Sonderfall dar, als er zunächst Leiter und Organisator der Presseabteilung war und später, nach einem Zwischenspiel als Gesandter in Tiflis, auf den entscheidenden Warschauer Posten kam; ein Mann von ungewöhnlicher Begabung, der zu einem der Stars des auswärtigen Dienstes wurde und 1929 auch als Staatssekretär zur Debatte stand. Von den verbleibenden 14 Außenseitern stammten 2 aus der Zeit vor 1918 und waren bezeichnenderweise auf dem Gebiet von Kultur und Presse tätig (Heilbron und Soehring). Zieht man außerdem die beiden einzigen unter den leitenden Beamten der Weimarer Zeit ab, die später noch eintraten, Stieve und Wiedfeldt, so ergibt sich, daß die übrigen zehn während der Ära Schüler einberufen wurden. Mit einer Ausnahme – Erich Zechlin, der aus dem Archivdienst kam – waren sie allesamt Wirtschaftsfachleute.

Nun wird oft pauschal behauptet, daß nach Schüler die Reform alsbald im traditionalistisch-konservativen Sinne zurückgeschnitten wurde, was sich besonders an der Herausdrängung und Ablehnung der Außenseiter zeige. Das ist so nicht richtig. Die Karriere jener neun Wirt-

[54] Staatssekretär Haniel von Haimhausen teilte Simons am 20. 8. 1920 mit, die Belgier wollten Landsberg eigentlich nicht, aber er sei sympathisch und es sei innenpolitisch unerwünscht, wenn er den Posten nicht erhielte; PA, RM 2, Bd. 1 (K 652/K 170 397–99).

schaftsexperten und erfahrenen Geschäftsleute verlief folgendermaßen: Der Hamburger Bankier und Senator von Berenberg-Gossler erwies sich auf dem Botschafterposten in Rom 1920/21 als Versager. Der Wirtschaftswissenschaftler Prof. Wiedenfeld war als Ministerialdirektor für eine recht spezielle Aufgabe eingeteilt, die Leitung der neuen Abteilung X, der Außenhandelsstelle, die keinen Erfolg hatte; als kommissarischer Leiter der Vertretung in Moskau 1921/22 waren seine politisch-diplomatischen Fähigkeiten offenbar überfordert. Seine Ablösung durch den Botschafter Graf Brockdorff-Rantzau war im übrigen eine Entscheidung der Führung des Reiches (Wirth, Ebert), nicht des Auswärtigen Amts. Ähnliches gilt für den Großkaufmann Behrendt, Leiter der Ostabteilung bis Oktober 1921, ersetzt durch Maltzan auf Grund der Wünsche und ostpolitischen Absichten des Reichskanzlers Wirth. Die übrigen sechs machten Karriere: Der Lübecker Syndikus, Direktor und Aufsichtsratsmitglied mehrerer Firmen Wallroth wurde 1924 zum ersten Leiter der beträchtlich vergrößerten Ostabteilung ernannt und 1928 Gesandter in Oslo. Sthamer, Erster Bürgermeister von Hamburg, blieb bis 1930 Botschafter in London. Sein Botschaftsrat, der sächsische Geschäftsmann Dufour-Feronce, wurde 1926 Untergeneralsekretär des Völkerbunds, 1932 Gesandter in Belgrad; de Haas wurde Ende 1924 Leiter der sehr umfangreichen Abteilung III (Britisches Reich, Nord- und Südamerika, Vorderasien, Kolonialfragen usw.) bis zu seiner Pensionierung 1930[55]; Poensgen machte Karriere im Völkerbundsreferat und brachte es zum Dirigenten der Personalabteilung; Hemmen schließlich kam als junger Mann von einer Handelskammer ins Auswärtige Amt, spielte eine Rolle in der Handelspolitik und führte wichtige Wirtschaftsverhandlungen. 4 von diesen 6 – Sthamer, Dufour, de Haas, Hemmen – hatten vornehmlich mit der angelsächsischen Welt zu tun und erfreuten sich seit 1921 der besonderen Gunst gerade jenes maßgeblichen Mannes im Auswärtigen Amt, der seiner Herkunft nach als exemplarisch für das aristokratisch-großbürgerliche Establishment des Kaiserreichs mit weitreichenden Verbindungen gelten konnte: des Ministerialdirektors und Staatssekretärs Carl von Schubert, der bei der Einberufung Stieves und besonders Wiedfeldts

[55] Trotz der Stellenknappheit wurde seine Pensionierung über das 65. Lebensjahr hinausgeschoben. Dafür hatte sich übrigens auch die Wirtschaft eingesetzt, ein Beispiel für die engen Verbindungen; siehe Carl Duisberg an Außenminister Curtius, 20. 12. 1929, und dessen Antwort vom 23. 12.; PA, RM 2, Bd. 6.

(als Botschafter in Washington) maßgeblich beteiligt war. Der Krupp-Direktor Wiedfeldt war eine der markantesten Persönlichkeiten der Weimarer Führungsschichten mit einer faszinierenden Karriere zwischen Wirtschafts- und Staatsdienst und reicher Auslandserfahrung (vor 1914 zum Beispiel war er Ministerialdirektor im japanischen Eisenbahnministerium). Aber einige seiner Forderungen und Eigenmächtigkeiten führten zu endlosen Streitereien; für lange wollte er sowieso nicht bleiben, und so trennte man sich wieder[56].
Von Außenseiterfeindschaft konnte folglich keineswegs durchgängig die Rede sein, obwohl es zweifellos auch Ressentiments, Ablehnung und Streben nach Rückkehr zum traditionellen Auswärtigen Amt gab. Es gab außerdem konservative Skeptiker wie den Freiherrn von Richthofen, Dirigent der Unterabteilung Vorderasien, der am 15. 4. 1928

[56] Wiedfeldt sollte als Industrieller von internationalem Ruf die als grundlegend für die weitere Weimarer Außenpolitik erachtete Anknüpfung enger Beziehungen zu den Vereinigten Staaten in die Wege leiten. Schon bei der Einberufung kam es zu schwierigen Auseinandersetzungen mit Krupp, der die Abreise auf den Herbst 1922 verschieben wollte und für Wiedfeldt den Status eines – vorübergehenden – Sonderbotschafters forderte. Das anspruchsvolle Auftreten der Industrie gipfelte in einem nach Form und Inhalt ziemlich unverschämten Brief von Stinnes an Rathenau, 20. 3. 1922, in dem sich auch die internen Frontstellungen der Industrie fortsetzten. Schubert als zuständiger Ministerialdirektor stärkte seinem Minister den Rücken durch nachdrückliche Gespräche mit Krupp, warnte eindringlich vor diplomatischen Fehlern gegenüber den Amerikanern und hielt es für „außerordentlich zweckdienlich", wenn Rathenau Wiedfeldt und Krupp – „die guten Leute scheinen sich alle noch gar nicht klar darüber zu sein, was [. . .] auf dem Spiele steht" – über die Bedeutung der Sache aufklärte; „auch wäre es vielleicht ganz gut, Herrn Wiedfeldt klar zu machen, daß seine Aufgabe vielleicht doch nicht so einfach ist, wie er sie sich denkt, und daß er alle seine Geisteskräfte anstrengen muß, um sie zu erfüllen." PA, RM 2, Bd. 3. Das Auswärtige Amt setzte sich durch. Hinter der Auseinandersetzung stand auch der Wille der Schwerindustrie, Wiedfeldt noch auf der als wesentlich für die weitere wirtschaftliche Entwicklung betrachtete Konferenz von Genua einzusetzen und dort Einfluß ausüben zu lassen. Außerdem ist der Vorgang bemerkenswert wegen der Art der Verbindungen zwischen Auswärtigem Amt und Industrie, aber auch für den Nachdruck, mit dem gerade Schubert, der selbst familiäre Bindungen zur Industrie hatte, die Einflüsse der Wirtschaft zurückdrängte. Wiedfeldt war von 1922–24 Botschafter in Washington.

seinem Corps-Bruder von Schubert schrieb[57]: „Bei diesen ganzen Veränderungen hier im Amt sind alle möglichen Fragen von einer gewissen grundsätzlichen Bedeutung aufgetaucht, die mir schon seit längerer Zeit Sorgen machen. Als ich seinerzeit [1921] auf Deine Anregung hin wieder ins Amt trat, hast Du gesagt, wir müßten gemeinsam dafür sorgen, daß das desorganisierte Amt wieder zu einem richtigen Funktionieren gebracht werden könnte. Es sind aber, finde ich, gerade in letzter Zeit gewisse Tendenzen hervorgetreten, die doch recht Besorgnis erregend sind." Schubert ging offenbar nicht weiter darauf ein, versah die Textstelle nur mit Markierungen und Fragezeichen. Oder ein anderes, früheres Beispiel bot Solf, der im Dezember 1918 die ersten Schritte zur Verwirklichung der Schülerschen Reform selbst eingeleitet hatte, jedoch einige Jahre später als Botschafter in Tokio beunruhigt darüber war, daß man in einigen Punkten zu weit und über seine ursprünglichen Absichten hinausgegangen sei. Am 14. 5. 1922 schrieb er an Staatssekretär Haniel von Haimhausen, wobei er zugleich, abgesehen von den unmittelbar zuständigen Beamten, einen Hinweis auf die damals schon tonangebenden Maltzan und Schubert gab: „Ich muß einmal wieder richtig und scharf sehen, das Innere sowohl wie das Äußere. Namentlich wegen des letzteren habe ich das starke Bedürfnis, mich mit Ihnen, Gneist, Knipping, Schubert und Maltzan ergiebig auszusprechen. Ich muß über unsere Absichten genau informiert sein, über die Richtung sowohl wie über die Einschätzung unserer Potenzialitäten [...]. Einer gründlichen mündlichen Aussprache, ohne die Kautelen fürsichtiger Berichterstattung, bedarf auch die Frage Personalien des ostasiatischen Dienstes [... Es sei] höchste Zeit, im Amt von neuem zu prüfen, wie die Grenzen zwischen Politik und Wirtschaft, zwischen Konsularwesen und Diplomatie zu ziehen sind. Ich habe [...] 1918 mit der Verfügung über die gemeinschaftliche Vorbereitung der Anwärter für den allgemeinen Außendienst[58] nie und nimmer an eine Verschmelzung von Begriffen gedacht! [...] Die frühere Differenzierung in der sozialen Bewertung war falsch und hat eben

[57] PA, St.S. P, Bd. 12 (K 2375/K 672 093–98).

[58] PA, IB/Rep. IV, Personalia Generalia 87 adh. I, 2. 12. 1918. – Schon Simons hatte erklärt, man müsse die Besetzung der Außenposten auch danach überprüfen, ob die Kandidaten mehr diplomatische oder konsularische Qualifikationen besäßen; „denn von der beabsichtigten Verschmelzung dieser Vertretungsarten werden wir doch wohl wieder zurückkommen müssen". PA, RM 2, Bd. 1 (30. 12. 1920; K 652/K 170 445–48).

diese pikierten, vermißquiemten und unfreien Menschen geschaffen. Ebenso falsch war die plötzliche Übernahme uno actu der ehemaligen Dolmetscher in den diplomatischen Dienst! Auch davon kann ich nur mündlich erzählen, um nicht in den Verdacht zu kommen, als wollte ich dem alten Kastengeist und Klassenvorrechten das Wort reden. Es gibt Modulationen im Wesen und Modifikationen des Verhaltens, die man schwer in das unverrückbare geschriebene Wort fassen kann. Im übrigen halte ich Demokratie und Hemdsärmeligkeit nicht für identisch!"

Es sind dabei allerdings noch weitere, bisher vernachlässigte Gesichtspunkte zu berücksichtigen. Auf einen wies Maltzan in den Haushaltsberatungen des zuständigen Reichstagsausschusses vom Februar 1923 hin: es handele sich nicht um Vorurteile, sondern um Rücksicht auf die Karriere der Beamten im Auswärtigen Amt selbst. Am schlimmsten sei es auf mittlerer Ebene, wo es inzwischen viele Legationsräte ohne ein Examen gebe, während hochqualifizierte Attachés keine Anstellung bekommen könnten[59]. Diese Situation verschärfte sich noch, als die seit 1920 eingeleiteten Maßnahmen zur Ersparnis und Verwaltungsrationalisierung in der Personalabbau-Verordnung vom 27. 10. 1923 gipfelten[60], am Beginn der Stabilisierungsphase. Ursprünglich war ja im Zuge der Reform, aber auch auf Grund der zwingenden Notwendigkeit, 1918/19 Stellen und Versorgung im Zuge der Demobilmachung zu schaffen, der auswärtige Dienst beträchtlich ausgeweitet worden, und zwar nach dem Prinzip: mehr Stellen für weniger Geld. Nun sollte er wieder schrumpfen. Bis etwa Ende März 1924 wurde der Personalbestand um 22,7 % verringert. Grundsatz dabei war allerdings, nach Gesamtquoten vorzugehen – dadurch erhielt man freie Hand im einzelnen – und zuerst die Zahl der Angestellten zu reduzieren (599 von 1659)[61]. Das traf natürlich vor allem diejenigen, die außerhalb der Karriere standen.

---

59 PA, IB/Rep. II, Generalia 57a, Bd. 2.

60 Reichsgesetzblatt 1923, I, S. 999 ff. – Andreas Kunz, Stand versus Klasse. Beamtenschaft und Gewerkschaften im Konflikt um den Personalabbau 1923/24. In: Geschichte und Gesellschaft 8 (1982), S. 55–86.

61 PA, IB/Rep. IV, Personalia Generalia 136, Bd. 1, und 136 adh., Bd. 1 und 2. – Die wirtschaftliche Lage der Beamten verschärfte sich sowohl auf Grund der Sparmaßnahmen als auch der Markstabilisierung 1923/24 beträchtlich und nahm stellenweise bedrohliche Formen an, die am 15. 5. 1924 zu einer Eingabe der Fachgruppe Auswärtiges Amt der höheren Verwaltungsbeamten Deutschlands und zu Vorschlägen für Soforthilfen

Darüber hinaus aber handelte es sich um einen Konsolidierungs- und Professionalisierungsprozeß, der genauso zeitgemäß war wie die eindrucksvollen Vorstellungen Schülers und keineswegs zum überwundenen aristokratisch geprägten Auswärtigen Amt um 1900 zurückführte. Schüler wollte eine möglichst vielgestaltige, reaktionsfähige, auf die modernen Herausforderungen von Wirtschaft und Gesellschaft, Kultur und Presse eingehende Organisation, attraktiv und offen für Spezialisten aller Art, deshalb nicht fest und schematisch gefügt, sondern beweglich und anpassungsfähig. Dies war von den Absichten her, dem Aufbruch zu neuen Aufgaben und neuen Formen der Zusammenarbeit in parallelen, sachbezogenen Einheiten durchaus modern; problematisch blieb bloß die organisatorische Verwirklichung. Sie geriet partiell in Konflikt mit der gleichzeitig wachsenden modernen Tendenz der Bürokratisierung und Professionalisierung, die neue Formen der Eingliederung und Kooperation von – ebenfalls professionalisierten, arbeitsteilenden – Spezialisten brauchte für die vielen Sonderaufgaben neuen Zuschnitts, die das Auswärtige Amt nicht mehr alle selbst zu bewältigen vermochte. Das war etwas anderes als der klassische Außenseiter. Moderne, bürokratisierte und professionalisierte Organisationen benötigen, gerade weil es immer mehr von ihnen gibt, die sich wechselseitig beeinflussen und immer komplexer werden, feste Konturen, klare Identität und eine präzise durchgeformte Binnenstruktur, um sich nicht in verselbständigte Unterorganisationen aufzulösen oder unüberschaubar und in bezug auf eine einheitliche politische Konzeption unlenkbar zu werden.

Von den Außenseitern in strengem Sinne getrennt ist noch eine weitere Gruppe zu behandeln, diejenigen Beamten, die aus anderen Ressorts in den auswärtigen Dienst wechselten und damit auch dessen Attraktivität und Prestige bezeugten (unter den leitenden Beamten der Weimarer Zeit ist mir kein Beispiel bekannt, daß jemand auf Dauer vom Auswärtigen Amt in ein anderes Ressort wechselte). Das waren immerhin 27 Beamte, die zusammen mit den 20 Außenseitern fast 30 % der leitenden Beamten im auswärtigen Dienst ausmachten. 6 kamen aus Heer und Marine, davon – wie zu erwarten – 5 nach Kriegsende. Aus den verschiedensten einzelstaatlichen Ressorts, dem Justiz-

---

führte. Die Frage der Beamtenbesoldung ging an die Substanz und die Attraktivität eines modernisierten, nicht mehr von persönlichem Vermögen abhängigen auswärtigen Dienstes. PA, IB/Rep. IV, Geschäftsgang 27 adh. II.

dienst und auch den auswärtigen Diensten der Einzelstaaten – z. T. ausgesprochene Spezialisten – stammten insgesamt 12 (darunter der ehemalige sächsische Innenminister Koch, Gesandter in Prag, und der ehemalige bayerische Ministerpräsident Graf Lerchenfeld, Gesandter in Wien). Interessant sind die restlichen neun: Hohe Beamte, die in anderen Ressorts wenigstens schon die Ebene des Vortragenden Rats bzw. Ministerialrats erreicht hatten. Geht man von ihrer letzten Station vor Übertritt in das Auswärtige Amt aus, so kamen drei aus dem Reichsfinanzministerium (Brückner, Ritter, Terdenge), je zwei aus der Reichskanzlei (Simons, Kiep) und dem Reichsinnenministerium (Asmis, von Friedberg) und je einer aus dem Reichskolonialamt (Solf) und dem Reichswirtschaftsamt (von Simson). Der Adel war nur schwach, der alte Adel gar nicht vertreten. Hier finden sich aber einige Spitzenkräfte des Auswärtigen Amtes der Weimarer Zeit, die recht eigentlich als vielfältig einsetzbare Angehörige der obersten Reichsbürokratie zu bezeichnen sind. Das wird deutlich bei der Frage, wer von den neun, bevor er ins Auswärtige Amt kam, zwei oder mehr anderen Ressorts angehörte. Es waren fünf: Simons, von Simson, Ritter, Brückner und Asmis; und einer von ihnen, Ritter, war vorher sogar in vier Ministerien. Vier außergewöhnliche Karrieren gab es unter den neun: Solf (vielleicht ein Sonderfall, weil er schon Staatssekretär des Reichskolonialamts gewesen war, ehe er 1918 kurz Staatssekretär des Auswärtigen und später Botschafter in Tokio wurde), Simons (der schon als Ministerialdirektor ins Amt eintrat), von Simson (der in kurzer Zeit vom Dirigenten zum Staatssekretär im Auswärtigen Amt aufstieg) und Ritter (der es in kurzer Frist vom Ministerialrat zum Ministerialdirektor brachte). Von Simson und Ritter gehörten zu der ganz kleinen Spitzengruppe derer, die ungewöhnlich jung eine steile Karriere durchliefen und maßgeblichen Einfluß im Amt erreichten. Insgesamt spielte also die zusätzliche Rekrutierung aus anderen Ressorts eine wichtige Rolle – obwohl auch dies nach 1922 drastisch reduziert wurde, ähnlich wie bei den Außenseitern. Für die Beweglichkeit und die Qualitäten dieser Gruppe spricht, daß aus ihren Reihen die bemerkenswertesten Wechsel zur Industrie erfolgten. Simons und von Simson bekleideten beide hohe Posten in der Leitung des Reichsverbandes der Deutschen Industrie. Ritter wurde vom Reichsverband heiß umworben, blieb dem Auswärtigen Amt aber treu[62].

---

[62] Karl Heinrich Pohl, Weimars Wirtschaft und die Außenpolitik der Republik 1924–1926. Düsseldorf 1979, S. 78. – Siehe auch RDI, u. a. Vorstandssitzung 14. 1. 25, Bayer-Archiv, Leverkusen, 62–10.

### *Steile Karrieren*

Es bleibt eine letzte, aber wohl entscheidende Gruppe bei der Untersuchung der Personalstruktur übrig: Die steilen Karrieren, vielleicht am treffendsten auch mit dem von der angelsächsischen Sozialwissenschaft übernommenen Ausdruck „highfliers" zu bezeichnen, diejenigen, die sich rasch als außergewöhnliche Aufsteiger herausschälten. Der Maßstab ist das Schwierige. Sinnvoll erscheint als Eckdatum das Alter, in dem die leitenden Beamten die wichtige Stufe des Vortragenden Rates oder eine vergleichbare Position erreichten. Um auch hierbei das Verhältnis zwischen Jüngeren und Älteren zu klären, sind zunächst diejenigen interessant, und zwar ohne Außenseiter oder Wechsler aus anderen Ressorts, die es noch in der Kaiserzeit so weit gebracht hatten. Deren Anteil liegt immerhin bei fast einem Viertel, und die Position erreichten sie im Schnitt mit 41–42 Jahren. Bemerkenswerterweise spielten von ihnen nach 1922 nur noch neun und nach 1924 nur noch sechs eine wichtigere Rolle im Amt selbst. Nur einer (Köpke) leitete eine Abteilung, zwei weitere hatten später noch Erfolg (Trautmann als Leiter der Ostabteilung und von Neurath als Außenminister). Auch dies bestätigt einen gewissen Umbruch nach 1918. Allerdings hat sich das Durchschnittsalter bis zur Stufe des Vortragenden Rates kaum verändert; deutliche Unterschreitungen waren selten und nicht aussagekräftig. Infolgedessen kann man das Alter von 40 Jahren oder jünger für die Erlangung einer derartigen Position als erstes Kriterium auch der Ausnahmekarrieren zugrundelegen. Nach Überprüfung aller weiteren Daten bot sich als zweites die Frist von 8 Jahren oder weniger bis zum Ministerialdirektor bzw. einer vergleichbaren Stellung an, was nicht einfach zu bestimmen ist; ich habe mich um strenger Maßstäbe willen für den Rang eines Botschafters entschieden. In der Weimarer Zeit gab es neun davon. Die Ebene des Dirigenten habe ich hierbei übersprungen, weil sie konstitutiv für alle hier untersuchten Beamten ist und es gerade für die Ausnahmekarrieren darauf ankommt, wer sie schnell und in jungen Jahren überwand. Drittes Kriterium soll die Frist von 12 Jahren für die Karriere vom Vortragenden Rat bis zum Staatssekretär oder Minister sein, um die ganz großen Karrieren zu erfassen; im übrigen gilt das rasche Erreichen der Ebene des Ministerialdirektors als hinreichende Voraussetzung einer Ausnahmekarriere. Außerdem sind hierbei, wo es nicht mehr um die speziellen Bedingungen der reinen Amtskarrieren vor 1918 geht, selbstverständlich Außenseiter und aus anderen Ressorts kommende Beamte einbezogen, was einige Ausnahmen erforderlich machte. Die Leiter der Presseabteilung blieben unberücksichtigt, weil ihre Ernennung und Karriere von anderen Kriterien abhing. Hingegen sind ausnahmsweise zwei Blitzkarrieren mit aufgenommen worden, obwohl beide nicht über den Gesandten I. Klasse hinausführten: Rauscher, der nach seiner Zeit als Pressechef 1919/20 im Jahre 1922 mit 38 Jahren Gesandter in Warschau wurde und 1928/29 als Staatssekretär im Gespräch war, und Graf Zech-Burckersroda, der schon mit 36 Jahren Gesandter und Vertreter der Reichsregierung in München, mit 40 Jahren Dirigent und mit 43 Jahren Gesandter im Haag wurde. Insgesamt erwiesen sich die Kriterien als genügend exzeptionell; erfaßt wurden damit 25 Spitzenbeamte.

Die Differenzierung führt zu folgenden Ergebnissen: Neben den Ausnahmen Rauscher und Zech liegen besondere Umstände bei 9 weiteren Beamten vor: Zunächst Boyé, Graf Brockdorff-Rantzau, Haniel von Haimhausen, Langwerth von Simmern (die beiden letzteren waren über 40, als sie Vortragender Rat wurden, haben es aber dann in 8 bzw. 9 Jahren zum Staatssekretär gebracht). Diese 4 wurden Staatssekretäre in der Umbruchsituation 1918/19. Dann 2 Minister: von Rosenberg, der zwar keine sensationelle Amtskarriere machte, mit 49 Jahren aber unter Cuno Außenminister wurde, und von Neurath, der erst mit 41 Jahren die Stufe des Vortragenden Rates erreichte, nach 7 Jahren Botschafter wurde und nach weiteren 11 Jahren Außenminister. Schließlich 3 Karrieren, die spät anfingen, dann aber einen rasanten Aufstieg verzeichneten: 2 Außenseiter, Wallroth, der in nur 3 Jahren zum Ministerialdirektor befördert wurde, und de Haas, der das in 6 Jahren schaffte; dazu Köpke, der aus der konsularischen Laufbahn kam, erst 1917 – mit 44 Jahren – Vortragender Rat wurde, es dann aber in 4 Jahren zum Ministerialdirektor brachte. Neben diesen 11 etwas unüblichen Fällen bleiben noch 14 „highfliers" übrig. Auch hier bietet sich eine interessante Unterscheidung an: 3 fallen dadurch auf, daß sie ihre große Karriere ausschließlich auf Auslandsposten machten (alle 3 waren adlig, 2 gehörten dem alten Adel an): von Hoesch, der in nur 4 Jahren vom Botschaftsrat (was etwa dem Vortragenden Legationsrat entsprach) zum Botschafter in Paris, dem wichtigsten deutschen Auslandsposten aufstieg; von Prittwitz und Gaffron, der mit 37 Jahren Botschaftsrat und 6 Jahre später Botschafter in Washington wurde; und Graf Welczeck, der 1919 formal seinen Abschied nahm und mit Sonderaufgaben in Oberschlesien betraut wurde, 1923 wieder eintrat, Gesandter I. Klasse in Budapest und 3 Jahre später Botschafter in Madrid wurde.

Die Karrieren der übrigen 11 verliefen gemischt oder überwiegend in der Zentrale: von Bülow, Dieckhoff, von Dirksen, Gaus, Roland Köster, von Maltzan, Ritter, Schneider, von Schubert, von Simson, von Stohrer. Aus dieser Gruppe kommen 6 Ausnahmekarrieren (von Bülow, Gaus, von Maltzan, Ritter, von Schubert, von Simson)[63], zu denen die Botschafter von Hoesch und von Prittwitz und der Gesandte Rauscher zu rechnen sind. Diese 9 ragen dadurch hervor, daß sie bereits zwischen 41 und 44 Jahren den Rang des Ministerialdirektors oder Botschafters erreichten, mit 3 Ausnahmen: von Bülow, der den Ministerialdirektor übersprang, Rauscher, der als Außenseiter wie erwähnt ein Sonderfall war, und von Schubert, der mit 38 Jahren Dirigent und schon mit 39 Jahren Ministerialdirektor wurde. Schuberts Karriere ist überhaupt die rasanteste. Mit 42 Jahren wurde er Staatssekretär, bis weit in die Bundesrepublik einer der jüngsten. Maltzan, Simson und Bülow schafften das mit 45 Jahren. In dieser Gruppe überwog der Adel (6 von 9), indessen gab es auch ein Übergewicht von Bürgerlichen und neuem Adel zusammen (6) gegenüber dem alten Adel. Möglicherweise zu Lasten von Unzulänglichkeiten in der Führungsstruktur geht die Tatsache, daß an der Spitze die Zirkulation zwischen Auslandsposten und Zentrale ziemlich unterentwickelt war. Die Spitzendiplomaten, die im Ausland ihre Karriere machten, kamen in der Weimarer Zeit nicht mehr auf hohe Posten in der Zentrale. Ebenso erging es denjenigen, die eine hohe Stellung in der Zentrale erreicht hatten und nicht ins Ausland versetzt wurden. Das konnte zu einer ungesunden Trennung führen.

Eine der wichtigsten Fragen, wer denn nun die für die deutsche Außenpolitik und im Auswärtigen Amt einflußreichsten Beamten waren, ist damit noch nicht beantwortet. Sie kamen zwar aus der Gruppe der 25 herausragenden Karrieren, aber für eine präzisere Antwort müssen die Ergebnisse der Personalstruktur-Analyse wenigstens in groben Linien noch mit den Organisationsfragen, der Stellung des Auswärti-

---

63 Im folgenden werden v. Stohrer und Schneider nicht weiter berücksichtigt, weil ihre Karrieren sich während der Weimarer Zeit nicht in den für die auswärtige Politik wichtigen Bereichen abspielten, sondern hauptsächlich auf die Abteilung I (Personal und Verwaltung) beschränkten, die sie von 1924–26 bzw. 1926–30 leiteten. Schneider übernahm 1930 eine Professur der Staatswissenschaften in Königsberg, von Stohrer wurde Gesandter II. Klasse (!) in Kairo, machte allerdings nach 1933 noch einmal Karriere.

gen Amts im politischen System, den Führungsproblemen und ganz rudimentär mit den Hauptphasen der außenpolitischen Konzeption in Verbindung gebracht werden.

## III. PERSONALSTRUKTUR, AMTSORGANISATION UND AUSSENPOLITIK

### *Die Stellung des Auswärtigen Amts*

Die Veränderungen in der Personalstruktur der leitenden Beamten des auswärtigen Dienstes unmittelbar nach dem Ersten Weltkrieg – kein völliger Wechsel, doch ein tiefer Einschnitt – liefen ab in einer schwierigen und angespannten Situation. Verfassung und Regierungssystem wandelten sich grundlegend, und die Folgen des verlorenen Krieges schufen eine Fülle neuer Aufgaben und Probleme. Deswegen kam der personellen Ausstattung, der zweckmäßigen Organisation und der Fähigkeit, eine klare außenpolitische Konzeption und einheitliche Lenkung zu gewährleisten, maßgebende Bedeutung zu. Doch davon konnte in den Anfangsjahren und während der Reformära keine Rede sein. Zunächst einmal erforderte es einige Umgewöhnung vom Auswärtigen Amt, sich auf die veränderten politischen und verfassungsrechtlichen Bedingungen einzustellen, besonders in der personellen und sachgemäßen Organisation der Führungsstruktur. Der Staatssekretär des Auswärtigen Amts im Regierungssystem des Kaiserreichs war eigentlich ein Zwitter gewesen: moderner Staatssekretär als Spitzenbeamter seiner Behörde und zugleich in der Stellung eines Ministers im Rahmen der Reichsleitung, vom parlamentarischen Minister allerdings fundamental unterschieden dadurch, daß er weder parlamentarisch voll verantwortlich war, noch in einem kollegialen Kabinett der Minister seine Politik und sein Ressort im Rahmen der allgemeinen Politik des Regierungschefs selbständig vertrat. Statt dessen blieb er dem einzigen wirklichen Minister des Reiches, dem Reichskanzler, der ja in der Regel zugleich preußischer Außenminister war, direkt unterstellt und weisungsgebunden. Und wie man weiß, haben die Kanzler des Kaiserreichs die Außenpolitik meistens als eigene Domäne angesehen. In dieser Hinsicht war der Wandel in der Weimarer Republik nicht groß: Aus dem einen Minister war endgültig ein Ministerkollegium geworden mit dem Reichskanzler an der Spitze, der die Richtlinien der Politik bestimmte, innerhalb derer jedoch die einzelnen Minister relativ großen Spielraum hatten, auch der Außenminister, der von nun an die Stelle des Reichskanzlers als Vorgesetzter des Staatssekretärs einnahm[64]. Dem Reichstag gegenüber war auch der einzelne Minister verantwortlich. Die Abgeordneten konnten ständig Informationen und Rechenschaft verlangen und wurden darin noch dadurch unterstützt, daß die Reichsverfassung sogar einen ständigen Reichstagsausschuß für auswärtige Angelegenheiten vorschrieb[65]. Hinzu kam die vor allem faktische Bedeutung des Reichsrats für internationale Abmachungen.

Auch sonst wurde das Auswärtige Amt stärker als früher auf die politischen und gesellschaftlichen Kräfte verwiesen und mit ihnen in ständigen Kontakt gebracht, besonders bei allen Arten von außenwirtschaftlichen Abmachungen und Regelungen (Vorläufiger Reichswirtschaftsrat, Verbände etc.), aber auch über alte und neue Beiräte für Spezialfragen bis hin zu einem Kulturbeirat[66]. Das hatte auf die Personalstruktur recht ambivalente Wirkungen. Denn einerseits forderte nicht nur die Regierung (besonders der Reichssparkommissar und ähnliche Sonderstellen) immer wieder Einsparungen, sondern auch die Wirtschaft. Gerade ihr war andererseits an einer gewissen Ausweitung des auswärtigen Dienstes in allen wirtschaftlich interessanten Bereichen gelegen. Hier wie auch sonst konnte das Auswärtige Amt sich unterschiedlicher Interessen und politischer Gruppierungen innerhalb und außerhalb des

---

64 Artikel 56 der Weimarer Reichsverfassung.

65 Artikel 35 der Weimarer Reichsverfassung. Über die auswärtige Gewalt im Verfassungssystem Huber (wie Anm. 25), S. 451–75.

66 Auswärtiges Amt an Reichsministerium des Innern, 16. 6. 1923 (PA, IB/Rep. IV, Geschäftsgang 27 adh. I, Bd. 8); Haushaltsausschuß des Reichstags, 24. 1. 1921 (PA, IB/Rep. IV, Personalia Generalia 87, Bd. 9). Man spielte im Auswärtigen Amt kurz mit dem Gedanken, das deutsche Ansehen im Ausland und die Kontakte mit Hilfe der Entsendung von Professoren auf wichtige Auslandsvertretungen zu verbessern. Auf Grund einer Besprechung mit Haniel äußerte sich der Physiker und Nobelpreisträger Walther Nernst zu diesem Thema und lieferte folgende Liste von Professoren, die in Frage kämen: Bumm, Ehrhard, Harnack (der kurz für Washington in Erwägung gezogen wurde), Kahl, Küstner, F. von Müller, H. Schumacher, Zitelmann; PA, Nachlaß Haniel, Bd. 1 (M 349 / K 429 427–29). Siehe auch die Beiträge zum Thema „Interne Faktoren auswärtiger Kulturpolitik im 19. und 20. Jahrhundert", in: Zeitschrift für Kulturaustausch 31 (1981), mit vielen weiteren Hinweisen.

Reichstags von Fall zu Fall bedienen[67]. Die zunehmende Verflechtung in das politische und gesellschaftliche System enthüllte bei geschickter Handhabung trotz mancher Behinderung und unerwünschter Einflußnahme auch günstige Aussichten.

Schwierigkeiten und sehr indirekte, nichtsdestoweniger auf längere Sicht deutlich bemerkbare Rückwirkungen auf den auswärtigen Dienst verursachten diese wachsenden inneren Abhängigkeiten insofern, als sie den traditionell exklusiven Status des auswärtigen Dienstes im Rahmen von Regierung und Verwaltung allmählich einebneten. Die auswärtigen Angelegenheiten entwickelten sich daher allmählich im zunehmenden Gemenge der Interessen, politischen Absichten, Taktiken und Auseinandersetzungen und nicht zuletzt in der sich ausbreitenden Staatstätigkeit zu einem Fragenkomplex unter vielen. Diese Entwicklung griff an das Prestige und die Selbsteinschätzung einer der glanzvollsten Eliten, sie traf aber vor allem einen neuralgischen und entscheidenden Punkt, nämlich die Art und die Bedeutung von Außenpolitik in einer pluralistischen, industriellen Massendemokratie. Es stellte sich im Laufe der Zeit immer drängender die Frage, wie sich die Verfügbarkeit außenpolitischer Probleme als gängige Ware auf dem innenpolitischen Markt begrenzen lasse; denn diese bildeten, ob man das nun zugeben und darauf Rücksicht nehmen wollte oder nicht, unbestreitbar Probleme besonderer Art, die ihrer Natur nach nicht zur ausschließlichen inneren Angelegenheit einer Nation gehörten. Die sich

67 Wichtiges Beispiel: Die kurzentschlossene, zunächst noch ohne Etatisierung vollzogene Gründung des Völkerbundsreferats Anfang Februar 1923, nachdem die französische Ruhr-Invasion den Völkerbund für Deutschland als vermittelnde Instanz – auch von den Engländern so gedacht – viel attraktiver als früher gemacht hatte und das Auswärtige Amt sich eingehender mit Völkerbundsproblemen befassen und auf den Beitritt vorbereiten wollte (auch unter dem taktischen Gesichtspunkt, daß eine Entscheidung der Ruhr-Krise möglicherweise in Genf falle und die deutsche Beteiligung dann ratsam sei). Maltzan drängte bei den Experten der Parteien sehr auf eine rasche Unterstützung des Plans, und der Völkerrechtler und Reichstagsabgeordnete Schücking (DDP) vor allem war schnell dafür gewonnen. Er brachte, nachdem er sich vorher weiterer parlamentarischer Schützenhilfe versichert hatte, am 14. 2. 1923 einen entsprechenden Antrag im Haushaltsausschuß ein (PA, IB/Rep. II, Generalia 57 a, Bd. 2) und stand im übrigen in engem Kontakt mit dem ersten Völkerbundsreferenten und späteren Staatssekretär B. W. von Bülow.

ausweitenden Interesseneinflüsse und Mitsprachemöglichkeiten, die Gefahr der Dezentralisierung von außenpolitischen Entscheidungen durch separate Lösungen in Teilbereichen, die sich nicht mehr unter eindeutiger Kontrolle des Auswärtigen Amts befanden, und damit der drohende Verlust einer einheitlichen Konzeption und Durchführung von Außenpolitik waren alarmierende Begleiterscheinungen der an sich erwünschten und erforderlichen, während der Schülerschen Reformära forcierten Aufhebung der Abgegrenztheit des auswärtigen Dienstes. Diese politisch-gesellschaftliche Bedrohung der Einheitlichkeit und der Eigenständigkeit auswärtiger Politik und ihres zuständigen Ressorts veranlaßte das unentwegte Ringen des Auswärtigen Amts um seine Kompetenz für alle äußeren Angelegenheiten, ein Kampf, der 1918/19 in der Vorbereitung der Friedensverhandlungen begann, ab 1919 sich in der Ausführung des Friedensvertrages – Militärklauseln, Reparationen, Eigentumsfragen oder Gebietsabtretungen – fortsetzte und über die Jahre der Weimarer Zeit hinweg anhielt. Ich nenne als Beispiele die Militärfragen, die Auseinandersetzungen über die Gründung des interministeriellen Handelspolitischen Ausschusses im Februar 1925, die Vorbereitung der endgültigen Reparationslösung und den am Schluß verbissenen Kampf um die Führung in den hochbrisanten deutsch-polnischen Handelsvertrags-Verhandlungen 1928/29[68].

---

[68] Militärfragen: Akten der Reichskanzlei, Scheidemann, S. 379–81; viele Kontroversen mit Seeckt in: Akten der Reichskanzlei, Die Kabinette Luther I und II. Bearbeitet von K.-H. Minuth. Boppard 1977; Akten (wie Anm. 40), Bd. V, S. 223 f., Bd. VI, S. 186 (russische Probleme 1927). Ein Schlaglicht auf die „Atmosphäre" wirft Köpkes Brief (wie Anm. 1) über Abrüstungsfragen: „Die militärische Unterkommission macht den programmäßigen Blödsinn, und Bülow fährt nach Genf, um die mehr oder weniger törichte Erklärung, die Herr Dümmlein (so heißt er) über die Nichteinbeziehung der Polizei in die Kriegsreserve abgegeben hat, wieder gutzumachen. Das, was wir alle befürchteten, ist glücklich eingetroffen: die Militärs haben es verstanden, das schwierige Problem der Entwaffnung mit der Abrüstungsfrage zu vermengen. Daß aber durch dieses Intermezzo irgendwie politischer Schaden angerichtet würde, glaube ich nicht." Hschr. Randbemerkung Schuberts: „Warum hat man sie allein gelassen?" – Handelspolitischer Ausschuß: PA, Nachlaß Stresemann, Allg. Akten, Bd. 20 (7309 / H 158 095 f., 099), Auswärtiger Ausschuß des Reichstags, 5. 2. 1925; RM 2, Bd. 5, Haushaltsausschuß, 14. 2. 1925; Akten der Reichskanzlei, Luther, S. 65, Anm. 15, 102 f. – Reparationslösung: Aufzeichnung Ritter, 20. 10. 1927 (PA, RM 5, Bd. 21 – 3243 / D 724 841–

Die Kompetenzbedrohung, das beginnende Bestreben der verschiedenen Ressorts und Organisationen, ihre auswärtigen Beziehungen teilweise selber in die Hand zu nehmen oder wenigstens dabei Einfluß auszuüben, stellte sich auch ganz konkret in alltäglichen Fragen heraus, etwa bei der personellen Besetzung von Delegationen, der Übertragung einer Verhandlungsführung, der Beteiligung und dem Einfluß von Experten auf Konferenzen oder dem leidigen Thema der Entsendung von allen möglichen Attachés an die Auslandsmissionen. Während der Weimarer Republik hat sich das Auswärtige Amt in diesen Kämpfen unter großen Anstrengungen durchsetzen können[69]. Es bewahrte eine gewisse Sonderstellung in der inneren Struktur und der personellen Ausstattung gegenüber Spar- und Rationalisierungskommissionen, wobei man darauf verweisen konnte, daß man dergleichen schon selbst in die Hand genommen hatte und später sogar vom Gene-

---

47); Aufzeichnungen Schuberts, 8. u. 14. 11. 1927 (Akten – wie Anm. 40 – Bd. VII, S. 187 ff., 230 ff.). – Handelsvertrag Polen: Akten (wie Anm. 40), Bd. XI, S. 384; Briefe Rauschers in Nachlaß Müller (wie Anm. 10), Mappe III.

69 Das Beharren des Auswärtigen Amts auf seiner umfassenden Kompetenz läßt sich durch alle Kabinette der Weimarer Republik verfolgen. Dies ist ein auch in der Untersuchung internationaler Verhandlungen zu beachtender Unterschied zu dem englischen und dem französischen Außenministerium, die in Finanz- und Handelsfragen doch stärker von anderen Ressorts abhingen. Das wirkte sich bei internationalen Verhandlungen aus. Allerdings waren Absichten, das Auswärtige Amt auf die „reine" Außenpolitik zu beschneiden, auch in Deutschland gelegentlich angeklungen; etwa im Haushaltsausschuß des Reichstags, 14.–16. 2. 1923, PA, IB/Rep. II Generalia 57 a, Bd. 2. Siehe auch Anm. 68. – In der bewegten Anfangsphase der Weimarer Republik setzte das Auswärtige Amt auch zum Gegenangriff an, indem es 1920/21 Pläne des Reichskommissars Carl zur Konzentrierung, Rationalisierung und Neugliederung der Reichsressorts unterstützte. Von der stark betonten Sonderstellung und Kompetenzsicherung des auswärtigen Dienstes ausgehend befürwortete man vor allem eine Zusammenlegung des Reichswirtschaftsministeriums mit den Ministerien für Ernährung und Landwirtschaft und für Wiederaufbau. Damit wäre dem auf dem Felde der Außenwirtschaft gefährlichsten Rivalen eine starke innenpolitische Ausrichtung zuteil geworden, und er hätte außerdem die Last interner Vorklärungen mit der Landwirtschaft im Außenhandel zu tragen gehabt. PA, IB/Rep. IV, Geschäftsgang 27 adh. I, Bd. 6 (Simons, 8. 1. 1921).

ralagenten für die Reparationszahlungen, Gilbert, dafür gelobt wurde[70]. Man konnte sich auch wieder etwas lösen von dem Heerwurm des Expertentrosses, der anfangs vor allem auf Konferenzen aufzutreten pflegte, abschreckendstes Beispiel Versailles. Man verringerte die „Wasserköpfe" vieler Missionen[71], und man beharrte auf der uneingeschränkten Führungsposition im offiziellen Verkehr mit dem Ausland, wie sie in § 12 der Geschäftsordnung der Reichsregierung vom 3. 5. 1924 verankert wurde[72].

### *Organisation, Effizienz und personelle Konstellation*

Aber dieser ganze Problemkomplex – politisch-verfassungsmäßiger Umbruch 1918/19, Kompetenz und innenpolitische Stellung des Auswärtigen Amts sowie vor allem die außergewöhnlichen außenpolitischen Belastungen der unmittelbaren Nachkriegsjahre – erforderte ein voll aktionsfähiges Ressort, das hinsichtlich Organisation, Führungsstruktur und politischer Entschlossenheit auf der Höhe der Situation blieb. Offenbar war das jedoch, wenn zugleich der auswärtige Dienst reformiert werden sollte, zu viel verlangt. Jedenfalls war er in der Ära Schülers und unmittelbar danach, so groß auch deren Verdienste langfristig sein mochten, alles andere als auf der Höhe der Situation. Zwischen 1919 und 1921 hat sich das außenpolitische Entscheidungszentrum, von den maßgebenden Akteuren her betrachtet, zumeist verhältnismäßig weit vom Auswärtigen Amt entfernt befunden. Führende Parteivertreter, Experten und Interessenverbände spielten bei den Kabinettsentscheidungen eine wesentliche Rolle; das lag zum einen schon an den politisch und technisch verwickelten Problemen vornehmlich in der Reparationsfrage und überhaupt am auswärtigen Druck, zum anderen an den schwierigen Koalitionen und dem rapiden Machtverfall

---

70 Simons, 8. 1. 1921; Rundschreiben Reichssparkommissar Saemisch, 23. 5. 1923 (PA, IB/Rep. IV, Geschäftsgang 27 adh. I, Bd. 6, 7); Stresemann – Saemisch 19. 2. und Antwort 12. 3. 1924 (PA, IB/Rep. IV, Personalia Generalia 136 adh., Bd. 2). Gilbert: Akten (wie Anm. 40), Bd. VII, S. 36, 233.

71 Akten (wie Anm. 40), Bd. VI, S. 156, Aufzeichnung Schuberts vom 31. 7. 1927. Er wandte sich besonders gegen überflüssige Attachés und Spezialistenarbeit; „es ist eben, glaube ich, das Elend in Deutschland, daß häufig sehr viel, daß aber nicht das richtige gearbeitet wird".

72 Akten der Reichskanzlei, Die Kabinette Marx I und II. Bearbeitet von Günter Abramowski. Boppard 1973, S. 607.

der Regierung seit dem Kapp-Putsch sowie der mangelnden Entschiedenheit bei den Ministern und Staatssekretären des Auswärtigen. Doch es ließen sich nicht nur die ungünstigen, sehr labilen Situationen und die persönlichen Unzulänglichkeiten für einen Zustand verantwortlich machen, der durch Mangel an Erfolg und an außenpolitischer Stetigkeit und Klarheit gekennzeichnet war, was sich im raschen Wechsel an der Spitze widerspiegelte. Es herrschte auch im Auswärtigen Amt selbst, kurz gesagt, ein ziemliches Durcheinander, zweifellos eine Folge der Auflockerung der Struktur durch die Reform, durch die Neuorganisierung der Ländergruppenabteilungen anstelle der beherrschenden Politischen Abteilung des Kaiserreichs und durch die personellen Umschichtungen. Offensichtlich gab es zu viele Abteilungen – sechs Ländergruppenabteilungen, vier Sachabteilungen, dazu noch die Presse- und vorübergehend die Friedensabteilung. Ihre Kooperation und schon gar ihre Koordination war ebenso mangelhaft wie die Abgrenzung ihrer Kompetenzbereiche, der Geschäftsgang war unübersichtlich, und oft wußten die leitenden Beamten nicht hinreichend Bescheid[73].

Die Unklarheiten setzten sich an der Spitze fort. Es mochte noch verständlich sein, daß die ersten Reichsminister des Auswärtigen und diejenigen, die für ihre Bestellung verantwortlich waren, nach der jahrzehntelangen Tradition der Staatssekretäre in der Reichsleitung und dem nahtlosen Übergang vom Staatssekretär zum politischen Minister in ein und derselben Person, nämlich Graf Brockdorff-Rantzau, noch unsicher waren über ihr neues Selbstverständnis und über ihre Funktionen als parlamentarische Minister. Jedenfalls ist es für die politisch ungewohnte Lage charakteristisch, daß immerhin fünf Außenminister der Weimarer Republik, davon vier in den Anfangsjahren, als sogenannte Fachminister Karrierediplomaten gewesen sind und sich dementsprechend eher als „Oberstaatssekretäre" und nicht als politische Minister aufführten. Zeitweilig wurde der Posten vom Reichskanzler mitverwaltet[74]. Die Problematik wäre eher offenbar geworden, wenn

[73] Die Schwierigkeiten spiegelten sich besonders 1920 deutlich in den Akten wider; PA, IB/Rep. IV, Personalia Generalia 87, Bd. 7. – Bezeichnende Beispiele: Simons, 18. 9. und 2. 10. 1920 (PA, RM 2, Bd. 1), Stohrer, 4. 3. 1922 (PA, RM 5 h, Bd. 1 – 3398 / D 738 106).

[74] In der Krisensituation von 1923 und bei der Bedeutung außenpolitischer Entscheidungen mochte das während der Kanzlerschaft Stresemanns vielleicht für kurze Zeit angehen, grundsätzlich, etwa unter Wirth und Brüning, offenbarte es Schwächen des parlamentarisch-demokratischen

man daneben wenigstens einen starken und koordinierenden Staatssekretär gehabt hätte. Aber ein den eigenen Prinzipien widersprechendes Ergebnis der Reform bestand in der Schaffung von zwei Staatssekretären, für politische und wirtschaftliche Fragen, obwohl doch ein wesentliches Ziel gerade die Integration beider Bereiche war[75]. Das hatte Auswirkungen auf die gesamte Spitzengliederung und die Position der leitenden Beamten; denn schon auf der nächsten Ebene, den Abteilungen, waren politische und wirtschaftliche Fragen nicht mehr getrennt. Außerdem wurde die Position des Ministerialdirektors etwas entwertet durch die große Zahl relativ kleiner Abteilungen; Dirigenten hätten hier keine rechte Funktion gehabt, man brauchte höchstens noch Stellvertreter[76]. So setzte sich vom Minister bis hinunter in die Abteilungen der Mangel an einer sinnvollen und klaren Funktions- und Kompetenzzuweisung für jede Entscheidungsebene fort. All dies beeinträchtigte die Außenpolitik selbst, die weder eine klare Linie erhielt noch eine übergreifende, die anstehenden Probleme in Zusammenhang bringende Konzeption.

Genau an diesen Problemen der Führungsstruktur und der politischen Konzeption setzte man in der nächsten Organisationsphase an, die sich zu einer partiellen Korrektur der Schülerschen Reform und ihrer Mängel unter Beibehaltung ihrer Grundzüge entwickelte. Veranlaßt und

---

Regierungsverständnisses. Dafür war bezeichnend, daß unter beiden Kanzlern auch Überlegungen über reine Fachministerien ohne politische Spitze zutage traten, bei Wirth in der Form eines „Staatssekretärs in gehobener Stellung", PA, RM 2, Bd. 3 (Zeitungsmeldung vom 29. 10. 1922) – auch wenn zeitweilig der Gedanke des Offenhaltens für den Fall der Großen Koalition mitspielen mochte –, bei Brüning aus einer Konzentration der Regierungsgewalt und der Verkümmerung und Unbeliebtheit des Außenminister-Postens heraus; Akten (wie Anm. 40), Bd. 16, S. 260 f.

75 Schon am 31. 5. 1920 mußte eine Verfügung zur Beschränkung der Arbeitsgruppe des wirtschaftlichen Unterstaatssekretärs getroffen werden. Er sollte für alle Wirtschaftsfragen der Abteilungen zuständig sein, wollte aber nicht selbst eine entstehen lassen. Am 28. 10. 1921 mußte dann ein Kommissar für Wirtschaftsverhandlungen bestellt werden (von Stockhammern), am 8. 2. 1922 wurde sein Bereich neu geregelt; PA, IB/Rep. IV, Personalia Generalia 87 adh. I. – Hier lagen schon Keimzellen der 1936 wieder eingeführten Handelspolitischen Abteilung.

76 PA, IB/Rep. IV, Geschäftsgang 11 (Geschäftsverteilungspläne, besonders für 1920–22).

vorangetrieben wurde sie von einigen leitenden Beamten, die unter dem Druck schwieriger außenpolitischer Aufgaben standen und das vorhandene Instrumentarium als ungenügend erachteten, unter ihnen vor allem von Schubert, dessen erstaunliche Karriere im Spätsommer 1920 begann. Er war ein typischer Vertreter der bürgerlich-aristokratischen Elite des Kaiserreichs, war Neffe des ehemaligen Staatssekretärs von Kühlmann und gehörte zum „Bethmann-Stummschen Familienclan". So zeigte er von Beginn an das typische Selbstbewußtsein und die – auch geistige – Unabhängigkeit der Oberschicht, als er – nachdem er die Botschaft in London wieder eingerichtet hatte – in einem ausführlichen Brief an den Staatssekretär eine Abteilung verlangte, und zwar die Abteilung für das Britische Reich, weil er ganz bestimmte außenpolitische Vorstellungen verwirklichen wollte[77]. Er bekam die Abteilung, obwohl er sich mit seinen Vorstellungen anfangs zu seinem Ärger nicht recht durchsetzte. Gerade dies aber trieb ihn an, seine Stellung im Auswärtigen Amt auszubauen und eine effizientere Organisation anzustreben. Damit stand er nicht allein, aber er war am energischsten, und als Rosen, der hochgebildete Diplomat, bislang Gesandter im Haag, im ersten Kabinett Wirth von Mai bis Oktober 1921 Außenminister war, wurden die Grundlagen für die endgültige Organisation des Ressorts bis 1936 gelegt.

Schuberts Vorstellungen im Detail waren sicher nicht originell, aber, ausgehend von den praktischen Bedürfnissen der Außenpolitik in einer veränderten Umwelt, in sich schlüssig, und sie wurden aus unterschiedlichen Blickwinkeln und in wechselndem Umfang von hinreichend vielen wichtigen Leuten im Auswärtigen Amt und außerhalb geteilt, um sich durchzusetzen. Es ging vor allem um eine klare Funktions- und Kompetenzabgrenzung vom Referat als kleinster selbständiger Grundeinheit der Behörde bis zum Minister. Der Minister – und dies ist ein wesentliches Verdienst auch der praktischen Tätigkeit Schuberts in enger Verbindung mit Maltzan während dessen zweijähriger Amtszeit als Staatssekretär – sollte, in seiner Stellung als politischer Leiter präzise abgegrenzt, eine bestimmte Politik gestalten, nach innen und außen stetig verfolgen und für die notwendige Unterstützung in Parteien und Öffentlichkeit sorgen. Ihm sollte ein einziger Staatssekretär als Behördenchef zur sorgfältigen Erwägung und Vorbereitung außenpolitischer Konzeptionen, zur Koordinierung des ganzen Betriebs und zur Ent-

[77] PA, RM 2, Bd. 1 (2 Briefe Schuberts, 28. 7. 1920); Krüger (wie Anm. 8), S. 408–11.

lastung von Detailarbeit zur Seite stehen[78]. Außerdem sollte die Stellung der Ministerialdirektoren in den politisch wichtigen Abteilungen gestärkt, der ganze Dienst der Zentrale gestrafft und wieder übersichtlicher gestaltet werden. Deshalb bildete die Zusammenlegung der sechs Ländergruppenabteilungen in drei eine entscheidende Forderung; damit erhielten auch die Dirigenten als Leiter der Unterabteilungen zwischen Referatsleiter und Direktor einen sinnvollen Aufgabenkreis. Dazu gehörte auch die Abschaffung der Abteilung X, der Außenhandelsstelle – ein interessantes Experiment Schülers, einen Bereich enger Zusammenarbeit zwischen Wirtschaft und Auswärtigem Amt zu schaffen mit Informationen, Analysen und Empfehlungen für Außenhandel und Handelspolitik. Die Abteilung wurde rasch von beiden Partnern als schwerfällig, überbesetzt und wenig hilfreich eingeschätzt. Wahrscheinlich waren das nur Anfangsschwierigkeiten; heute ist der Gedanke in anderer Form verwirklicht[79]. Das alles waren für die weitere Entwicklung der leitenden Beamten, ihre Organisierung und die dringend nötige Konsolidierung – nicht zuletzt zur wirksamen Verteidigung von Kompetenz und Prestige des Auswärtigen Amts – Schritte von großer Bedeutung. Nachdem dies eingeleitet war, markierte das Revirement im Herbst 1921, anläßlich des Übergangs vom 1. zum 2. Kabinett Wirth, den Beginn der bis 1923/24 dauernden Entscheidungsphase für die

[78] Intern, im Kabinett und im Reichstag war die Frage eines einzigen Staatssekretärs 1920–22 immer wieder erörtert worden, z. B. Stellungnahme und Aufzeichnung Simons' zur Kabinettssitzung vom 20. 12. 1920, PA, IB/Rep. IV, Geschäftsgang 27 adh. I, Bd. 6; Akten der Reichskanzlei, Fehrenbach, S. 362 ff.; Haushaltsausschuß, 6. 3. 1922, PA, RM 2, Bd. 3. – Siehe auch die Denkschrift Kuenzers, ein Beamter aus Schuberts Abteilung, vom 30. 3. 1921 (ebd., Bd. 2 – K 652 / K 170 561–68).

[79] Siehe dazu den Beitrag von Kurt Doß in diesem Band, S. 96. – Das Widerstreben der Industrie war neben technischen Problemen auch auf das Mißtrauen vor jeder Art von staatlicher Kontrolle zurückzuführen, während man im Auswärtigen Amt die zu geringe Kontrolle über die Abteilung X mißbilligte und neidvoll auf die zahllosen Planstellen dort blickte, die im Zuge der Einsparungen anderswo fehlten, und außerdem befürchtete, die Alliierten würden mißtrauisch und darin einen „großen dumping-Apparat" sehen. Simons an Gneist, 1. 1. 1921; er wollte die Abteilung X „in die Luft sprengen" und zeigte sich von der Haltung des Reichsverbands der Deutschen Industrie, dessen Vorstand er angehört hatte, beeindruckt. Siehe auch Simons an Haniel, 30. 12. 1920 (PA, RM 2, Bd. 1 und 2 – K 652 / K 170 445–48, 516–22).

bereits erörterten Ausnahmekarrieren in der Zentrale. Denn die Verringerung der wichtigen Abteilungsleiterposten von sechs auf drei und die Vorentscheidung über die Anwartschaft auf den Staatssekretär-Posten mußte bei dieser Vorgeschichte in seltener Klarheit zeigen, wer die einflußreichen kommenden Männer im Auswärtigen Amt waren: Die Gewinner des Revirements vom Oktober/November 1921 waren Maltzan, Schubert, Köpke und Gaus; die Leiter der übrigen Ländergruppenabteilungen waren, wie Etats und Gliederungsschema ausweisen, nur mehr Platzhalter, weil es noch bis 1924 dauerte, ehe alle sechs Abteilungen tatsächlich zusammengefaßt waren[80]. Als Cuno Reichskanzler wurde (November 1922), erfolgte der Schritt zum umfassend zuständigen Staatssekretär. Maltzan hatte den Posten bis Dezember 1924 inne und bildete, besonders nach Beginn der Ära Stresemann im August 1923, zusammen mit seinem Freund Schubert ein Duumvirat in der Leitung des Amtes, bis Schubert sein Nachfolger wurde.

---

80 Am 22. 10. 1921 demissionierte das 1. Kabinett Wirth. Im kurz darauf gebildeten 2. Kabinett Wirth wurde Rosen nicht mehr berücksichtigt. In der ersten Sitzung des neuen Kabinetts am 27. 10. sagte Wirth, er werde auch das Auswärtige Amt übernehmen und es „so führen, daß man dort in jeder einzelnen Minute übersehen könne, was geschehe" (Akten der Reichskanzlei, Wirth, S. 340 f., 346); trotz dieses Vorwurfs war von energischer Leitung keine Rede. Bekannt ist, daß Wirth zum Zwecke einer intensivierten Ostpolitik Maltzan zum Leiter der Ostabteilung machen wollte. Unbekannt blieb indessen, daß schon einen Tag später, am 28. 10., die Verfügung Haniels erging, die britische und die amerikanische Abteilung zur neuen Abteilung III unter Schubert zu verschmelzen; PA, IB/Rep. IV, Personalia Generalia 87 adh. I. Damit wurde ein seit Frühsommer 1921 de facto bestehender Zustand legalisiert, und die Abteilung III war die erste Abteilung neuen Stils, die 2 ältere Abteilungen zusammenfaßte, und nicht die Ostabteilung, die Maltzan sofort nach der Ablösung Behrendts am 3. 11. 1921 übernahm, oder die Westabteilung. Beider Konturen zeigten sich zwar schon in der künftigen Benennung der übrigen 4 Abteilungen als IIa und IIb, bzw. IVa und IVb, doch übernahm Köpke, der zunächst die Rechtsabteilung innehatte, erst am 23. 5. 1923 die vereinigte Abteilung II, während die Abteilung IV (Osteuropa und Ferner Osten) erst im Herbst 1924 unter Wallroth zusammengefaßt wurde. Gaus übernahm dann von Köpke die Rechtsabteilung – nach längerer Anwartschaft. PA, IB/Rep. IV, Geschäftsgang 11; außerdem die Geschäftsverteilungspläne in den Bänden der Akten zur deutschen auswärtigen Politik 1918–1945, Serie B. Also nicht nur Maltzan war im Herbst 1921 der „kommende Mann".

Es unterstreicht den raschen Prozeß der Verjüngung und Umstrukturierung, daß die 9 Ausnahmekarrieren ebenso wie die 25 steilen Karrieren insgesamt ganz überwiegend in den Zeitraum von 1919–1924 fallen. Und auf Grund all dieser Daten, in Verbindung gebracht mit den Ergebnissen der Erforschung politischer Entwicklungen sowie der engeren persönlichen Kontakte, läßt sich nun auch die maßgebende Führungsgruppe im Auswärtigen Amt von Mitte 1921 bis Frühjahr 1930 bestimmen (weitgehend also in der Stresemann-Ära): Neben von Simson und von Maltzan für die wichtige Anfangsphase (Ende 1922 bzw. Ende 1924 aus der Zentrale ausgeschieden) durchgehend von Schubert, Köpke, Gaus und ab 1922 Ritter. Die besonders einflußreiche Stellung dieser Spitzenbeamten wird unterstrichen durch die lange Amtszeit in ihren Positionen. Schubert blieb von allen Staatssekretären während der Weimarer Zeit am längsten auf diesem Posten, nämlich von Ende 1924 bis Mitte 1930. Außerdem versah er seit 1923 schon die Stellvertretung des Staatssekretärs. Die drei Ministerialdirektoren Köpke (West- und Südostabteilung, zugleich stellvertretender Staatssekretär), Gaus (Rechtsabteilung) und Ritter (Wirtschaft und Reparationen) leiteten ihre Abteilungen über das Ende der Republik hinaus. Die Gruppe veränderte sich 1929/30, und ihr Einfluß sank allmählich bis zur Neuorganisation 1936 unter anderem deshalb, weil sie nach dem Tode Stresemanns und der nachfolgenden Ausschaltung Schuberts ihre Führungsfiguren verlor. Schuberts Nachfolger Bülow vertrat eine andere außenpolitische Linie, hatte andere persönliche Verbindungen – Brüning, Weizsäcker, Dieckhoff, Neurath –, und beide standen zuletzt auch persönlich in scharfem Gegensatz zueinander.

Bemerkenswert an der jungen und in ihren fachlichen Auffassungen modernen Führungsgruppe der 20er Jahre ist schließlich, daß vom Vorrang des Adels keine Rede mehr sein konnte. Der Eindruck bleibt auch dann bestehen, wenn man den Kreis etwa um die wichtigen Ministerialdirektoren de Haas (Abt. III als Nachfolger Schuberts) und Schneider (Personalabt.) und um die Dirigenten von Bülow, von Dirksen und Trautmann erweitert. Die bedeutendsten und einflußreichsten Missionschefs waren zweifellos von Hoesch (Paris) und Rauscher (Warschau), die ebenfalls über viele Jahre auf ihren Posten blieben. Einen Sonderfall stellte der über das Auswärtige Amt hinausreichende Einfluß des Botschafters in Moskau Graf Brockdorff-Rantzau dar, der allerdings eher störend in Erscheinung trat. Er hatte sich das Recht der unmittelbaren Berichterstattung an den Reichspräsidenten ausbedungen, war von besonderem Wert für die Pflege der deutsch-sowjetischen Beziehungen, übte aber trotz aller Bemühungen keinen Einfluß mehr auf die durch Locarno und die Westorientierung geprägte Gesamtpolitik aus[81]. Von den Anfangsjahren mit ihren häufigen Wechseln und organisatorischen Veränderungen hob sich die Phase von 1922–30 in ihrer Konstanz bemerkenswert ab, deutliches Zeichen der Konsolidierung des auswärtigen Dienstes und der zielbewußten Stetigkeit in der Außenpolitik, während es nach 1930 in jeder Hinsicht wieder hektischer zuging. Mit Stresemann und Schubert endete eine Epoche.

### *Organisation und Außenpolitik*

Das Auswärtige Amt rückte in jener Phase von 1923–30 auch wieder sichtbar in das Zentrum der außenpolitischen Entscheidungsebene. Dafür bildete seine Modernisierung und Konsolidierung, seine volle Funktionsfähigkeit die unentbehrliche Voraussetzung. Bedeutsam wurde darüber hinaus aber die Persönlichkeit Stresemanns, auch er eine Ausnahmeerscheinung schon im äußeren Bild des maßgebenden Ministers über viele Jahre hinweg – von 1923 bis 29, der einzig feste Punkt im raschen Fluß der Kabinette. Jetzt wirkte sich die erreichte klare Aufgabenabstimmung zwischen Minister und Ressort vorteilhaft aus. Stresemann prägte den Stil der für die Weimarer Zeit typischen deutschen Außenpolitik und kämpfte für ihre Durchsetzung nach innen und außen. Dabei verkörperte er als Vollblut-Parlamentarier, auf Grund seiner glänzenden Rhetorik und seiner beachtlichen, temperamentvollen schriftlichen Formulierungsfähigkeit, seiner geschäftigen, aufmerksam gepflegten Kontakte zu allen wichtigen Gruppen der Gesellschaft, voran der Wirtschaft, und seines vertraut-legeren und gekonnten Umgangs mit der Presse den Typ des modernen, in Deutschland damals seltenen politisch-parlamentarischen Ministers. Das nützte der Stellung, der Kompetenz und dem Prestige des Auswärtigen Amts ungemein, so wie ein handlungsfähiges und loyales Auswärtiges Amt zur starken Stütze und Hausmacht seines Ministers wurde – und Stresemann hatte dergleichen in den labilen politischen Verhältnissen auch der zweiten Hälfte der 20er Jahre nötig.

---

81 Häufig kam es zu Zusammenstößen zwischen Brockdorff-Rantzau und Schubert oder Stresemann, besonders 1925, als es um das Verhältnis der Ostpolitik zur Westpolitik ging; siehe u. a. PA, St.S. ORu, Bd. 2, 3, 3 app. 1.

Es war ein günstiger Umstand, daß ihm in Schubert ein mächtiger, sicher menschlich schwieriger, aber ungewöhnlich redlicher Staatssekretär zur Seite stand, der ihm nicht nur als Behördenchef und mit der sorgfältigen Erledigung aller Organisations-, Vorbereitungs- und Routinearbeit den Rücken frei hielt[82], sondern selber zu den wesentlichen Gestaltern und Initiatoren Weimarer Außenpolitik gehörte. Bei Stresemann waren die engen Kontakte zu maßgebenden Vertretern der Parteien, der Wirtschaft etc. selbstverständlich, bei seinem oft schwerfällig wirkenden, peniblen, jeder brillierenden Leichtigkeit und Eleganz ermangelnden Staatssekretär weit weniger. Dabei hatte Schubert stets gute und vertrauliche Kontakte zu führenden SPD-Politikern wie Hilferding und Breitscheid; aber auch etwa zu Hoetzsch vom gemäßigten Flügel der DNVP. Zu den deutschen Völkerbundsdelegationen gehörten stets führende Reichstagsabgeordnete der die Regierung stützenden

[82] Zwei Zeugnisse für die enge Zusammenarbeit mit dem Minister und das Gefühl der Stärkung und Bewegungsfreiheit, das Stresemann persönlich und seine Stellung im Kabinett den führenden Beamten vermittelten: 1) Telegramm Schuberts an Stresemann, 13. 8. 1928 (PA, St.S. Q, Bd. 2 – 4572 / E 170 174): „Mit der Beamtenschaft des Auswärtigen Amts gedenke ich heute des Tages, an dem Sie in schwer bedrängter Zeit die Leitung der Außenpolitik des Reiches übernommen haben. Erfolge und Arbeit im Dienste des Vaterlandes haben Sie mit dem Auswärtigen Amt in diesen fünf Jahren untrennbar verbunden, und darum hoffen wir, daß Sie bald und für immer neu gestärkt hierher zurückkehren werden." – 2) Nachruf Schuberts auf Stresemann im Kabinett 3. 10. 1929 (Akten der Reichskanzlei, Müller II, S. 991): „Das Auswärtige Amt verliere in dem Verstorbenen den Leiter von unermüdlicher Tatkraft und klarem Blick für die großen entscheidenden Fragen. Er habe es verstanden, sich diesen Fragen zu widmen, ohne sich mit den Angelegenheiten geringerer Bedeutung übermäßig zu belasten. In diesen habe er dem Auswärtigen Amt weitgehende Freiheit gelassen in vollem Vertrauen auf seine Zuverlässigkeit und Leistungsfähigkeit. Das habe den ihm unterstellten Beamten den Ansporn gegeben und ihre Arbeit besonders befriedigend gestaltet. Mit verständnisvoller Sorgfalt habe er sich des Schicksals seiner Beamtenschaft angenommen. So verlieren diese in ihm den gütigen und gerechten Vorgesetzten." – Darüber hinaus sah Gustav Strohm, jahrelang Schuberts Büroleiter, in seinem Chef „einen Bürgen dafür, daß im Auswärtigen Amt damals keine reaktionäre Tendenz aufkam; unter ihm [Schubert] war die Beamtenschaft liberal und der internationalen Verständigung zugetan"; Felix Hirsch, Stresemann. Ein Lebensbild. Göttingen–Zürich 1978, S. 170.

Parteien. Schubert nutzte auch die Informationen und Verbindungen von Bankiers, Geschäftsleuten und Industriellen, hatte allerdings keine engen Beziehungen zur rheinisch-westfälischen Schwerindustrie. Wie eine Reihe anderer leitender Beamter auch, entstammte er denselben Kreisen wie viele einflußreiche Geschäftsleute. Er bediente sich gelegentlich informeller Kanäle im Ausland, besonders der Entsendung angesehener Privatleute wie etwa Harry Graf Kesslers, mit dem er locker befreundet war[83]. Das alles hatte sich weit entfernt von dem abgehobenen Arkanbereich aristokratischer Diplomatie in vergangenen Zeiten. Die, wenn auch einseitigen, Impulse Schülers zu intensiver Einbeziehung, ja enger Zusammenarbeit mit der Wirtschaft hatten nachhaltige Folgen, nachhaltiger, als selbst ihrem Initiator, der schon früh auch mit den problematischen Folgen seiner Reform konfrontiert wurde, lieb sein konnte. Eine kleine Episode in der Reformära erhellte schlaglichtartig künftige Gefahren, denen Schüler offenbar nicht völlig entgangen ist. Nölting, einer der neuen Außenseiter aus der Wirtschaft und Leiter der Wirtschaftsnachrichtenstelle in Bern, war unzufrieden mit einigen organisatorischen Maßnahmen und schrieb am 27. 11. 1919 dem Auswärtigen Amt: „Sie [Knipping] sagen, ‚das gute alte Auswärtige Amt im Schlepptau der Verbände' sei eine Vorstellung, auf die kein Minister hüpfen könne! [...] Man überlege doch einmal, was Verbände eigentlich sind! Ein Zusammenschluß von Kaufleuten und Industriellen zum Zwecke der besseren Wahrung ihrer gemeinsamen Interessen. Dazu haben sie das ganze deutsche Wirtschaftsleben organisiert. Wenn nun durch die Verbände ein Thema zur Diskussion beim Auswärtigen Amt vorgebracht wird, dann ist doch wohl anzunehmen, daß dies erst nach gründlicher Verarbeitung der Wünsche der deutschen Wirtschaftskreise durch die Verbands-Zentralstellen geschieht." Dieses ungebrochene Selbstbewußtsein steigerte sich noch bei dem Hinweis, daß der „Extrakt" der wirtschaftlichen Bedürfnisse die wirtschaftlichpolitischen Leitlinien liefere. Wenn die Außenhandelsstellen nicht beim Auswärtigen Amt eingegliedert und gefördert würden, dann machten die Verbände die Sache selbst und damit auch die Politik, während das Auswärtige Amt dann nur noch ausführendes Organ sei. Dies mußte den Beamten der Wilhelmstraße die Augen dafür öffnen, wohin

83 Harry Graf Kessler, Tagebücher 1918–1937. Hg. Wolfgang Pfeiffer-Belli. Frankfurt am Main 1961, S. 360–89.

man geriet bei zu starker Berücksichtigung und Einbeziehung der Wirtschaft in die Personalrekrutierung[84].
Gerade im Zuge der vorrangigen Kompetenzwahrung mußte das Auswärtige Amt sich entschieden dagegen zur Wehr setzen, daß Kooperation und Öffnung unversehens in den Einfluß und den Druck der Interessenten übergingen. Die Außenpolitik sollte möglichst unabhängig gehalten und weder in das „Schlepptau der Verbände" noch der Experten genommen werden. Man brauchte andererseits die Experten, besonders die loyalen und sorgsam urteilenden unter ihnen, wie die Hamburger Bankiers Max Warburg und Carl Melchior oder den Wirtschaftswissenschaftler Moritz Julius Bonn. Interessant waren die engen persönlichen Verbindungen zwischen den Spitzenbeamten und dem Reichsverband der Deutschen Industrie. Nicht nur war Simons einige Zeit in dessen Vorstand, bevor er Außenminister wurde, bemerkenswerter war noch die Stellung von Simsons, nachdem er Ende 1922 das Auswärtige Amt verlassen hatte und in den Aufsichtsrat der IG-Farben und in das Präsidium des Reichsverbands eingetreten war. Er blieb Staatssekretär z. D. und wurde immer wieder mit der Führung von Delegationen beauftragt, und zwar nicht nur wirtschaftlichen. So leitete er die deutsche Delegation bei den völkerrechtlich und politisch komplizierten, Schubert besonders am Herzen liegenden Verhandlungen im Sicherheitskomitee des Völkerbunds 1928[85]. Beachtenswert ist noch, daß es sich vornehmlich um persönliche Verbindungen mit den techno-

---

84 Nur Schülers Reaktion war ausgesprochen entgegenkommend und läßt vermuten, daß er gelegentlich zu sehr in die wirtschaftlichen Aspekte vernarrt war. Er entschuldigte sich fast und betonte, er habe stets die wirtschaftlichen Interessen in der Diplomatie und ihrer Organisation vertreten. Schmerzlich berührt sei er über die Behauptung, er „sei auf die Verbände nicht gut zu sprechen. [...] Wer hat denn die Außenhandelsstellen erfunden?" PA, IB/Rep. IV, Personalia Generalia 87, Bd. 7.

85 Schubert an Stresemann, 12. 2. 1928 (PA, St.S. Q, Bd. 2 - 4572/E 170 113–18). – Direkte Einflußnahme des RDI und Verwischung der Kompetenzen lehnte das AA ab, etwa die Pläne für einen Wirtschaftsdienst mit eigener Organisation im In- und Ausland, eigenem Ressort nach Art des englischen Board of Trade und eigener wirtschaftsdiplomatischer Laufbahn. Dies gehörte in den Zusammenhang der Auseinandersetzungen vom Februar 1925 (s. S. 142 Anm. 68). Der RDI hatte Kontakte geknüpft zu LegRat Wendler (Botschaft London), dessen Auffassungen kaum den Beifall der AA-Spitze gefunden hätten. Vorstand des RDI, Sitzungsprotokoll 15. 4. 1925 und Aufz. Juli 1925, Bayer-Archiv, 62–10.

logisch fortgeschrittenen, an der Weltwirtschaft besonders interessierten Industrien handelte.
Die Beziehungen zu anderen Ministerien waren naturgemäß unterschiedlich. Die Rivalität mit dem Reichswirtschaftsministerium wegen der Zuständigkeit in der Handelspolitik wurde dadurch gemildert, daß der Minister Curtius ein loyaler Parteifreund Stresemanns und das persönliche Verhältnis Ritters zum führenden Handelspolitiker in diesem Ministerium, Ministerialdirektor Posse, gut und vertraut war und auf ähnlichen Überzeugungen aufbauen konnte. Posse leitete als Kommissar des Auswärtigen Amts auch einige für die Gesamtpolitik ganz wesentliche Handelsverhandlungen, besonders mit Frankreich[86]. Der gemeinsame Gegner in der Handelspolitik war das protektionistische Ministerium für Ernährung und Landwirtschaft. Das Reichsfinanzministerium war federführend in Reparationsangelegenheiten, was manchmal zu Schwierigkeiten führte. Verhandlungen mit dem Ausland blieben auch hier allerdings Sache des Auswärtigen Amts. Stets mehr oder weniger schwierig bis zu scharfen Zusammenstößen blieb das Verhältnis zum Reichswehrministerium auf Grund der Diskrepanzen von der Rüstungs- und Abrüstungspolitik bis hin zu außenpolitischen Grundfragen, obwohl seit dem Ende der Ära Seeckt im Herbst 1926 für einige Jahre eine gewisse Entspannung eintrat. Aber das Mißtrauen und die Sarkasmen gegenüber „unseren Freunden in der Augustastraße" blieben stets auf der Tagesordnung[87].
Insgesamt gesehen hat sich das Auswärtige Amt der Weimarer Zeit den neuen personellen und organisatorischen Anforderungen, dem gesellschaftlichen Wandel und den Veränderungen des politischen Systems wie der außenpolitischen Aufgaben nicht ohne Erfolg gestellt und sich selbst verändert, mochte auch im einzelnen noch längst nicht alles befriedigen und manche Unbeholfenheit und Fehleinschätzung auf innenpolitischem Terrain und im Umgang mit der Öffentlichkeit zu verzeichnen sein. Obwohl eine gewisse Sonderstellung des Auswärtigen Amts und seiner Führungselite innerhalb der hohen Reichsbürokratie noch erhalten blieb, war doch der Schritt zur durchstruktu-

---

86 Schubert an Posse, 17. 8. 1927 (Akten – wie Anm. 40 – Bd. VI, Dok. Nr. 120, Anm. 3).

87 Von „joint operational planning" und ähnlichen Dingen, die Gaines Post jr., The civil-military fabric of Weimar foreign policy. Princeton 1973, behauptet, kann überhaupt keine Rede sein (was auch für den Buchtitel gilt).

rierten, anderen Ressorts ähnlichen, bürokratischen Großorganisation getan, die allerdings – wie alle derartigen modernen Gebilde – ständig auf Übersicht und straffe Zusammenfassung bedacht sein mußte, um den zentrifugalen Tendenzen einer schon von den wachsenden Aufgaben her sich ständig vermehrenden Behörde entgegenzuwirken. Vermehrung und Fortentwicklung auch im Bereich der leitenden Beamten war ebenfalls eine unvermeidbare Folge des verstärkten Eingehens auf gesellschaftliche Interessen, vor allem in der Wirtschaft.

Schülers Reform war eine erste Antwort auf diese Herausforderung. In den 20er Jahren waren sich die Politiker und die Leitung des Auswärtigen Amts schon in bemerkenswerter Weise dieser Wandlungen und ihres Zusammenhangs mit den vermehrten Eingriffen und sich rapide ausdehnenden Tätigkeitsbereichen des Staates bewußt geworden. Im Haushaltsausschuß des Reichstags führte der Abgeordnete Haas (DDP) am 24. 1. 1921[88] aus: Der auswärtige Dienst müsse die „Volkskräfte" kennen, nicht nur Informationen der gehobenen Schichten sammeln. Das erfordere eine umfassende Ausbildung; der diplomatische Dilettant genüge nicht mehr, der auswärtige Dienst stehe vor einem viel größeren Betätigungsfeld, weil der Staat seine Tätigkeit so sehr ausdehne und „weil durch die Entwicklung des Staatsgedankens während des Weltkriegs die Politik überhaupt sich sehr viel mehr mit der Tätigkeit der Gesellschaft des Landes durchsetzt habe wie früher." Stresemann beschwor in einem eindringlichen Schreiben vom 19. 2. 1924, das der Staatssekretär und die Direktoren mitzeichneten, den Reichssparkommissar Saemisch, die Stelleneinsparung nicht zu weit zu treiben, und verwies auf die Bedeutung des auswärtigen Dienstes für den wirtschaftlichen und politischen Wiederaufbau und die sich im Zuge der Entwicklung seit dem Ersten Weltkrieg ungeheuer ausdehnenden und komplizierenden Aufgaben, denen das Auswärtige Amt nur bei adäquater Organisation – die sei nun vorhanden – und personeller Ausstattung gewachsen sei[89]. Nach den mageren Jahren der Einsparungen – 1924 waren nicht einmal neue Anwärter für den mittleren und höheren auswärtigen Dienst eingestellt worden – sei es nun an der Zeit, so schrieb Schubert in einem Runderlaß vom 15. 4. 1925, den langfristigen, planmäßigen Ausbau in Angriff zu nehmen, und zwar vornehmlich zur Unterstützung der deutschen Außenwirtschaft

---

[88] PA, IB/Rep. IV, Personalia Generalia 87, Bd. 9.

[89] PA, IB/Rep. IV, Personalia Generalia 136 adh., Bd. 2.

mit Hilfe neuer Auslandsvertretungen. Gedacht war in erster Linie an Konsulate in jenen Gegenden, die voraussichtlich unter wirtschaftlich-politischen Aspekten für das Reich interessant werden würden, also nicht erst in bloßer Reaktion auf bereits vollzogene Entwicklungen. Das ließ sich weithin verwirklichen. Außerdem gelang es, wieder einen Einstellungsschub junger Attachés durchzusetzen; 1925 und 1926 je 29, 1927 noch einmal 22[90].

Aber schließlich: welche Folgen hatte diese strukturelle und teilweise personelle Erneuerung für die Außenpolitik? Das reorganisierte, konsolidierte Auswärtige Amt bildete die Voraussetzung, das notwendige Instrumentarium für Locarno und die gemäßigte Großmacht- und Verständigungspolitik Stresemanns und für ihr Pendant, die Politik weltwirtschaftlicher Verflechtung. Es besteht da insofern ein unmittelbarer Zusammenhang, als die Unzulänglichkeiten und die Zerfahrenheit der deutschen Außenpolitik in den ersten Nachkriegsjahren verstärkt diejenigen Beamten auf den Plan riefen, die diesem Übel energisch zu Leibe rücken und eine klare Linie in die Politik bringen wollten. Dazu waren personelle und organisatorische Umgruppierungen erforderlich, die seit 1921 in Angriff genommen und dann noch – vor allem im Hinblick auf eine alternative Konzeption – intensiviert wurden durch das Debakel von Rapallo. Es soll hier nicht über Wert oder Unwert des Rapallovertrags gesprochen werden – Schubert vor allem ließ keinen Zweifel an seiner Ablehnung –, sondern von dem konzeptionellen und organisatorisch-personellen Fiasko, das sich in der Vorgeschichte und der Art des Zustandekommens dieses Vertrages darstellte. Er war das Ergebnis einer durchaus unkoordinierten, von bestimmten Gruppen forcierten Politik, welche die Mängel der zerfahrenen Entscheidungsstruktur in den Anfangsjahren noch einmal aufdeckte. West- und Ostpolitik – von allem anderen einmal abgesehen – hingen unverbunden nebeneinander. Dies spornte sozusagen die Gegengruppe, diejenigen, die schließlich unter Schuberts Führung den Weg nach Locarno vor-

---

90 Darüber gibt vor allem Auskunft: PA, IB/Rep. IV, Personalia Generalia 87 adh. II, Bd. 1 und 2. Schwerpunkte der Vermehrung konsularischer Vertretungen waren Frankreich und seine Kolonien (seit dem Handelsabkommen mit Frankreich vom 17. 8. 1927 vor allem), USA, der Ferne Osten, Lateinamerika, aber auch Europa. In einer Aufstellung der Denkschrift „Die Aufgaben und Ausgaben des auswärtigen Dienstes 1930" wird der Stand am 1. 4. 1929 mit dem vom 1. 4. 1924 verglichen (Daten des Haushaltsjahres). Demzufolge stieg die Zahl der Generalkonsulate von 23 auf 34, die der Konsulate von 36 auf 94.

bereiteten, besonders dazu an, ihre Politik durchzusetzen und sich damit als Führungsgruppe innerhalb des Auswärtigen Amts zu etablieren. Sicher gibt es kein zwangsläufiges Verhältnis zwischen gesellschaftlichem System, Organisation des auswärtigen Dienstes, Formierung seiner Funktionselite und einer bestimmten Außenpolitik. Aber die abschließende Feststellung geht wohl nicht zu weit, daß zwischen diesen Faktoren in einer sich entfaltenden parlamentarisch-pluralistischen Industriegesellschaft mit allmählich weltweiter Interdependenz ein klarer Zusammenhang besteht, der eine Politik der politischen und wirtschaftlichen Verständigung und der weltwirtschaftlichen Verflechtung durchaus auch als sinnvolle Konsequenz aus der Reform des Auswärtigen Amtes sowie aus dem Selbstverständnis und der Organisierung seiner Führung verstehen läßt.

## IV. DIE JAHRE NACH 1930: DAS ENDE EINER ÄRA – EINE ÜBERGANGSPHASE INS UNGEWISSE

Von erheblicher Bedeutung für die weitere außenpolitische Entwicklung war das Revirement des Jahres 1930, das nur zu verstehen ist als Folge eines bedeutsamen Einschnitts: Das Ende der Ära Stresemann, der Zerfall der großen Koalition unter Hermann Müller, der letzten parlamentarischen Regierung der Weimarer Republik, und der Beginn einer Phase der Präsidialregierungen in einer Zeit rasch zunehmender wirtschaftlicher und politischer Krisenerscheinungen und innenpolitischer Konfrontationen. Verschärfte nationalistische Forderungen trieben eine forcierte Revisionspolitik voran. Die Locarno-Politik, eine Politik fortdauernder Verständigungsbemühungen, engerer Zusammenarbeit zwischen den Mächten und internationaler Verflechtungen und Bindungen wich einer dezidierten Großmachtpolitik der „freien Hand" unter Vermeidung oder Abstreifung internationaler „Fesseln". So endete im März 1930 die Weimarer Außenpolitik im eigentlichen Sinne.
Der Wechsel wurde in der Öffentlichkeit – Reichstag und Presse – lebhaft diskutiert und als tiefgreifend empfunden, um so mehr als er mit einem lang erwarteten, seit 1928 intern erörterten größeren Revirement im Auswärtigen Amt verbunden war[91]. Angelpunkt war die Neubeset-

[91] Zum folgenden in erster Linie PA, RM 2, Bd. 6–8; Nachlaß Müller (wie Anm. 10), Mappe I und III (besonders Nr. 3 und 4); Akten der Reichs-

zung der Botschaft in London, wo Sthamer, gerade weil Stresemann aus politischen Gründen dieses Revirement verschieben wollte, weit über die Altersgrenze hinaus geblieben, inzwischen aber selber amtsmüde geworden war – der attraktivste Posten, der zur Verfügung stand und eine Kette von weiteren Wechseln ermöglichte. Hinzu kam der verstärkte Druck des Reichspräsidenten Hindenburg und der hinter ihm stehenden konservativen Kreise, um auf wichtige Personalentscheidungen Einfluß zu nehmen. Zu diesem Zweck bediente er sich vor allem einer extensiven Auslegung des Artikels 45 der Weimarer Reichsverfassung. Außerdem forderte das Zentrum immer nachdrücklicher Berücksichtigung seiner Personalwünsche in der Regierung Müller, besonders als diese ihrem Ende entgegenging. Schließlich ließ sich nicht mehr übersehen, daß die unter dem Druck der Rezession immer heftiger werdende Kritik der Parteien, vor allem der Rechten und ihrer Presse, an der übermäßigen Personalausstattung des auswärtigen Dienstes nicht nur aus Gründen der Sparsamkeit erfolgte, sondern auch das Ziel hatte, die Restbastionen Stresemannscher Außen- und Personalpolitik sturmreif zu schießen[92]. Nachdem Wallroth (Gesandter in Oslo) 1929, de Haas (Leiter der Abteilung III), Adolf Köster (Gesandter in Belgrad), Rauscher und Sthamer 1930 überraschend verstorben oder pensioniert worden waren, gab es unter den Spitzenbeamten keine Außenseiter mehr. Entscheidend aber war der Wechsel auf dem Posten des Staatssekretärs, heftig gefordert besonders von der Rechten und

---

kanzlei, Die Kabinette Brüning I und II. Bearbeitet von Tilman Koops, Bd. 1. Boppard 1982, S. 93 f. (3. 5. 1930); Akten (wie Anm. 40), Bd. X, bes. Nr. 50, 63, 141, 149 wegen des Botschafterpostens in Moskau, der durch den Tod Brockdorff-Rantzaus, 3. 9. 1928, vakant geworden war, und die Ambitionen Nadolnys auf die Nachfolge. Damals konnte der Beginn des großen Revirements und damit eine Beeinträchtigung der Führungsgruppe des Auswärtigen Amts, die gerade zur Lösung des Reparations- und Räumungsproblems ansetzte, verhindert werden. Siehe auch Heineman (wie Anm. 7), S. 37–45 (interessante Details zur Personalentwicklung 1928–32). Auf den Fall Nadolny, des selbsternannten Dauerkandidaten für fast alle wesentlichen Aufgaben, gehe ich hier nicht weiter ein. – Die gesamte Entwicklung des auswärtigen Dienstes zwischen 1929 und 1938 müßte noch genauer untersucht werden.

92 PA, IB/Rep. IV, Personalia Generalia 87 adh. II, Bd. 2–4. Drastische Einschränkungen wurden beim Fortschreiten der Krise auf Grund der Haushaltspolitik unumgänglich; es konnten auch nur noch wenige neue Attachés pro Jahr eingestellt werden.

nach einer Übergangsfrist von Brüning vollzogen, allerdings, wie es scheint, mit einem gewissen Bedauern[93]. Schubert als letztes Bollwerk der Locarno-Politik war nicht länger tragbar; sein Nachfolger wurde Bülow, der ein enges persönliches Verhältnis zu Brüning hatte und sofort eine offensivere und härtere Linie in die deutsche Außenpolitik brachte[94]. Schließlich wurde, wie nicht anders zu erwarten, der Leiter der Abteilung I, Schneider, abgelöst; ihm folgte Roland Köster. Der Nachfolger de Haas' wurde der Botschaftsrat in London, der Katholik Dieckhoff, eine der bedeutendsten Persönlichkeiten im auswärtigen Dienst der dreißiger Jahre. Nach Warschau kam von Moltke, nach Belgrad von Hassell und nach London ging von Neurath, was Stresemann, als er sich in der Moskauer Frage durchsetzte, dem Reichspräsidenten im November 1928 hatte versprechen müssen[95]. Schubert wurde Botschafter in Rom. Unter Reichskanzler von Papen kam dieser Reigen zugunsten einer deutlich konservativeren und nationalistischeren Führungsgruppe im Auswärtigen Amt zum Abschluß, als Schubert endgültig ausgebootet und zur Disposition gestellt, Neurath Außenminister, Hassell Botschafter in Rom und Roland Köster Botschafter in Paris wurde, während Hoesch nach London ging und der erstaunlicherweise unter Brüning noch gehaltene Pressechef Walter Zechlin ausschied.
Die Gewichtsverlagerung innerhalb der Führungsgruppe des auswärtigen Dienstes fand Unterstützung in einer funktionalen Verschiebung im Rahmen der Organisationsstruktur: Köpke war ein Mann des Ausgleichs, hatte ein gutes Verhältnis nicht nur zu Schubert, sondern auch zu Neurath[96] und Bülow; aber von ihm und seiner Abteilung gingen keine bedeutsamen Impulse aus. Die politische Bedeutung von Gaus hatte teilweise auf der intimen Zusammenarbeit mit Schubert beruht; er fiel nun zurück auf seine wenn auch immer noch wichtige und unangefochtene Bedeutung als Leiter der Rechtsabteilung. In ähnlicher Weise auf sein engeres Arbeitsgebiet der Außenwirtschaftspolitik zurückverwiesen, dort allerdings nach wie vor eine Schlüsselfigur, war

[93] Heinrich Brüning, Memoiren 1918–1934. Stuttgart 1970, S. 165.

[94] In einer ausführlichen Würdigung, die lesenswert, wenn auch nicht in allen Punkten stichhaltig ist, schrieb Sir Eric Phipps am 22. 11. 1934 aus Berlin u. a.: „He usually prefers the policy with a ‚punch' in it" (F.O. 371, C. 8037/478/18, vol. 17756; ich danke meinem Kollegen John P. Fox, London, für den Hinweis auf dieses Dokument).

[95] Akten (wie Anm. 40) Bd. X, Nr. 141, 149.

[96] Heineman (wie Anm. 7), S. 10 und öfter.

Ritter. Dafür gab es vor allem zwei Gründe. Zum einen war die große Zeit der umfassenden politischen Dimension der Reparationsfrage, ihre Verquickung mit der Locarno-Politik und der Rheinlandräumung vorbei; außerdem trat mit Brüning der Kanzler selbst auf diesem Gebiet bestimmend in Erscheinung, während zugleich das Reichsfinanzministerium, aber auch das Reichswirtschaftsministerium, stärker in die außenpolitischen Reparationsentscheidungen eingeschaltet wurden. Zum anderen setzte sich Ritter in der Frage, wie man auf Briands Europaplan reagieren sollte, gegen Bülow nicht durch. Ritter wollte in der Tradition der Locarno-Politik, zu der auch eine engere wirtschaftliche Zusammenarbeit in Europa gehörte, auf den Plan eingehen, Bülow wollte ihn abwürgen. Das bedeutete, die Bereiche Recht und Wirtschaft waren wieder mehr auf ihre speziellen Aufgaben beschränkt. Überhaupt trat das Spezialistentum nun stärker in Erscheinung, eine Tendenz, die unter nationalsozialistischer Herrschaft sich dadurch noch verstärkte, daß Spezialaufgaben eine Rückzugsposition boten. Es fehlten die großen verbindenden politischen Ideen, wie sie der Gedanke der politischen und wirtschaftlichen Verständigung geboten hatte.

Im übrigen war der moderne Trend zur Spezialisierung unverkennbar und erleichterte zusätzlich den Rückgriff auf frühere Organisationsformen. Schon während der Schülerschen Reformära war die Eigenbedeutung der wirtschaftlichen Fragen nur mühsam zurückzudrängen; unter Ritter kam es wegen der vielfältigen reparations- und handelspolitischen Fragen zum Ausbau von Sonderreferaten, bis 1931 praktisch schon eine eigene Abteilung entstand; und schließlich mündete diese Entwicklung konsequent in die Reorganisation von 1936 und die erneute Gründung einer großen Handelspolitischen Abteilung. Wirtschaftliche und politische Fragen waren wieder getrennt[97]. Das sollte aber nicht zu dem Trugschluß verleiten, man hätte hinter 1918 zurückgehen wollen[98]. Die Modernisierung und Bürokratisierung ließ sich nicht rückgängig machen. Trotzdem begannen auf manchen Gebieten für die moderne Weiterentwicklung des Auswärtigen Amts verlorene Jahre. Deut-

---

97 PA, Handakten Ha.-Pol., Ritter: „Pensum Ritter"; Akten (wie Anm. 40), Serie C, Bd. III, S. 1110 Anm. 5, Bd. 5, S. 1095 ff.

98 Einer der neuen führenden Leute, von Weizsäcker, der spätere Staatssekretär, meinte im Frühjahr 1933: „Man soll nur nicht glauben, daß die Stunde der Reaktion im Sinne der Vorkriegszeit geschlagen habe." Die Weizsäcker-Papiere 1933–1950, hg. von Leonidas E. Hill. Frankfurt 1974, S. 62.

lich fühlbar war der Rückschlag im Hinblick auf die notwendige stärkere Verflechtung mit dem allgemeinen politischen und gesellschaftlichen Leben, auf die Zusammenarbeit mit Parlament und Parteien. Auch der weite Horizont in der Ausbildung der Attachés scheint eingeschränkt worden zu sein[99].

Als entscheidend für die Personalstruktur erwies sich allerdings die innenpolitische Entwicklung in Deutschland. Stresemann war mit Leib und Seele ein parlamentarischer Minister und alles andere als ein Fachminister gewesen. Davon profitierte das Auswärtige Amt; es erreichte eine innenpolitische Stellung, Einfluß, Entfaltungsmöglichkeiten, die nach 1930 rapide zurückgingen und während der nationalsozialistischen Diktatur nur noch eine wehmütige Erinnerung bildeten – was die Kritiker des parlamentarischen Systems im auswärtigen Dienst, die vielleicht an eine starke Exekutive unerfüllte Hoffnungen geknüpft hatten, wenn überhaupt viel zu spät begriffen. Man entfernte sich wieder von den Entscheidungszentren, mit dem großen Einfluß ging es bergab, als der Reichskanzler die Leitung selbst übernahm oder sie einem Fachminister ohne großen politischen Rückhalt wie Neurath überließ, ganz zu schweigen von der Zeit Hitlers. Bülow erfaßte diesen tiefgreifenden Wandel frühzeitig, zog aber eigentlich keine Konsequenzen daraus, obwohl der Prestigeverfall des Auswärtigen Amts nicht nur eine innenpolitische, sondern auch eine außenpolitische Seite hatte. Am 12. 12. 1930 schrieb er an Hoesch[100], daß die Gefahr der Erfolglosigkeit und des Sturzes von Curtius bestehe: „Es ist nicht nur das Ausscheiden seiner Person, worum es sich handelt, sondern das, daß das Außenministerium zunächst nicht wieder in ähnlicher Weise besetzt werden würde. Stürzt der Reichsminister nach Genf und infolge des Verlaufes der Genfer Ereignisse, so wird aller Voraussicht nach nicht wieder ein Parlamentarier Außenminister werden, sondern entweder ein sogenannter Fachminister, voraussichtlich einer unserer Gesandten, und jedenfalls eine Persönlichkeit, die weder in Genf noch

[99] Wiedenfeld etwa berichtete, daß er bis 1930 von seinem Lehrstuhl für Wirtschaftswissenschaft und Statistik in Leipzig aus der Ausbildung und Prüfung der Anwärter für den auswärtigen Dienst verbunden blieb; „daraus bin ich ausgeschieden, als ein neuer Staatssekretär [Bülow] deutlich erkennbar den Prüfungen keinen Wert mehr beilegte." Kurt Wiedenfeld, Zwischen Wirtschaft und Staat. Aus den Lebenserinnerungen, hg. von Friedrich Bülow. Berlin 1960, S. 108 f.

[100] Akten (wie Anm. 40) Bd. 16, S. 261.

sonstwo eine ähnliche Rolle spielen könnte wie unsere parlamentarischen Minister in den letzten Jahren. Oder aber es würde der Kanzler selbst das Auswärtige Amt übernehmen, wodurch das persönliche Erscheinen des Außenministers bei Kongressen, Ratstagungen usw. so gut wie ganz in Fortfall käme. Auf jeden Fall würden die Ratsvertreter und Außenminister anderer Länder den Gegenspieler verlieren, den sie bisher hatten und der in persönlichem Kontakt mit ihnen die gemeinsame Verständigung fördern und unter vier Augen erörtern könnte."

In begrenztem Maße vermochte Bülow dies durch sein eigenes Prestige auszugleichen. Er war hochgebildet, von vielen ob seiner faszinierenden Persönlichkeit und Fähigkeiten geachtet und bewundert (etwa von Theodor Heuß)[101]. Aber die Erlebnisse in Versailles prägten ihn tief; wie viele andere konnte er diese traumatische Erfahrung nicht überwinden und war durchdrungen von der Illegitimität und Unzulänglichkeit der dort errichteten Ordnung. Was den Völkerbund anging, den Bülow mit so scharfer Kritik verfolgte, so scheint auch hier die Reaktion eines betroffenen und enttäuschten Idealisten unter der harten Oberfläche mitgespielt zu haben. Ihm war wirklich die Revisionspolitik in die Seele gebrannt, sie ließ ihn Deutschlands Rechte und Ansprüche in den Mittelpunkt stellen, und er erhoffte von dieser Variante eines Primats der Außenpolitik, von einer Erfüllung der Revisionsforderungen auch die Besserung der desolaten inneren Zustände Deutschlands. Diese Einseitigkeit führte Bülow auch weg von seinen Anfängen, als er der DDP nahestand und wie Prittwitz Mitglied im November-Club war[102], und zog ihn in immer tiefer sich festsetzende Enttäuschung und Distanz zum politischen System von Weimar. Die Entwicklung endete in jenem Runderlaßentwurf vom 6. 6. 1933[103], mit dem er die erste Phase der Festigung des nationalsozialistischen Regimes verteidigte,

101 Auch nach der Ernennung Neuraths zum Außenminister blieb Bülow die maßgebende Persönlichkeit, während Neurath, wie ein ehemaliger Botschafter, der enger Mitarbeiter Bülows gewesen war, mir sagte, kaum mehr als ein Frühstücksdirektor gewesen sei. Weizsäcker nannte Neurath spöttisch mal das Neurätle mal Constantin den Großen; Die Weizsäcker-Papiere 1900–1932, hg. v. Leonidas E. Hill. Berlin 1982, S. 407, 431.

102 Hierzu Peter Krüger und Erich Hahn, Der Loyalitätskonflikt des Staatssekretärs Bernhard Wilhelm von Bülow im Frühjahr 1933. In: Vierteljahrshefte für Zeitgeschichte 20 (1972), S. 376–410.

103 Ebd., S. 406–08.

eine Tatsache, die sich weder aus Furcht noch aus Zustimmung oder als eine gegenüber der nationalsozialistischen Führung notwendige Pflichtübung allein erklären läßt. Vielmehr ging es darum, in offensiver, zum Teil scharfer Form und im Sinne eines Primats der auswärtigen Politik Rückschläge für die internationale Stellung des Reiches abzuwenden oder zu dämpfen, die sich auf Grund der inneren Entwicklung und der Empörung und Kritik im Ausland ergaben.

Diese Entwicklung schuf für das Auswärtige Amt eine Übergangsphase mit neuen Ungewißheiten und einer wenig verheißungsvollen Zukunft, die etwa von 1930 bis 1936, bis zur Reorganisation und zum frühen Tode Bülows dauerte. Sie rief folgerichtig auch Veränderungen in der Personal- und Organisationsstruktur hervor, auch deshalb, weil es sich in zunehmendem Maße um die Verteidigung der Position einer Funktionselite im innenpolitischen Kräftespiel handelte, erst in Rivalität zu anderen, dann gegenüber dem drohenden Zugriff einer neuen revolutionären Parteielite nach 1933. Ohne daß konsequente Planmäßigkeit dahinterstand, rückten doch, entsprechend dem inneren Wandel, eher konservativ und nationalistisch eingestellte Beamte in wichtige Positionen, schieden Außenseiter aus, auch wenn sie nicht herausgedrängt wurden, aber es kamen auch keine nach, und einige der führenden Gestalten der Stresemann-Ära wurden ausgeschaltet. Die Personalstruktur geriet schon in der Spätphase der Weimarer Republik nachhaltiger unter den Druck politischer Strömungen, noch stärker natürlich nach 1933. Die Erfordernisse der Absicherung des auswärtigen Dienstes, die sich daraus ergaben, machten intensive und absolut vertrauliche Beratungen und Planungen im engsten Führungskreis des Auswärtigen Amts nötig. Bülow rief von Weizsäcker, den Kritiker Stresemanns[104], der zuvor Leiter der Abrüstungs- und Völkerbundsreferate von 1927–1931 gewesen und dann Gesandter in Oslo – sozusagen auf Abruf – geworden war, im Sommer 1933 nach Berlin zur vorübergehenden Leitung der Abteilung I, um die Leitlinien der künftigen Personalpolitik, besonders das Verhältnis zur NSDAP, zu erörtern und festzulegen[105]. Die Abschirmungspolitik des auswärtigen Dienstes gegen nationalsozialistische Infiltration begann.

---

[104] Weizsäcker-Papiere (wie Anm. 98), S. 62–70.

[105] Ebd., S. 73. Schon damals stand er offenbar im Falle der Resignation Bülows als Staatssekretär zur Debatte; Ernst von Weizsäcker, Erinnerungen. München 1950, S. 106.

Wahrscheinlich ging von dieser Priorität der Festigung des inneren Gefüges auch ein wesentlicher Impuls für die Reorganisation des Auswärtigen Amts 1936 aus. Bülow, der Weizsäcker als den am besten geeigneten Nachfolger auf dem Staatssekretärsposten, also für die in diesem Zusammenhang entscheidende Position, ansah[106], mußte Vorsorge treffen, daß man Weizsäcker kaum übergehen konnte. Eine Konzentration der Abteilungen vermochte außerdem die Kontrolle durch die führenden Beamten zu verstärken. Beide Absichten ließen sich, da sowieso an eine gewisse Umorganisation gedacht war, am sichersten dadurch verwirklichen, daß man die alte große Politische Abteilung wiederherstellte und Weizsäcker zu ihrem Leiter bestimmte – möglicherweise nach einer gewissen Zwischenphase, wie es dann 1936 und 1937 geschah[107].

Die lange Entwicklung von 1930–1936 lief für die leitenden Beamten des auswärtigen Dienstes auf eine wesentliche Entscheidung hinaus, an der sich die Geister schieden, auch wenn auf Grund der Umstände keineswegs jeder in der Lage war, sie nach außen deutlich sichtbar zu treffen. Aber es war die Probe auf das politische Selbstverständnis dieser Funktionselite des Reiches: Sollten Freiheit und innere Ordnung – und der Einsatz für sie – den Vorrang haben, selbst wenn sie nur unter Einbuße an äußerer, nationaler Machtstellung gewahrt werden konnten, oder sollte trotz aller Zweifel und Sorgen die Verteidigung des Staates, der Nation in ihrer Stellung nach außen, den Vorrang erhalten, selbst angesichts sich ausbreitender innerer Unfreiheit, Bedrohung des Rechtes und Barbarei; sollte man weiter seinen Dienst tun, um Schlimmeres zu verhüten? Prittwitz trat unter Hinweis auf seine republikanische Gesinnung zurück; Bülow blieb. Von Bülow sind die Worte überliefert[108]: „Man läßt sein Land nicht im Stich, weil es eine schlechte Regierung hat.“ Die Entgegnung stammt von dem Hamburger Bankier Carl Melchior[109], einem jüdischen Patrioten, der mit seinem Sachverstand und seinem Ansehen im Ausland die Weimarer

---

106 Internationaler Militärgerichtshof Nürnberg, Wilhelmstraßen-Prozeß, Weizsäcker-Prozeß, Protokolle, S. 9885.

107 Weizsäcker-Papiere (wie Anm. 98), S. 96 ff. Siehe allgemein auch Peter Krüger, Hitlers Machtergreifung und der Verfall der Diplomatie. In: Das Epochenjahr 1933 und Ostmitteleuropa. Bohemia 25 (1984).

108 Wie Anm. 106.

109 Krüger / Hahn (wie Anm. 102), S. 410.

Republik immer wieder in internationalen Finanzfragen vertreten hat: „Man darf sich seiner Regierung nur dann zur Verfügung stellen, wenn ihr gewisse Grundauffassungen der Menschlichkeit und Gerechtigkeit heilig sind. Sich mit unmenschlichen Grundsätzen abzufinden, um angeblich Schlimmeres zu verhüten, führt in den Abgrund."

## ANHANG

Tabelle 1: Stellenverteilung der leitenden Beamten

| 1918 | | 1921 | | 1925 | | 1930 | |
|---|---|---|---|---|---|---|---|
| Staatssekretär: | 1 | St.S.: | 2 | St.S.: | 1 | St.S.: | 1 |
| Unterstaats-sekretäre: | 2 | | | | | | |
| Direktoren: | 4 | MD: | 7 | MD: | 6 | MD: | 6 |
| Dirigenten: | 4 | Dg.: | 4 | Dg.: (nur 6 als Dg. bezahlt) | 12 | Dg.: | 8 |
| | 11 | | 13 | | 19 | | 15 |
| Botschafter u. Gesandte: | 39 | Botsch.: | 6 | Botsch.: | 9 | Botsch.: | 9 |
| | | Ges.: | 25 | Ges. I. Kl.: | 20 | Ges. I. Kl.: | 22 |
| Generalkonsuln (für Dominions u. Indien): | 4 | GK I. Kl.: | 6 | GK I. Kl.: | 6 | GK I. Kl.: | 17 |
| | | | | Ges. II. Kl.: | 20 | Ges. II. Kl.: | 18 |
| | 54 | | 50 | | 74 | | 81 |

Quelle: PA, IB/Rep. II; Generalia 57 a; Handbuch für das Deutsche Reich 1918.

Tabelle 2: Anteil des Adels an den leitenden Beamten und einflußreichen Spitzenbeamten

| Leitende Beamte: | | | Einflußreiche Spitzenbeamte: (nicht mit den „steilen Karrieren" zu verwechseln) | |
|---|---|---|---|---|
| Adlige: | | 62 | | 12 |
| davon Uradel: | 25 | | 5 | |
| alter Briefadel: | 11 | | 2 | |
| neuer Briefadel: (Nobilitierung vornehmlich erst im Kaiserreich) | 26 | | 5 | |
| Bürgerliche | | 99 | | 15 |
| | | 161 | | 27 |

Quelle: Biographische Handbücher; Auskünfte des Archivs des Auswärtigen Amts.

Tabelle 3: Soziale Herkunft der leitenden Beamten und Berufe der Väter

| a) Soziale Herkunft | | b) Berufe der Väter | | |
|---|---|---|---|---|
| Aus dem Adel: | 61* | Im Staatsdienst: | | 86 |
| Bürgerliche Oberschicht: | 27 | Davon in Heer und Marine: | 22 | |
| Oberschicht insgesamt: | 88 | Professoren: | 9 | |
| Mittelschichten: | 70 | Im auswärtigen Dienst: | 8 | |
| Nicht eindeutig ermittelt: | 3 | Im übrigen zivilen Dienst: | 47 | |
| | | Darunter in hohen Positionen (etwa vom Vortragenden Rat oder Oberst an aufwärts): | 34 | |
| | | Geistliche: | | 4 |
| | | Aus der Wirtschaft: | | 27 |
| | | Sonstige freie Berufe: | | 16 |
| | | Großgrundbesitzer, Landwirte etc.: | | 23 |
| | | Handarbeitende Berufe: | | 2 |
| | | Nicht eindeutig ermittelt: | | 3 |
| | 161 | | | 161 |

Quelle: Biographische Handbücher; Auskünfte des Archivs des Auswärtigen Amts.

* Ein Beamter wurde selber noch geadelt.

Tabelle 4: Übersicht über die Herkunft der Reichsbeamten von Besoldungsgruppe A IX an aufwärts bei den Reichsbehörden nach dem Stande vom 1. April 1926 (Auswärtiges Amt)

Von der Gesamtzahl standen vor ihrem Eintritt in den Reichsdienst in unmittelbarem oder mittelbarem Landesdienst:

| | St.S. | Min.Dir. | Botsch., Ges., Gen.Kons., Kons. | Referenten oder entspr. in Inland u. Ausland | Beamte v. Besold.Gr. A IX aufwärts, die nicht in Referentenstellen |
|---|---|---|---|---|---|
| Gesamt | 1 | 6 | 132 | 263 | 398 |
| Reichsdienst | – | – | 2 | 3 | 20 |
| Preußen | 1 | 1 | 76 | 164 | 275 |
| Bayern | – | 2 | 14 | 17 | 12 |
| Sachsen | – | – | 6 | 8 | 4 |
| Württemberg | – | 1 | 4 | 10 | 3 |
| Baden | – | – | 5 | 8 | 4 |
| Thüringen | – | – | 3 | 1 | 2 |
| Hessen | – | – | 6 | 3 | 1 |
| Hamburg | – | – | 1 | 6 | 4 |
| Mecklenburg | – | – | 2 | 3 | 1 |
| Oldenburg | – | – | – | 1 | – |
| Braunschweig | – | 1 | 1 | 1 | 1 |
| Anhalt | – | – | – | – | – |
| Bremen | – | – | 1 | 2 | 3 |
| Lippe | – | – | – | 1 | – |
| Lübeck | – | 1 | – | – | – |
| Meckl. Strelitz | – | – | – | – | – |
| Österreich | – | – | 1 | 2 | – |
| Ungarn | – | – | – | 1 | – |
| Elsaß-Lothr. | – | – | – | 2 | 2 |
| Freie Berufe* | | | | | |
| Preußen | – | – | 4 | 19 | 43 |
| Bayern | – | – | 3 | 3 | 5 |
| Sachsen | – | – | – | 3 | – |
| Württemberg | – | – | 1 | 1 | 2 |
| Baden | – | – | – | 1 | 4 |
| Hamburg | – | – | 1 | 1 | 3 |
| Mecklenburg | – | – | – | – | 1 |
| Bremen | – | – | – | 1 | – |
| Lübeck | – | – | 1 | – | – |

* nicht identisch mit der Zahl der Außenseiter!

Quelle: PA, IB/Rep. IV, Personalia Generalia 42 Allg., Bd. 2 (Unstimmigkeiten zwischen Gesamtzahl und Teilzahlen in der Quelle)

Tabelle 5: Außenseiter und Übernahmen aus anderen Ressorts

| a) Außenseiter | | b) Aus anderen Ressorts | |
|---|---|---|---|
| 1. Soziale Herkunft | | Übernommen aus | |
| Adlige: | 2 | Reichsfinanzministerium: | 3 |
| Bürgerliche Oberschicht: | 4 | Reichsinnenministerium: | 2 |
| Mittelschichten: | 14 | Reichskanzlei: | 2 |
| | 20 | Reichskolonialamt: | 1 |
| | | Reichswirtschaftsamt: | 1 |
| 2. Berufsgruppe vor Eintritt ins AA | | Offiziere: | 6 |
| Aus der Wirtschaft: | 9 | Aus dem Dienst der Einzelstaaten (darunter 3 aus auswärtigem Dienst): | 12 |
| Sonstige freie Berufe: | 4 | | |
| Politiker: | 4 | | |
| Universität u. Schulen: | 2 | | |
| Archivdienst: | 1 | | |
| | 20 | | 27 |

Quelle: Biographische Handbücher; Auskünfte des Archivs des Auswärtigen Amts.

# Zur Rolle der Diplomatie im Dritten Reich

VON HANS-ADOLF JACOBSEN

## VORAUSSETZUNGEN

Fritz Fischer hat in seinen grundlegenden Arbeiten die Kriegszielpolitik des Kaiserlichen Deutschland mit Recht als die „Kontinuität des Irrtums", der Selbstüberschätzung und der einseitigen Interessendurchsetzung bezeichnet. Er hat eindrucksvoll darauf verwiesen, wie verhängnisvoll es gewesen sei, daß seit den späten achtziger Jahren des vergangenen Jahrhunderts die konservativen Führungseliten, – bei denen sich fasziniert von militärischen Erfolgen und gestärkt durch die schwerindustrielle Solidarität ein tiefgreifender Wandel eigener Großmachtvorstellungen vollzogen hatte –, einen expansiven Kurs eingeschlagen haben, um mit Hilfe von Wirtschaftsimperialismus, Rüstung, verstärktem Einfluß in Südosteuropa und Kolonialpolitik unter Inkaufnahme eines Kriegsrisikos den Durchbruch zur Weltmacht zu erzwingen[1].

Auch in der Weimarer Republik hat bei den meisten politisch Verantwortlichen das Denken in den Kategorien vom Primat der Außenpolitik und von der Wiedergewinnung einer deutschen Großmachtstellung in Mitteleuropa überwogen. Ungeachtet mancher militanter Vorstellungen unter Repräsentanten gesellschaftlicher Gruppen und Militärs haben Männer wie Stresemann und seine Nachfolger die Mittel ihrer Politik allerdings vornehmlich in der Diplomatie, der Wirtschaft und der internationalen Zusammenarbeit gesehen. Beherrschendes Grundprinzip blieb für sie – unter Ausgleich zwischen Ost und West – die Revision des Versailler Vertrages im Einklang mit den Großmächten und mit

[1] Vgl. Fritz Fischer, Griff nach der Weltmacht. Die Kriegszielpolitik des kaiserlichen Deutschland 1914/18. Düsseldorf 1962. Vgl. jetzt auch Fischers Beitrag in: Karl Dietrich Bracher, Manfred Funke und Hans-Adolf Jacobsen, Hg., Nationalsozialistische Diktatur. Düsseldorf 1983, S. 770 ff.

Unterstützung der Sowjetunion schrittweise durchzusetzen. Ohne Frage hatte Deutschland bis Anfang 1933 sein verlorenes Ansehen im Kreise der Völkerfamilie weitgehend wiedergewonnen[2].

Fünfzig Jahre nach der NS-„Machtergreifung" kann es dank der internationalen Forschung kaum mehr einen Zweifel daran geben, daß sich mit dem Jahr 1933 ein qualitativer Wandel in der deutschen Außenpolitik anzubahnen begann. Die Revisionspolitik war nicht mehr Ziel an sich, sondern lediglich Durchgangsstation für das schrittweise angestrebte NS-Expansionsprogramm und Instrument der Systemstabilisierung. Hitler hatte schon in seinen Kampfschriften der zwanziger Jahre davon gesprochen, daß Grenzkorrekturen zur Wiederherstellung des status quo von 1914 keinen Waffengang rechtfertigen würden. Allein erst 1938/39 wurden seine radikalen Ziele deutlicher, für deren Verwirklichung die Nationalsozialisten auch den Einsatz der Wehrmacht nicht scheuten. Denn für Hitler und seinesgleichen war der Krieg ein „legitimes" Mittel der Politik und zur Auslese der „besten Rasse". Retardierende Kräfte in Staat, Wirtschaft und Armee, die zum Beispiel lediglich eine Defensivrüstung befürwortet hatten, wurden abgelöst oder entmachtet, so daß der Weg zur Erkämpfung des sogenannten „Großgermanischen Reiches" geebnet schien. Revolutionär waren derartige Ziele deshalb, weil die NS-Außenpolitik nicht allein auf territoriale Ausdehnung, Schaffung geopolitisch „günstiger" Bastionen im Osten und Westen und auf die Hegemonie über fremde Völker abzielte, wie dies in den vergangenen Jahrhunderten auch andere imperialistische Großmächte angestrebt hatten, sondern im Endergebnis auf die perfektionierte Ausrottung ihrer „Gegner", auf die totale geistige Verführung eines Volkes und den Aufbau eines neuen, nach rassischen Prinzipien „geordneten" europäischen Kontinents mit qualitativ veränderten Wertbegriffen, der in den Ansätzen mit allen jenen Schrekkenstaten des Inhumanen verwirklicht worden ist, die Deutschland mit einer schweren historischen Hypothek belastet haben[3].

Vor diesem hier nur angedeuteten politischen Hintergrund muß die Rolle der deutschen Diplomatie in den Jahren von 1933 bis 1945 gesehen und bewertet werden. Allerdings wird dabei zu berücksichtigen bleiben, daß Hitler mittels einer „Strategie grandioser Selbstverharm-

---

[2] Vgl. Andreas Hillgruber, Deutsche Großmacht- und Weltpolitik im 19. und 20. Jahrhundert. Düsseldorf 1977.

[3] Vgl. Bracher u. a., Hg., Nationalsozialistische Diktatur, mit Auswahlbiographie.

losung" anfangs weite Teile des Auslands über die de-facto-Ziele der Nationalsozialisten ebenso getäuscht hat wie die konservativen Eliten in Deutschland. Mit Recht ist immer wieder betont worden, daß die Geschichte des Nationalsozialismus zugleich die Geschichte seiner Unterschätzung gewesen ist[4].

Naturgemäß hatten der Sieg der nationalsozialistischen Bewegung und der „Aufbruch der Nation" auch die Reichsvertretungen im Ausland und die Beamten des Auswärtigen Amtes nicht unberührt gelassen. Wohl mag es schwierig sein, das breite Spektrum von Meinungen, Gefühlen, Sympathien und Antipathien in den Reihen der Berufsdiplomaten gegenüber den neuen Ereignissen zu verdeutlichen, aber man wird doch nicht fehlgehen in der Annahme, daß die meisten von ihnen in Unkenntnis der wahren Ziele der NS-Führung den Umschwung begrüßt haben, ganz im Geiste jener Symbiose von Tradition und nationaler Revolution, die von Goebbels am 21. März 1933 so eindrucksvoll in der Garnisonskirche von Potsdam in Szene gesetzt worden war. Da sich im übrigen an der Leitung des Auswärtigen Amtes nichts änderte, waren Beamte und Diplomaten gewillt, ungeachtet des neuen Herrschaftssystems als loyale Diener des Staates ihre Pflicht zu erfüllen. Die Weisungen und Sprachregelungen von oben wurden wie in der Vergangenheit befolgt, mochte auch insgeheim in den inneren Zirkeln Kritik geübt worden sein an der NS-Praxis, an der Unfähigkeit führender Nationalsozialisten und an den rüden Methoden. Doch auch die vielen Skeptiker und Zauderer, von Ausnahmen abgesehen, wurden langsam, aber stetig von den erstaunlichen außenpolitischen Anfangserfolgen Hitlers in der großen Politik mitgerissen, die 1938 mit der Einverleibung Österreichs in das Deutsche Reich ihren ersten Höhepunkt fanden[5].

---

4 Vgl. zum Nachfolgenden: Hans-Adolf Jacobsen, Nationalsozialistische Außenpolitik 1933–1938. Frankfurt 1968 (Künftig zitiert: Jacobsen I), S. 20 ff. und 252 ff. (Ribbentrop); ders., Von der Strategie der Gewalt zur Politik der Friedenssicherung. Beiträge zur deutschen Geschichte im 20. Jahrhundert. Düsseldorf 1977 (Künftig zitiert: Jacobsen II), S. 9 ff. und 78 ff. Siehe außerdem die vorzügliche Problemskizze von: Klaus Hildebrand, Deutsche Außenpolitik 1933–1945. Kalkül oder Dogma? Stuttgart 1971.

5 Vgl. Karl Dietrich Erdmann, Die Zeit der Weltkriege (= Gebhardt, Handbuch der Deutschen Geschichte, Bd 4, Teilbd 2). Stuttgart 1976, S. 468 ff. Außerdem: Leonidas E. Hill, The Wilhelmstraße in the Nazi Era. In:

## AUSSENMINISTER UND STAATSSEKRETÄRE

An der Spitze des Auswärtigen Amtes stand von 1932 bis 1938 Constantin Freiherr von Neurath, der durch sein Vorbild die Einstellung der Beamtenschaft zum Nationalsozialismus und das Verhalten der Diplomaten bis 1938 weitgehend mitgeprägt hat. Er hat sich nach dem Kriege einmal mit einem Felsblock verglichen[6], der durch seine Lage inmitten des Flusses die Gewalt der reißenden Strömung vermindern wollte, während er am Ufer völlig einflußlos geblieben wäre. Diesen Glauben an die Möglichkeiten zur Zähmung der Nationalsozialisten teilte er mit vielen seiner konservativen Gesinnungskollegen. Aber sehr bald offenbarte sich, wie wenig er und seinesgleichen der robusten Maschinerie des NS-Herrschaftsapparates und dessen Praktiken gewachsen waren. Gewiß mag er aufgrund seines Herkommens und seiner Tradition eine Abneigung gegenüber dem Nationalsozialismus empfunden haben, soweit dieser extreme und gewaltsame Maximen verkündete und praktizierte. Das schloß aber keineswegs die wachsende Bewunderung für einen Mann aus, dem es in wenigen Jahren gelang, die „Ketten" von Versailles zu sprengen und Deutschland wieder einen respektierten, ja gefürchteten „Platz an der Sonne" zu verschaffen. Schon im Juni 1933 hatte Neurath erklärt, daß nur derjenige Beamte ein wirklicher Vertreter der Heimat sein könne, der mit den Motiven und Zielen der jetzigen Regierung innerlich übereinstimme. 1934 würdigte er vor allem die Staatsraison des Nationalsozialismus, das heißt, die Verneinung des Parteienstaates, die konsequente und entschlossene Unterordnung der Einzelinteressen unter das Gesamtinteresse, den neuen „Ehr- und Freiheitsbegriff" sowie das Prinzip: alles für Deutschland. Dieses „NS-Ideengut", so konstatierte er, sei nicht nur der „Mentalität der Beamtenschaft des Auswärtigen Amtes"

---

Political Science Quarterly 82 (1967), S. 546 ff.; Nikolaus von Preradovich, Die Wilhelmstraße und der Anschluß Österreichs 1918–1933. Bern 1971.

[6] Vgl. John Heineman, Hitler's First Foreign Minister: Constantin Freiherr von Neurath, Diplomat und Statesman. Berkeley 1979. Außerdem zur Revisionspolitik: Günter Wollstein, Vom Weimarer Revisionismus zu Hitler. Bonn 1973; siehe zudem: Peter Krüger, Erich J. C. Hahn, Der Loyalitätskonflikt des Staatssekretärs Bernhard Wilhelm von Bülow im Frühjahr 1933. In: Vierteljahrshefte für Zeitgeschichte 20 (1972), S. 367 ff. Zur Vorgeschichte: R. B. Dockhorn, The Wilhelmstrasse and the Search of a new Diplomatic Order 1926–1930. Diss. University of Wisconsin 1972.

verständlich, sondern habe auch deren „freudige Zustimmung" gefunden. Durch diese und ähnliche Erklärungen sowie durch seine Unterstützung der forcierten Revisionspolitik geriet Neurath nolens volens immer mehr in Abhängigkeit von Hitler und seinem Regime. Wenn Eden in seinen Erinnerungen später feststellte, daß Neurath „wenig Charakterstärke" besessen habe und „Wachs in den Händen Hitlers" gewesen sei, so trifft dies wahrscheinlich nur bedingt zu. Wesentlicher war, daß der Reichsaußenminister zunehmend mit seinem guten Namen Maßnahmen deckte, zum Teil in geradezu beschämender Weise, die er selbst innerlich ablehnte. Aber andererseits glaubte er, durch sein Ausharren im Amt die deutsche Außenpolitik vor gefährlichen Abenteuern bewahren zu können, auch indem er die Integrität und Homogenität der Beamtenschaft des Auswärtigen Amtes sicherte. Letzteres ist ihm weitgehend gelungen, viel mehr aber nicht.

Noch wichtiger war indessen ein anderer Gesichtspunkt. Solange er Reichsaußenminister war, schien der Kurs der deutschen Außenpolitik tatsächlich mehr auf Revision denn auf Krieg ausgerichtet gewesen zu sein. Es gab nur wenige Anlässe für Neurath, bis 1937 mit Hitler in diesem Bereich nicht übereinzustimmen. Im Gegenteil, zunächst überwog die Gemeinsamkeit der Anschauungen, mochten auch beide über die zu verfolgende Taktik, das einzuschlagende Tempo und das einzusetzende Instrumentarium häufig verschiedener Meinung gewesen sein[7]. Die außenpolitische Grundkonzeption Neuraths und seiner engsten Mitarbeiter im Auswärtigen Amt, die ganz die Kontinuität der oben genannten Denkkategorien erkennen ließ, lag im großen gesehen fest. Sie gipfelte in dem Programm einer Evolution mit dem Ziel, den Versailler Vertrag systematisch zu revidieren. Das Wiedererstarken Deutschlands auf friedlichem Wege, das Ringen um internationale Gleichberechtigung und die Einschaltung in die Weltwirtschaft waren nicht Mittel zum Zweck, sondern Objekt an sich. Von taktischen Notwendigkeiten einmal abgesehen, waren die zahlreichen Reden und Interviews Neuraths durchaus aufrichtig gemeint. Dahinter verbarg sich keine geheime, uferlose Plänemacherei. Das gleiche galt für seine Erklärungen zur Erhaltung und Förderung des Deutschtums jenseits der Grenzen. Wenn er zum Beispiel davon sprach, daß diese Bemühungen sich mit den Rechten und Interessen aller anderen Völker vertragen müßten, so hatte das nichts mit einem Imperialismus nationalsozialistischer Prä-

---

[7] Siehe Hildebrand, Deutsche Außenpolitik, und Wollstein, Revisionismus.

gung zu tun. Der konservative Zug seiner Politik war somit unverkennbar.
Eine ganz andere Frage ist es natürlich, wieweit er durch sein Verhalten einen entscheidenden Beitrag zur Selbstverharmlosung des NS-Regimes, vor allem dem Ausland gegenüber, geleistet hat. Die Sprachregelungen des Auswärtigen Amtes zum Beispiel in der Judenfrage – und die damit verbundene Bagatellisierung aller Maßnahmen im Inneren – sind und bleiben ein mehr als unrühmliches Kapitel in der Geschichte des Auswärtigen Amtes. Das mag Neurath in den dreißiger Jahren in zunehmendem Maße gespürt haben, ohne daß er sich jedoch dagegen aufgelehnt hätte. Im Gegenteil: als ihn Hitler im Februar 1938 als Reichsaußenminister ablöste, nahm er das neue fiktive Amt eines „Präsidenten des Geheimen Kabinettrates" an, und das, obgleich ihm und anderen der „Führer" am 5. 11. 1937 zum erstenmal seine aggressiven Pläne zur Eroberung des Lebensraums im Osten anvertraut hatte. All dies verriet nicht nur eine erschreckende Unkenntnis vom Wesen des Nationalsozialismus, sondern auch die problematische Grundhaltung eines Politikers, dem die Staatsmacht höher als die Staatsform stand.
Denken und Handeln der Staatssekretäre im Auswärtigen Amt waren in gleicher Weise vom „Unrecht" von Versailles geprägt. Für Bernhard von Bülow († 1936) wurde der Kampf um die Revision zum eigentlichen Lebenszweck. Obwohl er dem Nationalsozialismus mit tiefer innerer Skepsis gegenüberstand, diente er den NS-Machthabern als Staatsbeamter[8]. Sein Nachfolger Mackensen war als einer der wenigen Diplomaten im Mai 1934 in die NSDAP aufgenommen worden. Er war offenbar ein überzeugterer Anhänger Hitlers, was sich auch darin ausdrückte, daß er stetig vom SS-Brigadeführer zum Oberführer und schließlich sogar zum SS-Gruppenführer (1942) aufstieg[9].
Ernst von Weizsäcker[10], der 1938 zum neuen Staatssekretär unter Ribbentrop ernannt wurde (1943 durch Gustav Adolf Baron Steengracht von Moyland, einen Parteigänger Ribbentrops, ohne besondere Qualifikation für das Amt, abgelöst), stand bei Freund und Gegner in hohem Ansehen, verkörperte er doch die beste Tradition eines pflichtbewußten, selbstlosen Beamten, bei dem sich großes fachliches Können

---

8 Siehe Krüger, Hahn, Loyalitätskonflikt.

9 Vgl. Jacobsen I, S. 33.

10 Vgl. Jacobsen I, S. 34; siehe auch Anmerkung 36 (Blasius; Hill, Hg., Weizsäcker-Papiere).

mit Verantwortungsbewußtsein verband. Seine Einstellung dem Nationalsozialismus gegenüber war wohl reserviert, aber nicht ablehnend, mochte er auch den Radikalismus im Innern vielfach verurteilt und wiederholt vor abenteuerlichen Plänen der NS-Machthaber gewarnt haben (zuletzt noch vor Ausbruch des Rußlandfeldzuges); allerdings fand seine Stimme kein Gehör.

Unter den Diplomaten und höheren Parteiführern in Berlin war es kein Geheimnis, daß Hitler den Angehörigen des Auswärtigen Dienstes voller Mißtrauen und Skepsis gegenüberstand. Von einem revolutionären Elan im Geiste des Nationalsozialismus war dessen Meinung nach in der Wilhelmstraße 76 wenig zu spüren. Daher hatte der Reichskanzler nach neuen Mitteln und Wegen gesucht, seine Außenpolitik dynamischer zu gestalten. Das 1933 gegründete Außenpolitische Amt der NSDAP konnte Hitler dazu nur in beschränktem Umfang gebrauchen, weil dessen Leiter, der Chefideologe Rosenberg, für das Ausland unter den gegebenen Umständen einfach nicht tragbar war. So suchte er nach anderen geeigneten Persönlichkeiten, die er in wichtigen außenpolitischen Fragen in sein Vertrauen ziehen konnte. Seine Wahl fiel 1933 auf Joachim von Ribbentrop[11].

Nach der Machtübernahme glaubte Ribbentrop für gewisse Vermittlungsaktionen bei der Bildung der Koalitionsregierung (vom Januar 1933) um die Jahreswende 1932/33 einen hohen Posten im Auswärtigen Amt beanspruchen zu dürfen. Er bat Vizekanzler von Papen, dafür zu sorgen, daß er zum Staatssekretär ernannt würde. Dieser lehnte jedoch mit dem Hinweis ab, das sei Sache Neuraths; im übrigen käme ein Außenseiter für ein solches Amt gar nicht in Betracht, denn dieses sei der „ruhende Pol des Ministeriums“, das nur ein Mann mit großem Wissen und „erprobten Fähigkeiten“ besetzen könne.. Zweifellos war Ribbentrop von dieser Antwort enttäuscht. Sein maßloser Ehrgeiz und seine gesteigerte Neigung für außenpolitische Fragen ließen ihm keine Ruhe. Von jetzt an kämpfte er zäh und verbissen – erst im geheimen, dann immer offener – um eine führende Position in der deutschen Außenpolitik. Seine persönlich-dienstlichen Beziehungen zum „Führer“ grenzten an das Manisch-Krankhafte. Unter allen Umständen wollte Ribbentrop zum ersten und einzigen außenpolitischen Berater Hitlers aufsteigen, eines Mannes, dem er blind vertraute, den er für das Schicksal Deutschlands und für ein einmaliges Genie hielt. In der Auf-

[11] Ausführlicher: Jacobsen I, S. 255 ff.; siehe auch Anmerkung 12 (Michalka).

gabe, diesem Staatsmann zu dienen, verzehrte er sich in einer manchmal fast abstoßend wirkenden Anhänglichkeit. Hierfür war ihm keine Anstrengung zu groß und scheute er vor nichts zurück. Jeden ließ er fallen, der ihm ein Hindernis auf diesem Weg zu sein schien. Für ihn war in erster Linie Außenpolitik, was sich im Kopfe Hitlers festgesetzt hatte, ohne daß er die wahren Intentionen seines Herrn und Meisters frühzeitig durchschaut haben mochte. Auffallend war von Anfang an, wie primitiv sein Weltbild und wie wenig er mit den wirklichen großen Zusammenhängen vertraut war. Bei allem erarbeiteten Einzelwissen fehlte ihm der Überblick über das Ganze. Niemals hat er seinen Untergebenen etwas von seiner außenpolitischen Konzeption mitgeteilt, sehen wir einmal von der seiner anfänglichen probritischen und profranzösischen Strategie ab. Bald merkte auch der letzte unter seinen Mitarbeitern in der Dienststelle, die er ab 1934 aufgebaut hatte, daß seine Gedanken nur erweiterte Reflexe der Wünsche und Ziele Hitlers waren. Diese Einstellung und seine Erfolge unter anderem bei den Abrüstungsgesprächen, beim Zustandekommen des deutsch-englischen Flottenabkommens 1935 und des Antikominternpaktes 1936 haben ihm schließlich den Weg über den Botschafterposten in London in das Auswärtige Amt im Jahre 1938 geebnet. Damit schien sein Ehrgeiz zunächst befriedigt zu sein. Indessen verblaßte sein „Stern" bald wieder, zumal ihm entweder die konkurrierenden Organisationen in Staat und Partei den Rang abliefen oder sich seine Prognosen (so zum Beispiel im Hinblick auf die englische Haltung 1938/39) als falsch erwiesen. Sein sogenanntes „Alternativkonzept" vor Kriegsausbruch, das in den Vorstellungen eines antibritischen mitteleuropäischen Blockes unter deutscher Vormachtstellung – verbunden mit einem dezidierten Antikommunismus –, der Rückgewinnung von Kolonien und der Preisgabe der dogmatischen Rassenpolitik gipfelte, mochte zwar in seiner Zielsetzung stärker den Auffassungen der konservativen Führungseliten (zum Beispiel denen der Wehrmacht, der Wirtschaft und Diplomatie) entsprochen haben, aber gegenüber Hitler und seinen fanatischen Plänen konnte er dieses zu keinem Zeitpunkt durchsetzen[12].

---

[12] Vgl. die subtile Studie (allerdings mit verfehlten Schlußfolgerungen) von: Wolfgang Michalka, Ribbentrop und die deutsche Weltpolitik 1933–1940. München 1980. Siehe auch: Wolfgang Michalka, Hg., Nationalsozialistische Außenpolitik. Darmstadt 1978 (Teil I: Grundprobleme der NS-Außenpolitik; Teil II: Außenpolitische Fallstudien).

## PERSONALBESTAND UND ORGANISATION DES AUSWÄRTIGEN AMTES

Der Personalbestand des Auswärtigen Amtes war nach einem Rückgang am Ende des Ersten Weltkrieges zunächst langsam angestiegen, hatte zu Beginn der dreißiger Jahre 2.232 Personen betragen, und 1938 2.665. Unter Ribbentrop hatte er stark zugenommen; 1943 zählte das Amt bereits 6.458 Mitarbeiter, das entsprach einer Vergrößerung dieser Behörde um 143 %. Totaler Kriegseinsatz und die Folgen des 20. 7. 1944, von denen zahlreiche Diplomaten betroffen waren, reduzierten sodann den Bestand wieder[13].

Im wesentlichen war die Personalvermehrung auf organisatorische Veränderungen zurückzuführen. Bis zum Jahre 1936 war das Auswärtige Amt nach regionalen Gesichtspunkten gegliedert (Länderabteilungen II.–III.); hinzu kamen einige Sachabteilungen (Personal-, Rechts- und Kulturabteilung). 1936 wurde das Auswärtige Amt in der Weise reorganisiert, daß im wesentlichen das bis 1918 maßgebende Realsystem wieder eingeführt wurde. Die bisherigen Länderabteilungen wurden in einer „politischen Abteilung" zusammengefaßt, während alle wirtschaftlichen Aufgaben von der Handelspolitischen Abteilung wahrgenommen wurden. Im Zuge der NS-Kriegspolitik kamen dann noch drei weitere Abteilungen für Information, Presse und Rundfunk hinzu, die allerdings zu nicht geringen Friktionen zwischen Auswärtigem Amt und dem Reichspropagandaministerium führten, da Goebbels diese Arbeitsbereiche für sich allein beanspruchte (siehe Skizzen 1 und 2). Im übrigen war schon 1933 das Referat Deutschland neu errichtet worden mit der Aufgabe, die innenpolitischen Vorgänge im Reich zu beobachten, soweit sie für die Außenpolitik relevant waren. Es war zugleich Verbindungsstelle zu den Organisationen der Partei und unterstützte

---

13 Vgl. jetzt den allgemeinen Überblick von: Kurt Doß, The History of the German Foreign Office, In: The Times Survey of Foreign Ministries of the World, sel. and ed. by Zarah Steiner. London 1982, S. 225 ff.; hier vor allem: S. 241 ff. (The Foreign Office under Nationalsocialist rule: Neurath and Ribbentrop). Zudem: 100 Jahre Auswärtiges Amt 1870–1970. Bonn 1970, S. 40 ff. Zur Rolle der Diplomaten im Dritten Reich siehe ferner: Wilhelm Haas, Beiträge zur Geschichte der Entstehung des Auswärtigen Dienstes der Bundesrepublik Deutschland. Bremen 1969 (S. 288 ff. mit den Ermittlungsfällen: W. v. Bargen, H. Blankenhorn, H. v. Etzdorf; R. v. Keller, Th. Kordt, G. v. Nostiz-Drzewiecki; A. v. Kessel, W. Melchers u. a.).

den Staatssekretär bei der Zusammenfassung der politischen Arbeit des Auswärtigen Amtes gegenüber den zahlreichen Inlandstellen. Zudem kontrollierte es, in welcher Form das Ausland auf die deutsche Innenpolitik einzuwirken suchte. Angesichts des immer stärker dominierenden Einflusses der Parteidienststellen auf die NS-Außenpolitik und der Notwendigkeit, die NS-Propaganda im Ausland zu verstärken, wurde dieses Referat zusammen mit dem Referat Partei am 7. 5. 1940 zur „Deutschland-Abteilung" unter Martin Luther, einem Vertrauten Ribbentrops, umgewandelt. Letzterer hatte Verbindung zu allen Parteigliederungen zu halten. Er war außerdem federführend für die jüdischen Angelegenheiten (Deportationen)[14]. Die Mitarbeiter Luthers zählten zu jener „jungen Garde", die entweder vom sogenannten Büro Ribbentrop 1938 übernommen oder im Auswärtigen Amt in der zweiten Hälfte der dreißiger Jahre zur „Blutauffrischung" eingestellt worden waren. Unter ihnen waren zahlreiche Funktionäre der Auslandsorganisation (A. O.) von Gauleiter Bohle[15]. Ein Ergebnis dieser personellen Veränderungen war, daß die Beamtenschaft im Auswärtigen Dienst keineswegs mehr jene Homogenität besaß, wie das noch unter Neurath weithin gesichert schien. Aber eine „Nazifizierung" der Diplomaten im engeren Sinne, wie es möglicherweise Ribbentrop und Bohle angestrebt hatten, war damit kaum verbunden.

### *Soziale Struktur*

Das hing wahrscheinlich auch mit der sozialen Struktur der Beamtenschaft des Auswärtigen Amtes zusammen. Über die Herkunft der Diplomaten können zwar keine gesicherten Aussagen gemacht werden, weil die Personalakten zum Teil vernichtet worden (Luftangriff am 23. 11. 43) oder nach wie vor nicht zugänglich sind, jedoch dürfte die

---

14 Zur Mitwirkung des Auswärtigen Amtes (Referat D III der Abteilung Deutschland) bei Judendeportationen in den Jahren von 1940–43 vgl. die Untersuchung von: Christopher R. Browning, The Final Solution and the German Foreign Office. New York and London 1978. Zum sogenannten Luther Putsch im Frühjahr 1943: ebd., S. 149 f.

15 Zur Rolle der konkurrierenden Dienststellen in Staat und Partei: vgl. den Beitrag des Verfassers in dem Sammelband von: Manfred Funke (s. Anm. 27), S. 137 ff. (Zur Struktur der NS-Außenpolitik 1933–1945). Zur Auslandsorganisation jetzt ergänzend: Donald M. McKale, The Swastika outside Germany. Kent State University Press 1977.

Skizze 1

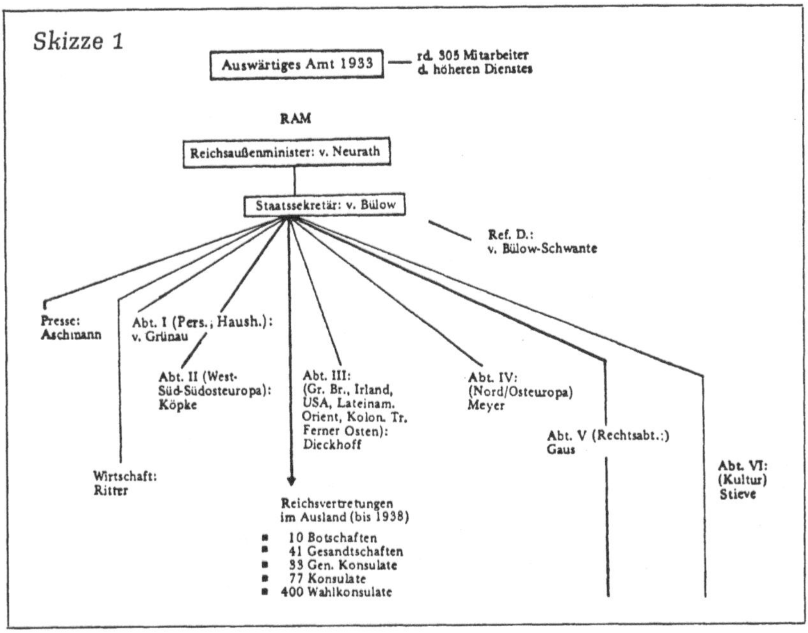


Skizze 2

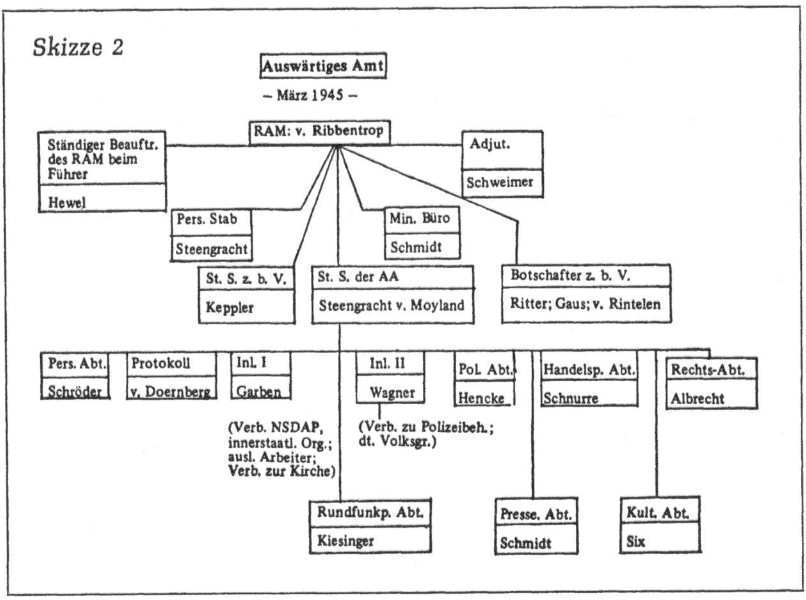

Mehrzahl der Beamten den Kreisen des Adels, der höheren Bürokratie und Offiziersfamilien entstammt sein. Generell läßt sich vielleicht folgendes sagen: Die Angehörigen des höheren auswärtigen Dienstes waren eine weithin homogene, zum Teil recht exklusive Gemeinschaft Gleichgesinnter, die Reichsaußenminister von Neurath während seiner Amtszeit gegen lästige Eingriffe der Partei geschickt abzuschirmen verstand. Die Einstellung der meisten zur Politik war durch eine stark konservative Gesinnung, durch das Denken in den Kategorien des über den Parteien stehenden pflichtbewußten Staatsdieners und durch die tägliche Routine geprägt[16].

Gewiß mag die Behauptung zutreffen, daß sich nur die wenigsten innerlich mit dem Nationalsozialismus identifiziert haben. Viele verharrten ganz einfach in der kühlen Distanz des überlegenen Fachmannes und kompensierten innerlich zugleich die Politik des NS-Terrors (einschließlich die der Judenverfolgung) mit dem „machtvollen Aufstieg" des Reiches bis 1938, während ihr Verhalten durch einen moralischen Subjektivismus gekennzeichnet war, stets das Bessere gewollt zu haben. Gleichwohl bewiesen sie von Jahr zu Jahr eindrucksvoller, wie sehr sie sich erforderlichenfalls zu arrangieren und gegen ihre Überzeugung den Standpunkt des nationalsozialistischen Systems nach außen hin zu vertreten wußten. Der Leiter der Rechtsabteilung des Auswärtigen Amtes, Friedrich Gaus, gestand für seine Person später ein, es habe ihm eine „innere Qual" bedeutet, daran zu denken, daß die höheren Beamten des Deutschen Reiches, obgleich sie dem Nationalsozialismus innerlich fremd und ablehnend gegenübergestanden hätten, doch zwölf Jahre „Ergebenheit und Folgsamkeit zur Schau" getragen hätten[17].

Kennzeichnend dafür war unter anderem die Tatsache, daß die meisten Spitzendiplomaten sowohl in der Zentrale als auch im Ausland in

---

[16] Vgl. Jacobsen I, S. 24 ff.

[17] Vgl. Jacobsen I, S. 25. Zur Charakteristik: G. Vogel, Diplomat unter Hitler und Adenauer. Düsseldorf 1969, S. 21 ff. Im Zusammenhang mit Gaus stellt er fest: „... Er besaß ein ausgeprägtes Anpassungsvermögen an die Gegebenheiten der jeweiligen politischen Situation ...". Auch Vogel bestätigt die hohe Kollegialität und das große Maß von Unabhängigkeit im Auswärtigen Dienst (S. 23); vgl. zudem seinen Hinweis, daß die Parteimitgliedschaft in gewissem Grade „gegen Verdächtigungen bei den deutschen Parteistellen" schützen konnte (S. 28). Diskussionsbeitrag bei den Büdinger Vorträgen vom 2. 4. 1982 (Tonband-Aufzeichnung).

ihren Ämtern und Stellungen verblieben. Betrachtet man zum Beispiel die Veränderungen in den Positionen der 51 deutschen Botschaften und Gesandtschaften von 1933 bis 1938, das heißt bis zur Ablösung Neuraths (außerdem existierten 33 Generalkonsulate, 77 Konsulate und etwa 400 Wahlkonsulate), so ergab sich ein bemerkenswertes Bild: von den insgesamt 87 eingesetzten Diplomaten (davon 43 Adelige) verstarben 3 (Köster, Graf Adelmann und von Hoesch), erreichten 5 die Altersgrenze, wurden 12 aus nicht klar ersichtlichen Gründen ausgewechselt, ohne mit einer neuen diplomatischen Mission betraut zu werden. 7, darunter 5 Außenseiter, verdankten ihre Verwendung der Protektion Hitlers oder anderer Nationalsozialisten, 35 (= 40 %) wurden regulär versetzt, indem sie entweder eine neue diplomatische Aufgabe erhielten oder nach Berlin in die Zentrale des Auswärtigen Amtes zurückkehrten. Höchstens 6 % wurden aus politischen Gründen abgelöst, darunter Rieth, von Kaufmann und von Dehn-Schmidt. Und von diesen quittierte ein einziger, nämlich der deutsche Botschafter in Washington, von Prittwitz-Gaffron, aus Gewissensgründen seinen Dienst, weil er es ablehnte, dem NS-Regime zu dienen, während Botschafter Nadolny (Moskau) um seinen Abschied bat, nachdem die Schwenkung der deutschen Außenpolitik mit Warschau gegen Moskau nicht mehr aufzuhalten war[18].

Die Alterspyramide der höheren Diplomaten und leitenden Beamten in den Auslandsvertretungen und in der Zentrale sah bis 1938 etwa folgendermaßen aus:

| | | |
|---|---|---|
| über 60 Jahre: | 6 | (Müller, Voretzsch, Freytag, Koch, Graf Lerchenfeld, von Bergen) |
| zwischen 50 und 60: | 59 | (darunter mit 60 Jahren von Neurath, Köpke, Schmidt-Elskop, Erythropel, Nadolny, Faupel, von Keller) |
| zwischen 45 und 50: | 26 | (davon 2 mit 45 Jahren, nämlich Ziemke und Erdmannsdorff) |
| unter 45: | 2 | |
| Insgesamt: | 93 | |

[18] Rupprecht von Keller (Büdinger Vorträge vom 2. 4. 1982) gibt für 1933 die Zahl von 33 Diplomaten (insgesamt) an, die nach der „Machtergreifung" aus dem Dienst geschieden seien (Diskussionsbeitrag).

Als Joachim von Ribbentrop 1935 zum Botschafter ernannt wurde, war er mit 42 Jahren der jüngste Diplomat in dieser Funktion. Zwei Jahre älter war Rudolf Leitner, der 1937 den Posten eines deutschen Gesandten in Pretoria übernahm. Das Durchschnittsalter der deutschen Diplomaten lag 1933 mit etwa 53 Jahren um 12–15 Jahre höher als das der neuen NS-Führungskräfte. Wenn wir das Alter der Angehörigen des Außenpolitischen Amtes der NSDAP, der Auslandsorganisation (A.O.) und der Dienststelle Ribbentrop damit vergleichen, das heißt also in den sogenannten konkurrierenden Dienststellen, so fällt der Unterschied noch krasser ins Gewicht, nämlich etwa um weitere 4–5 Jahre. Die Diplomaten des Auswärtigen Amtes hatten ihre entscheidenden Eindrücke und Erfahrungen im Kaiserreich und im Ersten Weltkrieg gesammelt. Hingegen hatten der verlorene Krieg, die Weimarer Zeit und die Umbruchperiode mit ihren radikalen Erscheinungsformen Haltung und Geist der jungen Nationalsozialisten geprägt. Dieser Altersunterschied, das heißt die Generationsfrage, spielte bei den zahlreichen Konflikten zwischen den verschiedenen Gruppen eine erhebliche Rolle[19].

Absolute Außenseiter gab es im Auswärtigen Dienst bis zur Ablösung Neuraths nur wenige. Zu ihnen zählte als erster der deutsche Botschafter in Washington, Hans Luther, den Hitler 1933 als Reichsbankpräsidenten ablösen ließ, weil dieser nicht bereit war, ihm die finanziellen Mittel für die Wiederaufrüstung zur Verfügung zu stellen. Der zweite Fall war Franz von Papen, der Vizekanzler im Kabinett, der in besonderer Mission nach Wien versetzt wurde, nachdem der NS-Putsch vom 25. 7. 1934 kläglich gescheitert war, und es darauf ankam, durch einen konservativ-katholischen Politiker die aufgewühlten Wogen in Österreich wieder zu glätten. Ribbentrop konnte seine „diplomatische" Karriere 1934 als Beauftragter der Reichsregierung für Abrüstungsfragen beginnen. Der vierte war Heinrich Sahm, der ehemalige Oberbürgermeister von Berlin, der mit Goebbels' Anhängern aneinandergeraten war und dem das Auswärtige Amt die Gesandtschaft in Oslo übertrug. Der nächste war General Faupel, der von 1936 bis 1937 das Deutsche Reich in Spanien bei der Regierung Franco vertrat, dann aber vorzeitig abgelöst wurde, weil deutsche und spanische Dienststellen seine eigenmächtige Politik scharf kritisiert hatten. In diesem Zusammenhang wäre noch ein Teilnehmer des Novemberputsches von 1923 zu erwähnen: Hermann Kriebel, der auf besondere Weisung Hitlers 1934 zum

[19] Ausführlicher bei: Jacobsen I, S. 34 ff., S. 495 ff.

Generalkonsul in Shanghai ernannt wurde. Der ehemalige Oberstleutnant hatte von 1929 bis 1933 General Tschiang Kai-schek militärisch beraten; 1939 avancierte er zum Leiter der Personalabteilung im Auswärtigen Amt. Auch sein Stellvertreter und späterer Nachfolger (1940), H. Schröder, ehemals Landesgruppenleiter der A.O. in Kairo, war ein aktiver Nationalsozialist. Ihm ist jedoch von vielen Seiten bescheinigt worden, daß er die Diplomatie geschickt gegenüber unliebsamen „outsiders" abgeschirmt und sich für sogenannte Nichtarier im Amt eingesetzt habe[20].

In der Berliner Zentrale war die Zahl der Außenseiter noch geringer. Sehen wir einmal von der Gastrolle ab, die der Erbprinz Josias von Waldeck-Pyrmont 1933/34 in der Personalabteilung gespielt hat, so konnte zunächst nur Gauleiter Bohle mit mehreren Mitarbeitern als „Eindringling" bezeichnet werden, als er 1937 zum Chef A.O. im Auswärtigen Amt ernannt wurde. Er eröffnete damit den Reigen der Parteiämter im Auswärtigen Amt, der dann unter Ribbentrop ab 1938 erweitert wurde.

Möglicherweise ist die Ernennung von zwei deutschen Gesandten im Jahre 1933 darauf zurückzuführen, daß sie der NSDAP angehörten. Zu diesen „Konzessionsschulzen" des Auswärtigen Amtes zählte Prinz zu Wied, der im Januar 1932 Mitglied der NSDAP geworden war, im März 1933 in den Ruhestand versetzt und dann überraschend im Oktober zum Gesandten in Stockholm ernannt wurde. Zur gleichen Zeit erhielt der Generalkonsul Erster Klasse, Freiherr von Thermann, Danzig, den Posten als Gesandter in Buenos Aires; auch er war Mitglied der NSDAP, außerdem der SS.

Im Verlaufe des Krieges hat dann allerdings Ribbentrop in immer stärkerem Umfange bestimmte Parteigrößen (insbesondere aus den Reihen der SA) in seinem Amtsbereich eingesetzt, sehr wahrscheinlich auch zur Stabilisierung seiner eigenen immer schwächer werdenden Machtposition. Nacheinander ernannte er gewissermaßen als „Statthalter des Reiches" die SA-Führer von Killinger (Bukarest) 1940, Jagow (Budapest) 1941, Ludin (Pressburg), Kasch (Agram) und Beckerle (Sofia). Hinzu kamen noch weitere Repräsentanten aus Parteikreisen als Reichsvertreter wie Otto Abetz (Paris), Werner Best (ab 1942 Dänemark) und

---

20 Jacobsen I, S. 26 ff.; Büdinger Vorträge vom 2. 4. 1982 (Diskussionsbeitrag von Hans Herwarth von Bittenfeld). Zur Rolle Görings s. jetzt: Stefan Martens, H. G. in der dt. Außenpolitik 1937/38, in: Machtbewußtsein in Deutschland am Vorabend des 2. Weltkrieges, hg. v. F. Knipping u. K. I. Müller, Paderborn 1984, S. 75 ff.

Otto Bene (in den Niederlanden). Jedoch auch dadurch konnte Ribbentrop an seiner mehr oder weniger einflußlosen Stellung bei der „Neuordnung Europas“ nichts ändern. Nach der Vertrauenskrise im Auswärtigen Amt im Frühjahr 1943 – Martin Luther hatte, wie es scheint, mit seinen jungen Mitarbeitern den Sturz des Außenministers angestrebt – führte er schließlich einen entscheidenden Schlag gegen das alte Beamtentum. Er berief den Staatssekretär von Weizsäcker, die Abteilungsleiter Woermann und Gaus ab und ernannte seinen Vertrauten Steengracht zum neuen Staatssekretär. Zudem besetzt er weitere führende Positionen des Amtes mit seinen Protegés, so daß schließlich alle neuen Abteilungen von seinen eigenen jungen Leuten, und nur die drei Kernabteilungen (Politik, Recht und Wirtschaft) von Berufsdiplomaten der Weimarer Republik (Hencke, Albrecht und Wiehl) geleitet wurden[21].

*Parteimitgliedschaft*

Die Frage der Parteimitgliedschaft der höheren Diplomaten ist nur schwer zu erklären. Es existieren zwar einige Übersichten, die Seabury in seiner Untersuchung über die Wilhelmstraße veröffentlicht hat[22] und Tonbänder mit mündlichen Aussagen darüber; aber diese lassen im Grund über die wirkliche politische Einstellung der Beamtenschaft kaum Rückschlüsse zu. Von 92 höheren Beamten der Zentrale waren 7 vor der Machtergreifung in die NSDAP eingetreten, 26 weitere bis 1937; von 21 gibt es keine Unterlagen über die Mitgliedschaft. Schätzungsweise $^1/_3$ der Beamten waren also Parteimitglieder. Wer die Praxis seit 1934 berücksichtigt, wird ermessen können, wie viele Mitläufer, Konjunkturritter und indirekt Gezwungene sich unter diesen befunden haben mögen. Ebensowenig können aus der Zugehörigkeit zur SS weitreichende Schlußfolgerungen gezogen werden. Wenn die SS-Rangliste von 1938 Neurath als SS-Gruppenführer, Staatssekretär von Weizsäcker als SS-Oberführer und Dr. Woermann als Standartenführer ausweist, so waren dies sogenannte Ehrendienst- oder auch Angleichungsränge ohne nennenswerte praktische Bedeutung oder Führungsaufgabe. Die genannten Diplomaten waren alles andere als typische Vertreter der NS-Führungselite.

---

21 Vgl. Doß, German Foreign Office (siehe Anm. 13), S. 246 ff.

22 Paul Seabury, The Wilhelmstraße. A Study of German Diplomats under the Nazi Regime. Berkeley 1954.

Immerhin waren 1940 von 120 höheren Beamten des auswärtigen Dienstes bereits 71 Mitglieder der NSDAP (= 60 %), 11 weitere hatten ihre Mitgliedschaft beantragt, ohne jedoch in die Partei aufgenommen zu werden. Alle Abteilungsleiter – von Gaus abgesehen – gehörten der NSDAP an (Woermann, Wiehl, Kriebel, Twardowski, Altenburg, Schmidt, Dörnberg).
Aus einer noch unveröffentlichten Statistik aus dem Jahr 1941 geht folgendes hervor: von 611 aktiven Angehörigen des diplomatischen Dienstes (einschließlich der Verwaltungskarrieren) waren zu dieser Zeit 465 Parteimitglieder oder Anwärter (das heißt rund 76 %). Nicht bekannt ist, welche Gründe für die übrigen 146 maßgebend gewesen sind, nicht in die Partei einzutreten.
Vermutet wird, daß ein Teil nicht mehr mit einer weiteren Beförderung wegen Erreichens der Altersgrenze rechnen konnte, andere aus innerer Überzeugung diesen Schritt ablehnten und einige von der Parteiführung nicht für „würdig" gehalten wurden, in die NSDAP aufgenommen zu werden[23].

## *Zum Spannungs- und Konfliktverhältnis von Partei und Diplomatie*

Betrachtet man die Arbeit des Auswärtigen Amtes in den Jahren von 1933 bis 1945 als Ganzes, so ist festzustellen, daß eine der wichtigsten Voraussetzungen für eine erfolgreiche Tätigkeit fehlte: nämlich das Vertrauen der obersten Führung zum Apparat. Unter dem Einfluß von Heß, Ribbentrop, Göring, Rosenberg, Goebbels, Bormann und verschiedenen Parteigrößen wuchs das Mißtrauen gegenüber den Beamten und Diplomaten. Im Frühjahr 1934 hatte Hitler diese als eine „Verschwörergesellschaft" bezeichnet, bei der er es bedauere, immer noch an die Zusagen bei der Kabinettsbildung gebunden zu sein, daß der Reichspräsident über die Armee und das Auswärtige Amt bestimme. Später urteilte er noch schärfer, als er rückblickend erklärte, das Auswärtige Amt sei „in Deutschland vor Ribbentrops Zeit ein wahrer Schuttplatz der Intelligenz gewesen". Bei seinen sogenannten Tischgesprächen hatte er wiederholt in scharfer Form die Leistungen und Weltfremdheit der deutschen Diplomaten kritisiert und bemängelt: „Unsere Diplomaten" hätten noch nicht einmal das Deutschtum im Ausland betreuen, aus-

---

[23] Vgl. Büdinger Vorträge vom 2. 4. 1982 (Diskussionsbeitrag Rupprecht von Keller). Unter den 611 Angehörigen waren 447 Protestanten, 118 Katholiken, 41 Gottgläubige und 5 Reformierte; außerdem: 122 Adelige (ebd.).

richten und leiten können, so daß er zum Ärger des Auswärtigen Amtes die Auslandsorganisationen habe schaffen müssen. Mochte diese Polemik auch mehr die Folge einer momentanen Verstimmung über das Verhalten einiger deutscher Botschafter im Ausland (zum Beispiel Otts und Schulenburgs) gewesen sein, im Grund spiegelt sie etwas von seiner Grundeinstellung gegenüber den Diplomaten wider. Im Herbst 1935 hatte er sich bei einer Beratung über Personalien bei Neurath bitter darüber beklagt, daß das Auswärtige Amt nicht mitgehe, außerhalb der Bewegung stehe, seine Politik nicht begreifen wolle und überall Schwierigkeiten mache[24].

Aber seine Absicht, die schlimmste „Kamarilla" nach dem Tode Hindenburgs (1934) ganz einfach „hinauszufegen", hat er dann doch nicht verwirklicht, zumal ihm das Verhalten seiner diplomatischen Vertreter im Ausland auch nur wenig Angriffsfläche bot. Bis 1938 griff er nur sporadisch in die Personalpolitik des Auswärtigen Amtes ein, weil er offenbar hoffte, dieses Problem auf andere Weise lösen zu können. Im übrigen überließ er diesen Kleinkrieg seinem Stellvertreter Heß bzw. den Reichs- und Gauleitern.

Was Hitler und seine höchsten Parteiführer bei den Angehörigen des Auswärtigen Amtes vermißten, waren Überzeugungstreue und Aktivität in ihrem Sinne. Ihrer Meinung nach waren nur die wenigsten Diplomaten wirkliche „Willensträger des Neuen Reiches". Äußerungen von Diplomaten, wie etwa, man müsse „dem jugendlichen Ungestüm die Möglichkeit geben, sich totzulaufen" (Haushofer)[25], bestärkten Hitler und seine Umgebung in ihrer manchmal beißenden Kritik. Jedoch kamen sie langsam zu der Einsicht, daß keine der anderen mit Außenpolitik befaßten Stellen in Staat und Partei sachlich und personell in der Lage war, das Auswärtige Amt zu ersetzen, zumal dessen Ansehen und Autorität im In- und Ausland nur wenig eingebüßt hatten.

Daß nach der „Machtergreifung" auch die Beamtenschaft des Auswärtigen Amtes mit der Zeit gleichgeschaltet werden sollte, darüber bestand in Parteikreisen keinerlei Zweifel. Dr. Scholz, außenpolitischer Referent im Verbindungsstab der NSDAP, hatte in einer Denkschrift vom September 1933 gefordert, in die gegenwärtige Politik und den Beamtenkörper des Auswärtigen Amtes Geist und Weltanschauung der Partei hineinzutragen und zu verankern. Zwischen der Bewegung und

---

[24] Vgl. Jacobsen I, S. 24 f.

[25] Vgl. Hans-Adolf Jacobsen, Karl Haushofer. Leben und Werk, Bd 1 und 2. Boppard 1979; ferner: Ursula Laack-Michel, Albrecht Haushofer und der Nationalsozialismus. Stuttgart 1974.

den Trägern der Außenpolitik müßten eine „lebendige immer gegenwärtige Verbindung und Übereinstimmung" bestehen. Zu diesem Zweck empfahl er die Ernennung eines führenden Nationalsozialisten zum Unterstaatssekretär im Auswärtigen Amt. Dieser sollte unter anderem die Aufgabe haben, sämtliche Arbeiten des Amtes zu kontrollieren und mit der Reichsleitung abzustimmen[26].

Freilich, derartige Ziele ließen sich im Auswärtigen Amt nicht in dem gewünschten Tempo verwirklichen, wie dies zum Teil bei anderen Behörden der Fall war. Denn in den ersten Jahren des Dritten Reiches waren dem Einfluß der NSDAP in dieser Hinsicht noch unverkennbare Grenzen gesetzt, wenngleich auch durch das Gesetz zur Wiederherstellung des Berufsbeamtentums vom April 1933 sogenannte Nichtarier (§ 3), soweit sie nach dem 1. 8. 1914 Beamte geworden waren, oder diejenigen, die nicht „jederzeit rückhaltlos für den nationalen Staat" (§ 4) eintraten, aus dem Dienst entlassen werden mußten (§ 3) bzw. konnten (§ 4). Bis 1934 zählte das Auswärtige Amt zur besonderen Domäne des Reichspräsidenten, und ohne dessen Einwilligung konnten keine grundlegenden Veränderungen vorgenommen werden. Überdies wollte Hitler zunächst alles vermeiden, was auf eine radikale Schwenkung in der deutschen Außenpolitik hindeutete. Solange er gewiß sein konnte, daß die alten Diplomaten seine Politik der „Revision" des Versailler Vertrages, die letzten Endes nur ein Vehikel war, rückhaltlos unterstützten und dafür ihr ganzes diplomatisches Geschick einsetzten – und damit konnte er rechnen, wie sich bald herausstellte – gab es trotz des mangelnden Vertrauensverhältnisses zwischen Auswärtigem Amt und Partei keinen zwingenden Grund, die wichtigsten Posten innerhalb des Auswärtigen Amtes neu zu besetzen. Die altbewährten Diplomaten schienen überdies das beste Aushängeschild für die Fortsetzung einer traditionellen Außenpolitik zu sein, die auf das Ausland beruhigend wirkte[27].

Natürlich versuchten einzelne Parteistellen, zuverlässige Parteigenossen in das Amt einzuschleusen, die an ihrer Gesinnung keinen Zweifel

---

26 Vgl. Jacobsen I, S. 465.

27 Zur deutschen Außenpolitik in den Jahren des Dritten Reiches vgl. den grundlegenden Sammelband: Manfred Funke, Hg., Hitler, Deutschland und die Mächte. Düsseldorf 1976, sowie die ausgezeichnete Diplomatiegeschichte von: Gerhard L. Weinberg, The Foreign Policy of Hitler's Germany, Bd. 1 (1933–1936). Chicago 1970; Bd. 2 (1937–1939). Chicago 1980. Zudem: Jacobsen II, S. 20 ff.

ließen und die eines Tages bereit waren, jede Schwenkung der Außenpolitik rückhaltlos zu unterstützen. Allein die Zahl der in den ersten Jahren in den diplomatischen Dienst übernommenen „NS-Protektionisten" war, gemessen an der Größe des Apparates und an dem Einfluß, den diese Männer ausüben konnten, unbedeutend, von Ribbentrop einmal abgesehen. Es war vor allem das Verdienst von Neurath, daß seine Behörde vor Außenseitern bewahrt und im wesentlichen nur den Karriere-Diplomaten offen gehalten wurde, die eine entsprechende Ausbildung besaßen und eine ordnungsgemäße Laufbahn durchschritten hatten.

In den Anfangsjahren des Dritten Reiches waren die beamtenrechtlichen Bestimmungen für die Einstellung in den diplomatischen Dienst meistens ein kaum zu überwindendes Hindernis für Außenseiter. Hierzu zählten vor allem die klaren Laufbahnbestimmungen, die Einhaltung des Stellenplanes und die einheitlichen Beförderungsvorschriften. Das mußten die Vertreter der Partei bei vielen Gelegenheiten erkennen. Dennoch versuchte der Chef A.O., Gauleiter Bohle, auf allen nur erdenklichen Wegen die Personalpolitik des Auswärtigen Amtes im Sinne der NSDAP und seiner eigenen Vorstellungen zu beeinflussen. Das geschah einmal dadurch, daß er die Reichsvertreter im Ausland beobachten und über ihre politische Zuverlässigkeit berichten ließ. Teilten ihm seine Organe mit, daß ein Beamter vom Standpunkt des „Neuen Deutschland" nicht tragbar sei, war er bestrebt, den Fall über den Stellvertreter des Führers klären zu lassen. Zum anderen bemühte er sich, nationalsozialistisch gesinnte Persönlichkeiten mit einer gewissen Auslandserfahrung oder solche, die in einer Abteilung der A.O. gearbeitet hatten, über Heß dem Auswärtigen Amt zur Einstellung in den diplomatischen Dienst vorzuschlagen. Hinzu kamen Vorschläge zur Ablehnung der Parteimitgliedschaft, zu Verzögerungen von Beförderungen, von Neubesetzungen oder Versetzungen[28].

Offenbar hat auch Ribbentrop versucht, sich in die Personalpolitik des Auswärtigen Amtes einzuschalten. 1936 hatte er seinen Mitarbeiter von Raumer damit beauftragt, bei Beförderungsvorschlägen des Auswärtigen Amtes die Beurteilung des jeweiligen Blockwartes einzuholen, um über die parteipolitische Zuverlässigkeit des betreffenden Beamten Auskunft zu erhalten. Aber von Raumer befolgte diese Weisung nicht. Er reichte fast alle Anträge unbeanstandet an das Amt zurück[29].

---

[28] Vgl. Jacobsen I, S. 34 ff., 119 ff. u. ö.

[29] Vgl. Jacobsen I, S. 469.

Die Auslands-Organisation (A.O.) der NSDAP mußte noch bis zum April 1936 warten, bis im Zuge der Reorganisation des Auswärtigen Amtes der mit Bohle befreundete Ministerialdirigent Curt Prüfer zum Personalchef des Auswärtigen Amtes ernannt wurde. Damit bahnte sich eine Periode engerer Zusammenarbeit auf personalpolitischem Gebiet an. Nachdem Bohle Chef der A.O. im Auswärtigen Amt (1937) geworden war, wurde die Verfahrensweise bei Beförderungsvorschlägen innerhalb des Auswärtigen Amtes dadurch etwas erleichtert, daß nunmehr die Parteizentrale in München nach Zustimmung durch Bohle schneller ihr Placet erteilte. Seit dem Erlaß Hitlers vom 24. 9. 1935 mußten alle Ernennungen, die normalerweise von Führer und Reichskanzler ausgesprochen wurden, erst zur Stellungnahme an Rudolf Heß geleitet werden. Dieser wiederum delegierte die Vorprüfung für die Beamten des Auswärtigen Amtes an Bohle. Damit war das generelle Einspruchsrecht der Partei gegenüber unliebsamen und parteipolitisch „nicht zuverlässigen" Diplomaten verankert. Beabsichtigte Ernennungen von Botschaftern und Gesandten trug Neurath allerdings Hitler persönlich vor. Wenn er dazu die Zustimmung von Heß hatte, konnte er mit dem Einverständnis des „Führers und Reichskanzlers" rechnen.
Angesichts der hier angedeuteten Entwicklung war die knappe Aufzeichnung Albrecht Haushofers – des Sohnes des bekannten Geopolitikers Karl Haushofer – vom Februar 1938 über die Personalpolitik des Auswärtigen Amtes unter dem Einfluß der A.O. und anderer Parteidienststellen im wesentlichen zutreffend, wenn er schrieb[30], während die deutschen Botschafter und Gesandten ihre selbständige Stellung hätten bewahren können, weil sie dem Führer persönlich bekannt seien, stehe das Gros der Mitglieder des Auswärtigen Dienstes unter einem ständigen Druck der lokalen und zentralen Stellen der A.O.; im besonderen gelte das für Beamte, die nicht der Partei angehörten. Haushofer resümierte, dagegen sei an und für sich wenig einzuwenden, da die alten Parteigenossen ja auch den Staatsapparat im Reich kontrollierten. Die A.O. sei aber erst nach 1933 aufgebaut worden; das „gesinnungsmäßige Recht" der Kontrolle stehe daher im Ausland auf recht fragwürdigem Boden. Außerdem sei es mehr als problematisch, ob die betreffenden Parteistellen überhaupt in der Lage seien, die Leistungen der von ihnen kritisierten Diplomaten zutreffend zu beurteilen. So sei es für die Beförderungschancen eines Legationssekretärs oder

---

[30] Siehe Anmerkung 25; (hier 1938: National Archives, Washington, Mikrofilm T – 253/46).

Vizekonsuls häufig wichtiger, sich auf möglichst vielen Veranstaltungen der Partei zu zeigen, als seine Aufgabe im Verkehr mit der Macht zu erfüllen, bei der man akkreditiert sei. Das Ausland habe von dieser Praxis hinreichend Kenntnis, daher hätte das deutsche Ansehen schon beträchtlich gelitten. Mancher Ausländer in maßgebender Position stelle die Frage, warum das Dritte Reich seinen Diplomaten so wenig vertraue[31] und jeden zweiten durch die Partei überwachen lasse. Könne Berlin nicht eine klare Linie ziehen: nämlich diejenigen, denen es mißtraue, zu pensionieren, die anderen aber, denen als Hoheitsträger des Staates nach außen diplomatische Aufgaben übertragen würden, auch mit dem äußeren Zeichen des Vertrauens der Partei auszustatten? Zu einer solchen Grundsatzentscheidung hat sich die NS-Führung jedoch niemals durchringen können, zumal der Kriegsausbruch 1939 alle Reformpläne auf diesem Gebiet zunichte machte.

Hinzu kam, daß die NS-Führung weder fähig noch in der Lage war, parallel zur Beamtenschaft des Auswärtigen Dienstes eine neue Elite auf dem Gebiet der traditionellen Außenpolitik, das heißt der Diplomatie heranzubilden. Trotz der zahlreichen konkurrierenden Ämter (Außenpolitisches Amt der NSDAP, A.O., Dienststelle Ribbentrop usw.),

---

31 Aufschlußreich in diesem Zusammenhang ist eine (nicht vollständige) Übersicht über die Unterredungen Hitlers mit deutschen Diplomaten (nicht berücksichtigt sind dabei die Gespräche mit von Neurath und von Bülow) bis 1938:

| | 1933 | 1934 | 1935 | 1936 | 1937 |
|---|---|---|---|---|---|
| 1. Allgemein: | – | 3* | 3 | 13** | 9** |
| 2. Nadolny (Moskau): | 2 | 2 | – | – | – |
| 3. v. Hassell (Rom): | 2 | 1 | 3*** | 5 | 1 |
| 4. v. Papen (Wien): | – | 1 | 3 | 2 | 5 |
| 5. v. Dirksen (Tokio): | 1 | – | – | 2 | – |
| | 5 | 7 | 9 | 22 | 15 |

* Darunter Rieth (Wien) und Muff (Militärattaché).

** Dabei handelt es sich meistens um die Abmeldung der Diplomaten vor der Übernahme ihrer neuen Geschäfte im Ausland.

*** 23. 1.; 20. 5. und 22. 9. 1935.

Daraus geht hervor, daß Hitler bei der Beurteilung der Lage lediglich auf die Ansichten Hassells (über Italien) und Papens (über Österreich) besonderen Wert legte. Die anderen Reichsvertreter hatten, von wenigen Ausnahmen abgesehen, so gut wie keine Möglichkeit zur umfassenden Berichterstattung (Jacobsen I, S. 368 f.).

bei deren Machtkampf untereinander es nicht gegen Hitler, sondern um die Gunst des „Führers“ ging, blieb ihr als Ausweg im Grunde nur die „Revolution von oben“, das heißt die Auswechslung der Spitzenpositionen. An die Stelle Neuraths trat schließlich 1938 dessen langjähriger Rivale Ribbentrop. Zwar gab es in den genannten NS-Dienststellen manchen fähigen Kopf mit eigenen (sicherlich häufig auch recht abstrusen) Ideen; aber insgesamt betrachtet waren die Amtsleiter, Referenten und Angestellten weder nach Quantität, schon gar nicht nach Qualität – ihr Auftreten war häufig eine Mischung von Naivität, Ignoranz und Arroganz – imstande, das Auswärtige Amt zu ersetzen, ganz abgesehen davon, daß der zwischen ihnen ausgetragene Konkurrenzkampf ein gemeinsames Vorgehen gegen die Wilhelmstraße ausschloß. Viele der „Möchtegern“-Diplomaten disqualifizierten sich außerdem von selbst, von der dilettantischen Organisation vielerorts ganz zu schweigen[32].

### *Oppositionelles Verhalten*

Es bleibt noch, einen weiteren wichtigen Aspekt der deutschen Diplomatie in den Jahren von 1933 bis 1945 zu erwähnen, nämlich den des oppositionellen Verhaltens in ihren Reihen. Erst in jüngster Zeit haben Wissenschaftler den Begriff „Widerstand“ im Dritten Reich schärfer gefaßt und verschiedene Formen und Stufen desselben unterschieden[33]. Noch Hans Rothfels hatte in seiner bahnbrechenden Studie ganz allgemein von der „deutschen Opposition gegen Hitler“ gesprochen[34]. Zweifellos wird im Lichte neuerer Erkenntnisse aber stärker zu differenzieren sein zwischen latenter innerer Gegnerschaft, passivem Verhalten, mannigfachen Protesthaltungen, illegal organisiertem Widerstand, Mitwisserschaft an den Umsturzplänen und der aktiven Beteiligung am Aufstand gegen das Unrechtsystem. Bei alldem waren die

---

[32] Vgl. ausführlich: Jacobsen I.

[33] Vgl. jetzt den allgemeinen Überblick über die Forschung: Regine Büchel, Der Deutsche Widerstand im Spiegel von Fachliteratur und Publizistik. München 1975; ferner von: Ger van Roon, Widerstand im Dritten Reich. München 1979; Peter Hoffmann, Widerstand. Staatsstreich. Attentat. Der Kampf der Opposition gegen Hitler. ²Frankfurt 1970 (erw. Aufl.).

[34] Vgl. Hans Rothfels, Die deutsche Opposition gegen Hitler. Eine Würdigung, erw. Ausgabe Frankfurt 1969 (Fischer-Tb). Siehe auch jetzt: Bracher u. a., Nationalsozialistische Diktatur, S. 618 ff.; Marion Thielenhaus, Zwischen Anpassung und Widerstand. Deutsche Diplomaten 1938–1941, Paderborn 1984.

Übergänge von einem zum anderen Stadium im Verlauf der Entwicklung fließend und die Gründe dafür recht unterschiedlich. Aber sicherlich dürften überwiegend nationale und ethisch-religiöse Werte die zahllosen Männer und Frauen jeweils zu ihren schwerwiegenden Schritten motiviert haben.

Dies trifft auch für jene Diplomaten zu, die das totalitäre Herrschaftssystem auf ihre Weise bekämpft haben. In den Jahren bis 1944 haben überzeugte Christen wie Hans-Bernd von Haeften, universal denkende Männer wie Adam von Trott zu Solz, Albrecht Graf Bernstorff, beide dem Kreisauer Kreis zugehörig, oder national gesinnte Persönlichkeiten wie Ulrich von Hassell, Friedrich Werner Graf von der Schulenburg und Otto Kiep (die wichtige Aufgaben in einer neuen Regierung unter Beck-Goerdeler übernehmen sollten) sowie Eduard Brücklmeier ihre Gewissensentscheidungen zur Erhaltung des Friedens und gewaltsamen Überwindung des NS-Systems mit ihrem Leben bezahlt[35]. Dabei mag wohl weniger ins Gewicht fallen, daß sich ihre Vorstellungen von der notwendigen Erneuerung des staatlichen Gemeinwesens in Verpflichtung gegenüber Recht und Kultur des deutschen Volkes vielfach in den Bahnen konservativer Denkkategorien bewegt haben, die eine antibolschewistische Vormachtstellung des Reiches in Europa zum Ziel hatten, ohne allerdings die politische Eigenständigkeit und kulturelle Eigenart der anderen Staaten anzutasten. Wesentlicher blieb, daß sie in tiefem Verantwortungsbewußtsein für Deutschland das Äußerste gewagt haben, um das Schreckenssystem zu beseitigen.

Vor Ausbruch des Zweiten Weltkrieges haben Staatssekretär Ernst von Weizsäcker[36] und wahrscheinlich noch entschiedener die Brüder Erich

---

[35] Vgl. Walter Schmitthenner und Hans Buchheim, Hg., Der deutsche Widerstand gegen Hitler. Köln–Berlin 1966 (siehe dort die Studie von: Hermann Graml, Die außenpolitischen Vorstellungen des deutschen Widerstandes, ebd., S. 15 ff.); Robert Gibbons, Hg., Opposition gegen „Barbarossa" im Herbst 1940. Eine Denkschrift aus der deutschen Botschaft in Moskau. In: Vierteljahrshefte für Zeitgeschichte 23 (1975), S. 332–340. Ergänzend: Klaus Hildebrand, Die ostpolitischen Vorstellungen im deutschen Widerstand. In: Geschichte in Wissenschaft und Unterricht 29 (1978), S. 213–241.

[36] Vgl. die Studie von: Rainer A. Blasius, Für Großdeutschland – gegen den großen Krieg. Ernst von Weizsäcker in den Krisen um die Tschechoslowakei und Polen. Köln 1981; siehe ferner: Leonidas E. Hill, Hg., Die Weizsäcker-Papiere 1933–1950. Frankfurt 1974; s. auch Anm. 34.

und Theodor Kordt und Hans von Herwarth[37], – um einige bekannt gewordenen Namen zu nennen – ihre verschiedenen Verbindungen im In- und Ausland dazu benutzt, um durch die Weitergabe außenpolitisch relevanter Informationen das Ausland zu einer härteren Haltung gegenüber der NS-Politik zu veranlassen bzw. den großen Krieg zu verhindern. Nach 1939 haben sie sodann im Rahmen ihrer Möglichkeiten zur Mäßigung, zum Ausgleich und zur rechtzeitigeren Beendigung des Krieges beizutragen versucht. Ähnlichen Zielen galt die konspirative Tätigkeit von Diplomaten wie Hasso von Etzdorf, Albrecht von Kessel und Gottfried von Nostitz-Drzewicki, im begrenzterem Umfange der von W. von Bargen, Herbert Blankenhorn und W. Melchers[38]. Gemessen an der Zahl der Beamten im Auswärtigen Dienst blieb jedoch eine solche Handlungsweise die einer verschwindend kleinen Minderheit. Die Mehrheit erlag – wie die Staatsdiener in den anderen Behörden – der Verführung und Manipulation durch die NS-Machthaber oder hat moralisch und intellektuell ganz einfach versagt.

## AUSBLICK: DIPLOMATIE IM KRIEGE

Abschließend müssen noch einige Entwicklungstendenzen in der Kriegszeit skizziert werden. Fraglos bedeutete das Jahr 1939 für die deutsche Diplomatie eine entscheidende Zäsur, insbesondere deshalb, weil nunmehr die bis dahin im Vordergrund stehende weithin von den konservativen Kräften des Reichs mitgetragene und unterstützte Revisionspolitik durch die NS-Expansionspolitik abgelöst wurde. Die weitergesteckten Ziele der NS-Machthaber wurden partiell enthüllt, während

37 Vgl. die Erinnerungen von: Hans Herwarth von Bittenfeld, Zwischen Hitler und Stalin. Erlebte Zeitgeschichte 1931–1945. Frankfurt 1982, S. 105 ff., insbesondere: S. 131 ff. („Die Sudetenkrise und mein erster Schritt im Widerstand").

38 Siehe auch: Ulrich von Hassell, Vom andern Deutschland. Aus den nachgelassenen Tagebüchern 1938–1944. Zürich 1946; Helmut Groscurth, Tagebücher eines Abwehroffiziers 1938–1940. Mit weiteren Dokumenten zur Militäropposition gegen Hitler, hg. von Helmut Krausnick und Harold C. Deutsch. Stuttgart 1970. Ferner: Anm. 13 (Haas). Vgl. zudem: Klaus-Jürgen Müller, General Ludwig Beck. Studien und Dokumente zur politisch-militärischen Vorstellungswelt und Tätigkeit des Generalstabschefs des deutschen Heeres 1933–1938. Boppard 1980.

die Diplomaten mehr und mehr in den Hintergrund traten. Von einzelnen Aktionen und Entscheidungshilfen einmal abgesehen, so zum Beispiel bei dem Zweiten Wiener Schiedsspruch von 1940, dem Dreimächtepakt vom 27. 9. 1940, dem Freundschaftspakt mit der Türkei von 1941 sowie bei der Außenhandelsoffensive in Südosteuropa und Lateinamerika konnten diese kaum nennenswert in das Geschehen eingreifen, zumal das Reich 1942 nur noch mit 22 Staaten diplomatische Beziehungen unterhielt. Vielmehr spielten viele von ihnen, wie zahlreiche Mitarbeiter anderer miteinander rivalisierender Stellen, in zunehmendem Maße die Rolle willfähriger Hilfsinstrumente bei der Verwirklichung der „Neuordnung" Europas, der NS-Propaganda in aller Welt und der rassischen Vernichtungspolitik. Dessen ungeachtet waren es Hitler und sein Reichsaußenminister, die bis 1942 – wie schon vor dem Kriege – zahlreiche ausländische Staatsmänner empfingen, an der Spitze diejenigen von Italien, Rumänien, Ungarn, Bulgarien, Spanien, Japan und der Slowakei, um diese Staaten – allerdings mit wechselndem Erfolg – von den Vorteilen eines gemeinsamen Kampfes gegen Bolschewismus und Angelsachsen zu überzeugen. Nach dem militärischen Umschwung an allen Fronten 1942/43 versuchten sie, – teilweise unter massivem Druck – ihre Verbündeten von einem vorzeitigen Einstellen der Kampfhandlungen oder einer Kapitulation abzuhalten[39].

Mit Beginn der NS-Expansion nahm die Zahl der Ministerien und Dienststellen um ein Vielfaches zu, die im Sinne der revolutionären NS-Zielsetzung „auswärtige Politik" des Dritten Reiches in den eroberten, abhängigen oder neutralen Staaten betreiben sollten. Dabei kam es zu einer im einzelnen kaum mehr rekonstruierbaren Ämterrivalität und zu Kompetenzkonflikten unterschiedlichster Art, während sich Hitler fast ganz auf die operative Kriegführung konzentrierte. Dies war ein weiterer Beweis dafür, daß der „Führer" seine Politik vornehmlich mit Waffengewalt verwirklichen wollte. Spannungen traten sowohl zwischen den Wehrmachtsbefehlshabern und Chefs der Zivilverwaltungen, zwischen SS-Behörden und Organen des Reichswirtschaftsministeriums, des Vierjahresplanes (Göring), den Monopolgesell-

[39] Vgl. zum Anspruch Ribbentrops, in den besetzten Ländern ein Mitspracherecht als Reichsaußenminister zu haben: Vogel, Diplomat unter Hitler (siehe Anm. 17), S. 78 f. Zu Ribbentrops Hauptquartier am Ende des Krieges: Vogel, S. 101 ff. Siehe außerdem: Bernd Martin, Friedensinitiativen und Machtpolitik im Zweiten Weltkrieg 1939–1942. Düsseldorf 1974.

schaften (Großkonzernen) und dem Reichsministerium für die besetzten Ostgebiete (das unter Leitung Rosenbergs 1941 gebildet worden war) auf als auch zwischen den Reichskommissaren, Gauleitern, den „Statthaltern des Großdeutschen Reiches" im Ausland und den höheren SS- und Polizeiführern. Ihre Autorität war, wie schon vor 1939, vor allem von dem Zugang zu Hitler abhängig, der seit dem Flug des Stellvertreters des Führers, Rudolf Heß, nach England (Mai 1941) im wesentlichen nur über Reichsleiter Bormann möglich war. Dieser nahm daher seitdem eine Schlüsselstellung im ganzen Apparat des NS-Systems ein. Nur Himmler, Ribbentrop, Goebbels, Speer (ab 1942) und in den Anfangsjahren des Krieges Göring besaßen eine Art Immediatstellung bei Hitler, der aus seinen Bunker-Hauptquartieren nur noch selten herauskam. Die internen Machtkämpfe und die divergierenden Konzeptionen sind allerdings bis heute noch nicht zusammenfassend analysiert worden. Das gleiche gilt für die Rolle der Diplomatie im Zweiten Weltkrieg. Lediglich die Verantwortung des Referates D III der Abteilung Deutschland im Auswärtigen Amt unter Rademacher bis zum Jahre 1943 ist inzwischen von einem jüngeren amerikanischen Wissenschaftler subtil untersucht worden[40].

## BEWERTUNG

Soweit sich bis heute feststellen läßt, bewies das Auswärtige Amt mit seinen zahlreichen vorzüglichen Diplomaten und Beamten in den Jahren von 1933 bis 1945 ein hohes Maß an Anpassungsfähigkeit, sei es aus Opportunismus, sei es aus der Einsicht heraus, daß es nur auf diese Weise, das heißt auf dem Weg des geringsten Widerstandes, die traditionelle außenpolitische Linie einhalten oder Schlimmeres verhüten konnte. Ganz abgesehen von einigen Hundertprozentigen, die sogleich in das NS-Lager hinüberwechselten oder bereits vor 1933 mit dem Nationalsozialismus sympathisiert hatten – sicherlich vielfach aus aufrichtiger patriotischer Gesinnung, ähnlich wie viele andere Zeitgenossen aus den Kreisen der Intellektuellen –, identifizierten sich die meisten Beamten des Auswärtigen Amtes bald nach außen hin mit der Politik der Reichsregierung und mit Teilen des NS-Programms, ohne jedoch mit den Endzielen des NS Regimes übereinzustimmen.

[40] Siehe Browning, Final Solution (Anm. 14).

Bei der Zusammenarbeit mit den Parteidienststellen ließen die Beamten eine gewisse Vorsicht walten, weil in Anbetracht der Machtposition derselben und der Gestapo die Rückwirkungen bestimmter Handlungsweisen auf den betreffenden Referenten des Auswärtigen Amtes nur schwer abschätzbar waren. Viele beschränkten sich daher meist auf eine möglichst sachliche Stellungnahme. Die Beamten des Auswärtigen Amtes leisteten zudem der A.O. in ihrem Kampf um das Auslandsdeutschtum und in der Behauptung gegenüber den Behörden des Auslandes große Hilfe. Das war auch darauf zurückzuführen, daß sich Neurath, bei aller kühlen Reserve dem Treiben der Partei gegenüber, zu einem unverkennbaren Bewunderer Hitlers und der nationalsozialistischen Idee entwickelt hatte, so wie er diese interpretierte und wie diese bis 1938 in der Außenpolitik propagiert wurde. Der Reichsaußenminister blieb bemüht, dieses Verständnis auch seinen Mitarbeitern nahezubringen. Unter Ribbentrop wurde dieser Prozeß sodann verstärkt fortgesetzt.
Indessen wissen wir heute, daß die von den Nationalsozialisten vor 1933 proklamierten außenpolitischen Forderungen – von der politischen Lage Deutschlands einmal abgesehen – infolge ihrer revolutionären Zielsetzung mit Hilfe des konservativen Apparates des Auswärtigen Amtes gar nicht zu erfüllen waren. Hitler suchte daher von Anfang an nach neuen Organisationsformen und bedingungslos gehorchenden Gefolgsmännern, mit deren Unterstützung er seinen Zielen schrittweise näherkommen und diese allen Widerständen zum Trotz verwirklichen konnte, während er gleichzeitig durch die Revisions- und Rüstungspolitik mit Hilfe des Auswärtigen Amtes, des Reichskriegs-, Wirtschafts-, Finanz- und Reichsluftfahrtministeriums die wichtigsten machtpolitischen Voraussetzungen schuf. Wie aber die dazu erforderlichen Mittel im einzelnen eingesetzt und welche Methoden angewandt werden sollten, wurde von Anfang an der Gunst des Augenblicks, das heißt der Situation und den Umständen bzw. dem praktischen Gebrauch der Macht überlassen.
Betrachten wir unter diesem Aspekt die Struktur der NS-Außenpolitik als Ganzes, so läßt sich wahrscheinlich formulieren: die neu errichteten NS-Dienststellen, zum Teil unabhängig voneinander und meistens unter Umgehung des Auswärtigen Amtes, haben zellenartig partielle Funktionen im Rahmen der großen Aufgabe übernommen. Dazu zählten die Erziehung des deutschen Volkes zum Heroisch-Kämpferischen bzw. zum Fanatismus und die damit verbundene Militarisierung der Gesellschaft, die Gleichschaltung der Reichsdeutschen, das heißt die „Stählung des Volkskörpers" jenseits der Grenzen zu einem Machtinstru-

ment und möglichen Mittel indirekter Aggressionstechnik, der Ausbau des neuen dokrinären Bündnissystems, das auf eine scheinbare Abgrenzung der Interessen mit England und eine engere Zusammenarbeit mit Italien sowie Japan hinauslief, die insgeheim durch Rosenberg vorbereiteten Pläne zur Aufteilung der UdSSR, ferner der Kampf gegen das „Weltjudentum" und den Bolschewismus, die Förderung einer „Nordischen Schicksalsgemeinschaft" und die gesamte geistige Schulung[41]. Im 2. Weltkrieg aber waren es schließlich die zahlreichen miteinander konkurrierenden Stellen der SS (teilweise unterstützt von einzelnen Heereseinheiten), der Partei (Gauleitern), der Wirtschaft und des Staates, die – wenn auch mit unterschiedlichen Konzeptionen – für die Bevölkerungs-, Ausbeutungs- und Vernichtungspolitik verantwortlich zeichneten. Eine solche Politik bezeugte den Willen Hitlers, neben der amtlich-offiziösen Diplomatie, die er aus taktischen Erwägungen bis 1939 unter ständiger Beteuerung des Friedens mit nationalen Parolen wie mit denen der Revision des Versailler Vertrages und des Selbstbestimmungsrechtes argumentieren ließ, den Aufbau des „Neuen Deutschlands" und die Umgestaltung Europas zu forcieren. Daß dabei die deutschen Diplomaten ihren Teil zur Verharmlosung des NS-Systems und seiner Praktiken beigetragen, sich als Helfer bei der NS-Besatzungs- und Kriegspolitik erwiesen und im Einzelfalle zudem Judendeportationen begünstigt haben, kann heute nicht mehr bestritten werden. Daher werden auch sie von der partiellen Verantwortung für die Politik des Dritten Reiches nicht freizusprechen sein[42].

41 Vgl. Jacobsen I, S. 445 ff.; 483 ff.

42 Vgl. hierzu jetzt auch den knappen Überblick von: Gerhard A. Ritter, Karl Dietrich Bracher, Hans Buchheim, Manfred Messerschmidt, Totalitäre Verführung im Dritten Reich. Arbeiterschaft. Intelligenz. Beamtenschaft. Militär. München 1983, S. 24 ff.

# Schlußbericht

## Glanz und Ohnmacht des deutschen diplomatischen Dienstes 1871–1945

VON JOHN C. G. RÖHL

„Fehler in der inneren Verwaltung können durch einen Ministerwechsel gut gemacht werden. Finanzielle Irrtümer lassen sich meist in einigen Monaten, wirtschaftliche in einigen Jahren reparieren. Selbst Niederlagen auf dem Schlachtfelde können, wenn auch meist erst nach Jahrzehnten, wettgemacht werden. Aber große, grobe Fehler in der auswärtigen Politik sind oft *nie* wieder gut zu machen."[1] Mit diesen Mahnungen ahnte schon 1895 der deutsche Botschafter in Rom und prädestinierte Staatssekretär des Auswärtigen Amtes bzw. Reichskanzler Bernhard von Bülow den katastrophalen Gang der deutschen Geschichte in der ersten Hälfte des 20. Jahrhunderts und somit auch das übergreifende Thema der vorliegenden Beiträge voraus, geht es allen Referenten doch letztendlich um die Frage, weshalb das deutsche diplomatische Korps nicht willig oder imstande war, den so verheißungsvollen politischen, wirtschaftlichen und kulturellen Aufstieg der preußisch-deutschen Großmacht friedlich zu gestalten, sondern stattdessen aktiv oder passiv an der Selbstzerstörung Deutschlands – und an der Selbstzerstörung Europas – in zwei europäischen Bürgerkriegen mitbeteiligt war.

Daß der zweite dieser Kriege von Deutschland ausgelöst wurde, wird kein ernsthafter Historiker bestreiten wollen. Umstritten ist lediglich die Frage, ob die traditionellen Führungseliten – und hier in erster Linie das diplomatische Korps – willig mitgearbeitet haben, um in einem zweiten Anlauf die Hegemonie Deutschlands über Europa mit Gewalt zu erzwingen, oder ob sie stattdessen in dem Gefühl, „für Deutschland tätig zu sein", „als Mitglied einer Gemeinschaft Gleichdenkender", „aus mangelndem Urteil" oder auch nur, „weil man end-

---

[1] Bülow an Eulenburg, 7. 2. 1895, gedr. in: John C. G. Röhl Hg., Philipp Eulenburgs politische Korrespondenz, 3 Bde. Boppard 1976–1983, Bd. 2, S. 1454 f.

lich heiraten konnte"[2] über gewisse Exzesse der NS-Führung hinwegblickten und sich für Hitler „totschießen" ließen[3]. Der Anteil Deutschlands an der Verursachung des Ersten Weltkrieges ist erheblich umstrittener als der im Jahre 1939. Selbst wenn man aber davon ausgeht, daß die Rolle Deutschlands im Juli 1914 nicht höher einzuschätzen ist als die der anderen beteiligten Großmächte, so bleibt dem deutschen diplomatischen Korps der Kaiserzeit der Vorwurf nicht erspart, diesen Krieg durch rechtzeitige Warnung vor seiner Aussichtslosigkeit nicht verhindert zu haben. Es fällt einem schwer, dies auszusprechen, aber man könnte der kaiserlichen Diplomatie auch vorwerfen, wenn es schon zum Kriege kommen mußte, nicht eine günstigere Ausgangslage für einen schnellen Sieg geschaffen zu haben und damit den Tod von Millionen von Menschen und unaussprechliche politische Katastrophen verhindert zu haben. Wenn der Krieg wirklich, wie Clausewitz sagt, die Fortführung der Politik mit anderen Mitteln ist, so kann man sogar die Frage aufwerfen, warum es der deutschen Diplomatie nicht gelang, durch Erringung von diplomatischen Erfolgen dem Deutschen Reich die Stellung in der Welt zu verschaffen, die ihm kraft seiner inneren Dynamik zweifellos zukam und somit den Rückgriff auf das alte preußisch-militaristische Rezept des Krieges gar nicht erst nötig gemacht hätte.

Die Gründe für diese Mischung von Verblendung und Versagen im deutschen diplomatischen Korps sind von den Referenten einhellig, wenn auch mit unterschiedlicher Akzentuierung, in zwei Umständen gesehen worden. Die überwiegende Mehrzahl der Beiträge untersuchen prosopographisch die innere Struktur des Auswärtigen Amtes bzw. des diplomatischen Korps und betonen dabei dessen enge und – trotz der Reformversuche der Weimarer Zeit[4] – zunehmend unzeitgemäße soziale Zusammensetzung. Damit verknüpft ist dann die zweite Erkenntnis, daß nämlich das diplomatische Korps – sei es aus innerer Zerriebenheit oder Servilität, sei es wegen der Beschränkung seiner Einflußmöglichkeiten nach außen hin – gar nicht in der Lage war, den außenpolitischen Kurs des deutschen Staates in wesentlichem Maße zu bestimmen.

---

[2] Zitate aus: Büdinger Vorträge v. 2. 4. 1982.

[3] Ebd. und: Hans von Herwarth, Zwischen Hitler und Stalin. Erlebte Zeitgeschichte 1931–1945. Frankfurt 1982, S. 239 f.

[4] Vgl. dazu die Referate von Kurt Doß und Peter Krüger in diesem Bande!

In diesem Schlußbericht soll diesen zwei grundlegenden Fragen – die innere Zusammensetzung des deutschen auswärtigen Dienstes und dessen Machtlosigkeit bei der Gestaltung der Außenpolitik in den Jahren von 1871 bis 1945 – nochmals nachgegangen werden, um im Überblick die wichtigsten Erkenntnisse der vorliegenden Untersuchungen zusammenzuziehen. Wenn dabei die ersten 50 Jahre dieser schicksalsschweren Epoche eine besondere Betonung erfahren, so vornehmlich deshalb, weil sämtliche Beiträge die Kontinuität in der Sozial- und Verwaltungsstruktur des diplomatischen Dienstes sowie in dem ideologischen Selbstverständnis und Verhaltensmuster dessen Mitglieder auch über die Zäsuren von 1918, 1933 und 1938/39 hinaus hervorheben. Auch der Historiker der deutschen Diplomatie gelangt zu dem Ergebnis, daß die Grundlagen für spätere Katastrophen im Kaiserreich gelegt worden sind.

*Die soziale Zusammensetzung des deutschen diplomatischen Korps*

Bei der Rekrutierung für den diplomatischen Dienst des Kaiserreiches waren der Form nach durchaus bürgerliche Leistungsmaßstäbe geltend. Das juristische Studium mußte abgelegt werden. Man wurde Referendar, Assessor und stellte sich dem großen diplomatischen Examen. Ein Drittel der diplomatischen Beamten im Kaiserreich führte sogar den Titel Dr.jur. In der Praxis aber wurde das Prinzip der „carrière ouverte aux talents" durch zwei weitere Kriterien durchbrochen: erstens war ein erhebliches Privatvermögen erforderlich – bis 1908 formell, danach nur realiter. 1880 mußte ein Aspirant 6000 Mark jährlich an Privatvermögen aufweisen. 1900 waren das 10.000 Mark, ab 1912 15.000 Mark jährlich, die man als Minimum haben mußte[5]. Zurückblickend machte Fürst Philipp zu Eulenburg den Geiz des Preußenstaates verantwortlich für die schlechte Qualität der deutschen Diplomatie, die auch er für eine der Ursachen des Ersten Weltkrieges hielt[6]. Er übersah dabei allerdings, daß andere Staaten, die angeblich bessere Diplomaten hatten, ähnliche Vorschriften hatten. England verlangte z. B. von den Mitgliedern des Diplomatic Service (der aber, anders als in Deutschland,

---

[5] Siehe Lamar Cecil, The German Diplomatic Service 1871–1914. Princeton 1976, S. 30, S. 42.

[6] Siehe John C. G. Röhl, Hg., Eulenburgs politische Korrespondenz, Bd. 3, Nr. 1582.

vom Foreign Office vollkommen getrennt war) bis 1919 den Nachweis eines Privateinkommens von umgerechnet 8000 Mark[7]. Da in Deutschland nicht nur das lange Studium, sondern (bis zur „Schülerschen Reform" von 1918 bis 1920) auch der dreijährige Dienst als „Hilfsarbeiter" unbezahlt war, so kamen erst recht nur Söhne von reicheren Familien für den diplomatischen Dienst in Betracht. Es nimmt auch nicht wunder, daß immer wieder reiche Frauen geheiratet wurden. Die Ehen von Kühlmann und Schubert wurden in diesem Zusammenhang häufig erwähnt, aber auch Dirksen, Monts, Raschdau, Flotow, Tschirschky und Wedel – um nur einige weitere Beispiele anzuführen – machten sogenannte gute Partien[8].

Dieses System hätte zu einem plutokratischen diplomatischen Korps geführt, wenn es nicht durch ein zweites Prinzip sozusagen ausgeglichen worden wäre: das Prinzip der Aristokratie. Keine Statistik über das diplomatische Korps im Kaiserreich fällt so ins Auge wie die über den Anteil des Adels. Von den 548 Diplomaten, die zwischen 1871 und 1914 dienten, waren nicht weniger als 377, das heißt 69 % adelig. Noch höher war natürlich der Anteil des Adels, wenn wir nur die Auslandsmissionen und nicht die Zentralstelle in Betracht ziehen: Die Botschafter der Kaiserzeit waren durchweg adelig. Die allerwichtigste Abteilung in der Zentralstelle, das unterstreichen auch die Referate von Doß, Krüger und Jacobsen, war natürlich die Politische Abteilung IA, die in der Zeit von 1871 bis 1914 zu 61 % adelig war. Die stetige Zunahme der Bürgerlichen in dieser Zeit und darüber hinaus ist nicht zu leugnen. Doch wurden diese Leute im Kaiserreich zum größten Teil entweder in den weniger wichtigen Abteilungen der Zentralstelle, das heißt in der Handelspolitischen Abteilung, der Rechtsabteilung und der Kolonialabteilung, oder aber im Konsulardienst verwendet. Kamen Bürgerliche überhaupt in die diplomatischen Auslandsmissionen, so wurden sie in der Kaiserzeit fast ausschließlich in die handelspolitisch wichtigen überseeischen Gesandtschaften von Südamerika oder in den Mittleren und Fernen Osten geschickt, wo kein Aristokrat dienen wollte.

Von zentraler Bedeutung für die Geschichte des deutschen diplomatischen Korps ist die Frage nach der Kontinuität in der Personalstruktur des auswärtigen Dienstes nach dem Zusammenbruch des Kaiserreiches.

---

[7] Valerie Cromwell und Zara Steiner, Reform and Retrenchment: The Foreign Office between the Wars. In: R. Bullen, Hg., The Foreign Office. A Bicentennial Study. London 1985.

[8] Cecil, German Diplomatic Service, S. 42.

Daß im Zuge der „Schülerschen Reform" eine gewisse Verbürgerlichung (vor allem durch die Heranziehung von „Außenseitern") stattgefunden hat, die dann unter der Schubertschen organisatorischen Straffung von 1923 bis 1930 *teilweise* rückgängig gemacht wurde, ist durch die Beiträge von Kurt Doß und Peter Krüger überzeugend nachgewiesen worden. Allein das Ausmaß dieser Entwicklung bleibt schwer abzuschätzen. Nach den von P. Krüger herausgearbeiteten Zahlen waren nur noch 62 der 160 von ihm untersuchten Beamten im diplomatischen Dienst der Weimarer Republik adeliger Herkunft, auch wenn der Anteil bei den „einflußreichen Spitzenbeamten" entschieden höher war. Es ist jedoch wichtig festzuhalten, daß die statistischen Angaben von L. Cecil einerseits und P. Krüger andererseits nicht ohne weiteres kommensurabel sind. Cecil erfaßt den ganzen diplomatischen Dienst einschließlich der Vortragenden Räte und der Legations- und Botschaftssekretäre; er läßt aber den durchweg bürgerlichen, im Kaiserreich von der diplomatischen Laufbahn streng getrennten Konsulardienst ganz außer acht. Die Statistik von Krüger dagegen bezieht sich nur auf die leitenden Beamten der Zentralstelle sowie auf die Botschafter und Gesandten; sie schließt aber andererseits – was nach der Zusammenlegung des diplomatischen mit dem konsularischen Dienst durch Schüler nur folgerichtig ist – die Generalkonsuln I. Klasse mit ein[9]. Besonders bedauerlich in diesem Zusammenhang ist der Umstand, daß die Personalakten für die Zeit des „Dritten Reiches" für den Historiker weiterhin verschlossen bleiben, so daß genaue statistische Angaben für diese entscheidende Epoche immer noch fehlen. Auch für H.-A. Jacobsen gilt jedoch die Erkenntnis, daß das diplomatische Korps der NS-Zeit aus Kreisen des Adels, der Offiziers- und höheren Beamtenfamilien zusammengesetzt war und trotz der Bedrohung durch den radikalen Nationalsozialismus fernerhin eine homogene und „recht exklusive Gemeinschaft Gleichgesinnter" mit „stark konservativer Gesinnung" darstellte[10]. Bezeichnend für das Selbstverständnis des Auswärtigen Amtes auch in einer Ära revolutionären Umbruchs ist vielleicht die Tatsache, daß es dem Staatssekretär Dr. Haniel von Haimhausen auf dem Höhepunkt der Schülerschen Reform bei der Besetzung des Botschafterpostens in

---

[9] Vgl. die Tabellen I und II in den Referaten von Lamar Cecil und Peter Krüger, in diesem Bande oben S. 23 f. und S. 167.

[10] Jacobsen, Referat, in diesem Bande S. 182. Einer Mitteilung L. v. Kellers zufolge waren 122 der 611 Diplomaten im „Dritten Reich" adelig. Vgl. Jacobsen, Anm. 22.

Rom weniger darauf ankam, ob sein Kandidat als Person „sehr bedeutend“ war oder gar soeben den Liebhaber seiner Frau erschossen hatte; wichtig erschien vor allem, daß er als „vorzüglich gesellschaftlich gewandter und zuverlässiger Mann ... mit einem nicht unbeträchtlichen Vermögen“ ausgewiesen war[11].

Der geschlossene Korpsgeist des deutschen diplomatischen Dienstes wurde sicherlich auch durch eine gewisse konfessionelle Diskriminierung gefördert. Bis 1945 blieb der Anteil der Katholiken unter den Diplomaten wesentlich geringer als der, der ihnen nach dem Prinzip der Parität zugekommen wäre. Nur zu einem kleinen Teil ist dieser Umstand durch die Tatsache zu erklären, daß die deutschen Mittelstaaten bis 1918 ihren eigenen diplomatischen Dienst (auch teilweise im Ausland) aufrecht erhielten. Wichtiger war vielleicht, daß die Mehrzahl der süddeutschen Adelsfamilien den Staatsdienst bei den verhaßten Hohenzollern verabscheute und bis nach der Jahrhundertwende ihren eigentlichen gesellschaftlichen Mittelpunkt in der Hofburg und nicht in Potsdam erblickte. Wer die umfangreiche privatpolitische Korrespondenz der deutschen Diplomaten der Kaiserzeit[12] liest, wird jedoch erstaunt sein über die fast pathologische Angst, die selbst bei den höchstgestellten und scheinbar weltoffenen Diplomaten und Staatsmännern in Berlin vor dem sogenannten „Ultramontanismus“ obwaltete. Die Vorstellung war weitverbreitet, daß eine Nachgiebigkeit gegenüber dem „Ultramontanismus“ als logische Konsequenz den Verfall des Reiches nach sich ziehen würde. Katholiken durfte man also nur dann in den Reichsdienst aufnehmen, wenn sie eindeutig gegen Rom und gegen die Zentrumspartei Stellung bezogen hatten. Bemerkenswert ist allerdings, daß diese Diskriminierung auch noch nach 1918 fortgesetzt wurde, so daß in der Weimarer Republik, wie Krüger nachweist, nur 15–20 % der deutschen Diplomaten katholischer Konfession

---

[11] Zit. bei Doß, Referat S. 100.

[12] Vgl. vor allem Walter Bußmann Hg., Graf Herbert von Bismarck. Aus seiner politischen Privatkorrespondenz, Göttingen 1974. Norman Rich und M. H. Fischer (deutsche Ausgabe besorgt von Werner Frauendienst), Die Geheimen Papiere Friedrich von Holsteins, 4 Bde. Göttingen 1956–1963. Ernst Deuerlein (Hg.), Briefwechsel Hertling-Lerchenfeld 1912–1917, 2 Bde., Boppard 1973. Gerhard Ebel (Hg.), Botschafter Graf Paul von Hatzfeldt. Nachgelassene Papiere 1838–1901, 2 Bde. Boppard 1976. Walther Peter Fuchs (Hg.), Großherzog Friedrich I. von Baden und die Reichspolitik 1871–1907, 4 Bde. Karlsruhe 1968–1980. Röhl, Philipp Eulenburgs politische Korrespondenz, wie Anm. 1.

waren[13]. Noch im „Dritten Reich" befanden sich, wie Herr von Keller der Tagung mitteilte, unter den 611 Diplomaten, Konsuln und anderen Beamten des Auswärtigen Amtes nur 118 (19 %) Katholiken.

Daß es im deutschen auswärtigen Dienst so wenige Juden gab, ist bemerkenswert nicht nach dem Prinzip der konfessionellen Parität, denn jüdischen Glaubens waren nur rund 1 % der Gesamtbevölkerung, sondern nach dem Prinzip der Leistung sowie nach dem des Wohlstandes. Im diplomatischen Korps der ganzen Kaiserzeit befanden sich nur drei unkonvertierte Juden: Rudolf Lindau, Wilhelm Cahn und (in untergeordneter Stellung) Albert von Goldschmidt-Rothschild. Zu den konvertierten Juden gehörten der Vortragende Rat in der Handelspolitischen Abteilung Max von Philippsborn und die beiden Vorsteher der Kolonialabteilung (bzw. des Reichskolonialamtes) Paul Kayser und Bernhard Dernburg. Als teilweise jüdisch galten: Limburg-Stirum, Thielmann, Berchem, Mühlberg und Lynar[14]. Auch diese Angaben müßten nun durch analoge Informationen für die Weimarer Republik – und mehr noch für die Zeit des „Dritten Reiches" – ergänzt werden.

Nur in landsmannschaftlicher Beziehung war die Rekrutierungspolitik für den diplomatischen Dienst von einer unerwarteten Großzügigkeit. Wenn man bedenkt, daß zirka zwei Drittel der Bevölkerung des deutschen Kaiserreiches die preußische Staatsangehörigkeit hatten, so ist die Feststellung, daß nur die Hälfte der Diplomaten zu jener Zeit aus Preußen stammte, doch bemerkenswert, zumal in dieser Zahl das Personal der preußischen Gesandtschaften an anderen deutschen Höfen, nicht aber das der bayerischen, württembergischen, sächsischen, badischen, hessischen und hanseatischen inbegriffen ist. Daß der eigentliche Grund hierfür in der Agrarkrise zu suchen ist, die den ostelbischen Adel schwerer traf, als den übrigen Großgrundbesitz[15], erscheint etwas zweifelhaft. Eher dürften auch hier politische Gesichtspunkte – vor allem das Bemühen Bismarcks, den Reichsgedanken durch Heranziehung von nichtpreußischen Adelsfamilien zu stärken – vorherrschend gewesen sein. Immerhin bleibt festzuhalten, daß sowohl Reichskanzler Fürst Chlodwig zu Hohenlohe-Schillingsfürst wie auch sein Nachfolger Bülow der Überzeugung waren, daß der Krautjunker zu arm, zu provinziell und zu ungebildet sei, um auf dem glatten Parkett der diplo-

[13] Krüger, Referat S. 120.

[14] Cecil, German Diplomatic Service, S. 72, 99 f., 103.

[15] Ebd., S. 177 ff.

matischen Bühne etwas anderes als eine lächerliche Figur abzugeben[16]. Aus welchen Gründen auch immer: die Vertreter des ostelbischen Grundbesitzes waren schon um die Jahrhundertwende sowohl unter den Botschaftern und Gesandten wie auch unter den Vortragenden Räten in der Zentralstelle in der Minderheit[17], und auch in der Weimarer Republik konnte von einer Bevorzugung der Preußen nicht die Rede sein[18].

Zusammenfassend läßt sich feststellen, daß das deutsche diplomatische Korps bis 1945 und darüber hinaus vor allem durch seine gesellschaftliche Exklusivität gekennzeichnet war. Die Botschafter und Gesandten sowie die Mitglieder der alles beherrschenden (durch Schüler aufgelösten, bezeichnenderweise aber 1936 wiedererrichteten) Politischen Abteilung IA des Auswärtigen Amtes waren zumindest bis 1918 überwiegend adelig, reich und in der Regel evangelisch, und somit, wenn auch nicht besonders preußisch, doch von der sozialen Herkunft her mit der Berliner Hofgesellschaft insgesamt[19], mit den Gardeoffizieren[20] und den Oberpräsidenten, Regierungspräsidenten und Landräten der preußischen Provinzialverwaltung[21] vergleichbar. Der Konsulardienst dagegen sowie die Rechts-, Handelspolitische und Kolonial-Abteilung der Zentralstelle, waren – wie der übrige höhere Beamtenstand in Berlin (z. B. das preußische Finanzministerium oder das Reichsamt des Innern) oder auch das Offizierkorps der Reichsmarine[22] – in seiner Zusammensetzung fast ausschließlich bürgerlich. Auch nach der Integrierung des Konsularwesens in den diplomatischen Dienst in der Anfangsphase der Weimarer Republik blieb der deutsche auswärtige Dienst, wie Friedrich Payer meinte, „ein geschlossener Organismus

---

16 Ebd., S. 21–78 (ausführliche Analyse dieser Kriterien).

17 Cecil, Referat in diesem Bande, Tabelle III.

18 Krüger, Referat in diesem Bande S. 120.

19 Vgl. dazu jetzt: John C. G. Röhl, Hof und Hofgesellschaft unter Kaiser Wilhelm II. In: Ferdinand Werner, Hg., Hof, Kultur und Politik im 19. Jahrhundert (= Pariser Historische Studien, Bd. 21). Bonn 1984.

20 Vgl. dazu vor allem Karl Demeter, Das deutsche Offizierkorps in Gesellschaft und Staat, 1650–1945. ⁴Frankfurt 1965.

21 Siehe: John C. G. Röhl, Beamtenpolitik im Wilhelminischen Deutschland. In: Michael Stürmer (Hg.), Das kaiserliche Deutschland. Politik und Gesellschaft 1870–1918. Düsseldorf 1970, S. 287–311.

22 Vgl. H. Herwig, The German Naval Officer Corps. A social and political history 1890–1918. Oxford 1973. (Deutsche Übersetzung: Hamburg 1977).

innerhalb der Regierung", über dem „ein Geist von Exklusivität" schwebte[23].

In einem internationalen Vergleich relativiert sich freilich diese Feststellung sehr schnell. Zwar frappiert es zunächst, daß der Anteil des Adels am diplomatischen Korps Frankreichs, der bis zum mißglückten Staatsstreich MacMahons 89 % betragen hatte, in dem Jahrzehnt vor dem Ersten Weltkrieg auf bloße 7 % zusammengeschrumpft war[24]. Hier scheint sich also tatsächlich ein „deutscher Sonderweg" anzubahnen[25]. Vergleichen wir das deutsche diplomatische Korps aber nicht mit dem des republikanischen Frankreichs, sondern mit dem britischen Außendienst – von den hocharistokratischen diplomatischen Vertretern Österreich-Ungarns und Rußlands ganz zu schweigen –, so kommen wir zu grundsätzlich anderen Erkenntnissen. In dem für Stresemann, Kühlmann, Brockdorff-Rantzau, Müller-Franken, Köster und Schüler in mancher Beziehung als vorbildlich geltenden England hatten bis 1914 67 % der Mitglieder des Diplomatic Service *eine* Schule (Eton) besucht. Noch im Jahre 1930 konnte ein Minister im britischen Unterhaus voller Stolz erklären, daß von den gerade rekrutierten 110 Nachwuchsdiplomaten immerhin fünf *nicht* eine public school besucht hätten. Auch in England wurde der diplomatische Dienst als „a system of outdoor relief for the sons of the nobility" kritisiert; auch dort gab es Bestrebungen, den diplomatischen Dienst entweder grundsätzlich zu reformieren oder aber seine Aufgaben an andere, modernere Behörden abzugeben, doch erst 1943 wurde in England das Konsularwesen mit dem diplomatischen Korps vereint[26]. Sämtliche Diplomaten mußten anglikanischer Konfession sein; für einen nicht-konvertierten Juden wie Rothschild war es im späten 19. Jahrhundert noch nicht einmal möglich, seinen Sitz im Unterhaus einzunehmen. So gesehen, war es nicht die deutsche, sondern die französische Diplomatie, die in einem bis 1917/18 überwiegend monarchischen Europa einen „Sonderweg" beschritt.

Als Verlängerung und Institutionalisierung des internationalen monarchischen Systems, als Ergänzung der Korrespondenz der Monarchen untereinander, hatte das diplomatische Korps seinen Ursprung und bis

---

[23] Zit. in Doß, Referat in diesem Bande S. 86.

[24] Cecil, German Diplomatic Service, S. 67.

[25] Vgl. dazu die kontroverse Schrift von David Blackbourn und Geoff Eley, Mythen deutscher Geschichtsschreibung. Die gescheiterte bürgerliche Revolution von 1848. Frankfurt am Main 1980.

[26] Siehe dazu Cromwell und Steiner, Foreign Office (wie Anm. 7).

Ende des 19. Jahrhunderts eine gewisse Berechtigung. Um diesen Verkehr aufrechtzuerhalten, waren weder formvollendete Manieren (man denke an den skandalösen Lebensstil Hohenlohes in Paris oder den des unverheirateten General von Werder in St. Petersburg[27]) noch besondere Begabung unbedingt erforderlich (Bismarck soll einmal gesagt haben, daß die diplomatische Aufnahmeprüfung so geregelt sein müsse, daß er jeden haben könne, den er wolle, ob er begabt sei oder nicht[28]). Von Bedeutung war vor allem die hohe Geburt an sich. Nicht weniger als 37 der deutschen Botschafter der Kaiserzeit waren mediatisierte Fürsten oder Söhne morganatischer Königsehen. In den großen Botschaften Europas – in London, Wien, St. Petersburg, Rom, aber auch Paris – konnte nur ein Adeliger von vornehmem Geschlecht die Rolle in der Hofgesellschaft spielen, die ihm als Botschafter oblag. Er mußte die richtigen Leute einladen und von diesen auch zurückgeladen werden, um die Interessen seines Landes mit Würde zu repräsentieren und auch die geheimen Informationen zu sammeln, die er für seine Berichte benötigte. Auch seine Ehefrau mußte hofgesellschaftsfähig sein und womöglich Geld, Charme und Intelligenz besitzen. In St. Petersburg konnte die Gräfin Alvensleben durch ihren Charme mehr erreichen als ihr Mann. Fürst Radolin, der als Schwiegermutter eine Talleyrand hatte, war dadurch in gewissen Kreisen in Paris so gut gestellt wie Bülow in Rom, dessen Schwiegermutter Donna Laura Minghetti war. Umgekehrt fürchtete man sich in Berlin vor der Ernennung des Grafen Wolkenstein als österreichisch-ungarischer Botschafter, da dessen Frau als Witwe des ehemaligen Hausministers am preußischen Hof, Graf Schleinitz, bereits gefährlich viel über die Berliner Interna wußte[29]. Mit dem Nachkommen eines Lederfabrikanten aus Hessen wie Wilhelm (seit 1885: von) Schoen, eines Sektherstellers wie Mumm (seit 1903 Freiherr Mumm von Schwarzenstein) oder eines bayerischen Schweinehirten wie Speck von Sternburg war an den großen europäischen Botschaften im alten Europa nicht viel zu erreichen. Dort brauchte man einen Prinzen Reuß, einen Fürsten Hohenlohe oder Stolberg oder Lichnowsky, einen Grafen Münster oder Hatzfeldt. Mit dieser Feststellung werden aber die inneren und äußeren Grenzen des diplomatischen Korps schon deutlich erkennbar.

---

27 Aufschlußreich sind dazu die unveröffentlichten Memoiren Axel Varnbülers, im Privatbesitz.

28 Cecil, German Diplomatic Service, S. 34.

29 Röhl, Hg., Eulenburgs politische Korrespondenz, Bd. 2, S. 845.

Innerhalb des deutschen Beamtentums stellte das diplomatische Korps zweifellos die führende Gruppierung dar. Nicht nur dank seiner glänzenden gesellschaftlichen Stellung, auch wegen der politischen Befähigung seiner leitenden Vertreter, wovon ihre umfangreiche Korrespondenz untereinander ein beredtes Zeugnis ablegte[30], hätte das Auswärtige Amt und die Missionschefs für sich zumindest in Anspruch nehmen können, den außenpolitischen Kurs ihres Landes zu bestimmen. Ja, in Zeiten des Machtvakuums (wie nach Bismarcks Sturz oder dem Zusammenbruch von 1918), in Zeiten der äußersten Gefahr (wie in den Jahren vor dem Ersten Weltkrieg oder während des Hitler-Regimes) hätte das diplomatische Korps möglicherweise die Staatsmacht überhaupt an sich reißen können, um Katastrophen zu verhindern. Stattdessen gab es sich mit der untergeordneten Rolle eines ausführenden Organs zufrieden. Warum?

Einige der Gründe sind oben bereits erkennbar geworden: das verschwindend kleine Talentreservoir, aus dem sich das diplomatische Korps rekrutierte; die Unfähigkeit (und gar Erpreßbarkeit) einiger der wichtigsten Botschafter (Münster, Werder, Eulenburg etc.); der mangelnde Zusammenhalt zwischen der Zentralstelle und den auswärtigen Vertretern; der exklusive Korpsgeist, der – wie der Fall Luxburg[31] exemplarisch beweist – die Welt des 20. Jahrhunderts mit ihren wirtschaftlichen und massenpolitischen Zwängen kaum begreifen konnte; das Aufkommen von rivalisierenden Staatsämtern und Parteidienststellen, die die vom traditionellen diplomatischen Korps nicht ausgefüllten Lücken zu schließen bestrebt waren.

In den folgenden abschließenden Bemerkungen soll aber die Aufmerksamkeit noch einmal auf drei übergreifende Themen gelenkt werden, die die vorliegenden Beiträge in besonderem Maße verdeutlicht haben. Sie könnten stichwortartig mit den Begriffen Gehorsamkeit, Intrigenwirtschaft und Weltmachtstreben angedeutet werden.

Zunächst ein paar Bemerkungen über die *Gehorsamkeit:* Diplomatie ist nicht Außenpolitik. Ein Diplomat ist bloß, wie ein zynischer Engländer einmal meinte, „a man hired by his country to lie for it abroad". *Wie* er lügen soll, wird ihm zwar von seinem Auswärtigen Amt mitgeteilt, nur in seltenen Fällen aber von diesem entschieden. Auch die Beamten

---

30 Siehe oben Anm. 12.

31 Doß, Referat, S. 89 f.

der Zentralstelle stehen in der „strukturellen Gewalt" ihres Amtes, und nur unter den günstigsten Bedingungen können Individuen wie Friedrich von Holstein, Carl von Schubert oder – um ein nichtdeutsches Beispiel zu nennen – Lord Vansittart eine prägende Rolle in der Außenpolitik spielen. Ebensosehr schwankt von Fall zu Fall das Maß an Kontrolle, das von einem Staatssekretär oder Außenminister über die ihm unterstellte Behörde ausgeübt werden kann; und nicht jeder Reichskanzler, Präsident oder Premierminister interessiert sich im gleichen Grade für die auswärtige Politik. Diese allgemeinen Gesichtspunkte müssen natürlich voll berücksichtigt werden, wenn von der Gehorsamkeit des diplomatischen Korps die Rede ist. Wenn die Frage im Falle des deutschen diplomatischen Korps dennoch besonders akut ist, dann, zum ersten, weil unter Bismarck und Wilhelm II. der für den Dienst notwendige Gehorsam in ganz unerquicklicher Weise zur Unterwürfigkeit ausartete, und zum zweiten, weil unter dem verbrecherischen Regime Adolf Hitlers diese Unterwürfigkeit nicht nur schlimme politische, sondern auch gravierende moralische Konsequenzen nach sich zog.

Daß Fürst Bismarck von seinen Mitarbeitern und Untergebenen nicht den geringsten Widerspruch duldete, ist allgemein bekannt. Er setzte nicht nur seinen Sohn Herbert mit 36 Jahren als Staatssekretär des Auswärtigen Amtes ein; er kontrollierte auch die Korrespondenz – und überhaupt das Privatleben – der Kaiserin Augusta, der Kronprinzessin Victoria und anderer Mitglieder der königlichen Großfamilie[32]. Nicht nur seine Handlanger im Auswärtigen Amt – Leute wie Busch, Bucher und Aegidi – waren ihm blind ergeben; selbst Träger von alten Adelstiteln taten seinen Willen. Von dem Grafen Paul Hatzfeldt schrieb der englische Botschafter Knaplund zum Beispiel, er sei „a shrewd, cautious man without convictions, who does what he is told intelligently and diligently, and that is what Bismarck likes in his agents."[33]

Im Laufe des Jahrzehnts nach Bismarcks Sturz wurde diese Servilität auf Kaiser Wilhelm II. übertragen und so gesteigert, daß sie von kritischen Zeitgenossen als „Byzantinismus" abqualifiziert wurde. Ein hessischer Reichsgraf ließ sich dem Monarchen als Pudel verkleidet vorführen[34]; der Chef des Militärkabinetts tanzte in einem Ballettröckchen

---

[32] Vgl. dazu z. B. Andrew Sinclair, The Other Victoria. London 1981.

[33] Zit. in Cecil, German Diplomatic Service, S. 230.

[34] Röhl, Hg., Eulenburgs politische Korrespondenz, Bd. 2, S. 953.

dem Kaiser vor[35]. Innerhalb des diplomatischen Korps setzten zwei Botschafter, Eulenburg und Bülow, trotz den dringenden Warnungen Holsteins und Marschalls aus dem Auswärtigen Amt, dazu an, das „persönliche Regime" Kaiser Wilhelms II. tatsächlich einzuführen. Bülow versprach, daß er als Reichskanzler nur noch „ausführendes Werkzeug" des Kaisers, nichts als sein „politischer Chef des Staates" sein würde[36]. Selbst derjenige, der in solchen – eigenhändig überlieferten – Beteuerungen nicht viel mehr als eine zynische Manipulation eines „nicht ganz normalen" Monarchen[37] und seines ihm schwärmerisch ergebenen Günstlings erblicken möchte, wird nicht leugnen wollen, daß darin ein bedenklicher „Verfall" (Krüger) der politischen Kultur des diplomatischen Dienstes zum Ausdruck kommt, der sein von H.-A. Jacobsen so eindrucksvoll dargelegtes Verhalten im „Dritten Reich" in mancher Beziehung schon vorwegnimmt. Nicht nur Hitler, auch Wilhelm II. hat sich drastisch über seine Diplomaten geäußert. Sie hätten alle „die Hosen voll, die ganze Wilhelmstraße stinkt nach –", heißt es zum Beispiel an einer Stelle[38]. Auch schon unter Wilhelm II. gab es unter den deutschen Diplomaten grenzenlose Bewunderer seines Genies, leitende Beamte, die trotz einer gewissen inneren Reserve doch immer bereit waren, die „Befehle ihres Königs" auszuführen, aber auch Leute wie Holstein, die aus Sorge um die Zukunft ihres Vaterlandes bisweilen an der Grenze zum Hochverrat standen. Wie im „Dritten Reich" so waren im wilhelminischen System aber alle diese Leute von der Gunst und vom Zugang zum Staatsoberhaupt abhängig[39], der seine Ratschläge auch in der Außen- und Rüstungspolitik allzuoft von seinen Flügeladjutanten, Kabinettschefs und Günstlingen

---

35 Robert Graf von Zedlitz-Trützschler, Zwölf Jahre am deutschen Kaiserhof. ²Stuttgart, 1924, S. 216 ff.

36 Zit. in John C. G. Röhl, Deutschland ohne Bismarck. Die Regierungskrise im Zweiten Kaiserreich. Tübingen 1969, S. 179.

37 Vgl. dazu die Belege bei John C. G. Röhl. The emperor's new clothes: a character sketch of Kaiser Wilhelm II. In: John C. G. Röhl und Nicolaus Sombart Hg., Kaiser Wilhelm II. – New Interpretations, The Corfu Papers. Cambridge 1982, S. 36 ff.

38 Walter Görlitz (Hg.), Der Kaiser ... Aufzeichnungen des Chefs des Marinekabinetts Admiral Georg Alexander von Müller über die Ära Wilhelms II.. Göttingen 1965, S. 109.

39 Vgl. dazu: John C. G. Röhl, Kaiser Wilhelm II., Großherzog Friedrich von Baden und der „Königsmechanismus" im Kaiserreich. In: Historische Zeitschrift 236 (1983), S. 539–577.

holte und auf seine „verantwortlichen Ratgeber" nicht hörte. Häufig ernannte Wilhelm II. Botschafter (wie im Falle Lichnowsky) sogar direkt gegen den Rat des Reichskanzlers und des Auswärtigen Amtes[40]. „Das Auswärtige Amt?" fragte er einmal, „Wieso? Ich bin das Auswärtige Amt!"[41]

Damit ist auch das zweite Thema angedeutet: die *Intrigenwirtschaft* im deutschen diplomatischen Korps. Gab es in der Epoche 1871–1945 überhaupt eine Gelegenheit für das Auswärtige Amt, zur „eigentlichen Führungselite" aufzusteigen, so war eine solche Chance in dem Jahrzehnt nach Bismarcks Entlassung gegeben. Sie ist durchs Intrigieren innerhalb des diplomatischen Korps verspielt worden. Freilich, die Intrige liegt wohl im Wesen der Politik und unterscheidet diese mitunter von der bloßen Verwaltung, so daß eine Erhöhung der Intrigenneigung im Auswärtigen Amt als folgerichtige Konsequenz seines Bestrebens einzuschätzen wäre, von einer Beamtenbehörde zum eigentlichen Machtzentrum des Reiches aufzusteigen. Auch darf nicht übersehen werden, daß die Gruppenbildung für alle diplomatischen Dienste typisch ist. P. Krüger hat überzeugend dargelegt, wie die enge Zusammenarbeit zwischen Stresemann, Maltzan und Schubert im Auswärtigen Amt die Grundlagen für die Locarnopolitik bildete. Dennoch bietet das Auswärtige Amt der neunziger Jahre ein einzigartiges Bild der Gegensätzlichkeiten. Für Eulenburg galt die Wilhelmstraße als eine reine „Hexenküche". Unter einem Kanzler-General, der von Außenpolitik nichts verstand, und einem Staatssekretär, den Bismarck als „ministre étranger aux affaires" nannte, intrigierte das kaiserliche diplomatische Korps gegen die „Bismarck-Fronde", gegen die Armee (die durch die Einrichtung der Militärattachés eine gefährliche Selbständigkeit auch in der Außenpolitik und im Spionagewesen entwickelte), gegen die preußischen Staatsminister (die freilich trotz ihres Titels meist doch nur verdiente Beamte waren), gegen die Regierungen und Gesandten der deutschen Mittelstaaten, gegen die Kabinette und gegen andere einflußreiche Elemente am Hofe. Vor allem aber intrigierten die Diplomaten gegeneinander. Die Zentralstelle intrigierte gegen die Botschafter, Gesandten und Sekretäre innerhalb und außerhalb der Reichsgrenze. Die Botschafter mit Bismarckschen Affiliationen – Radowitz, Stumm, Rant-

[40] Dazu Röhl, Zwei deutsche Fürsten zur Kriegsschuldfrage. Lichnowsky und Eulenburg und der Ausbruch des Ersten Weltkrieges. Düsseldorf 1971, S. 15 f.

[41] Cecil, Referat, in diesem Bande, S. 15 f.

zau, Schweinitz, Reuß – wurden entlassen und durch Holsteins Leute ersetzt. Die „Graue Eminenz" der Wilhelmstraße scheute sich nicht, einigen von ihnen mitzuteilen, was sie berichten sollten, und bestätigte somit das verzweifelte Wort eines russischen Botschafters, wonach man mehr diplomatisches Geschick bei dem Verkehr mit der eigenen Regierung als mit der ausländischen an den Tag legen müsse[42]. Innerhalb des Auswärtigen Amtes wurde aber ebenfalls intrigiert. Die berühmten Gedichte des *Kladderadatsch* gegen Holstein, Kiderlen-Wächter, Philipp Eulenburg und den „Vierten Mann im Skat", Axel Varnbüler, waren ja nichts anderes als die Flucht in die Öffentlichkeit einer „outsider group" (Raschdau und Bothmer) gegen eine tatsächlich dominante Clique[43]. Schließlich intrigierten noch die Auslandsdiplomaten gegeneinander. Bülow in Rom und Eulenburg in Wien gebrauchten für ihre Geheimkorrespondenz untereinander seit Mai 1894 eine Privatchiffre[44]. Sie leiteten einander die Briefe heimlich zu, die sie von der Zentralstelle erhielten. Zu ihrer Clique gehörten außerdem Lichnowsky, Philipp Eulenburgs einflußreiche Vettern August und Botho Eulenburg, sowie Axel Varnbüler und Kuno Moltke. Zusammen arbeiteten sie seit 1893 daran, den Einfluß der Holstein-Gruppe zu untergraben und stattdessen unter Bülows Führung das „persönliche Regiment" Kaiser Wilhelms II. aufzubauen. 1897 erreichten sie ihr Ziel. Die Chance des diplomatischen Korps, das durch Bismarcks Sturz entstandene Machtvakuum selbst aufzufüllen, war verflogen.

Auch wenn man nicht gewillt ist, das Vorhandensein eines „persönlichen Regiments" nach 1897 – wie auch immer definiert – anzuerkennen, so ist die Tatsache unbestreitbar, daß allein schon die legale *Fiktion* eines „persönlichen Regiments" des Monarchen genügte, um bis 1918 die Bildung eines Reichskabinetts oder eines sonstigen Gremiums, in dem die außenpolitische Lage des Reiches eingehend besprochen werden konnte, zu verhindern. Lord Palmerston hat einmal gesagt: „We have no eternal allies and we have no eternal enemies; we have eternal interests". Wer entschied nun im Kaiserreich, wie angesichts der immer bedrohlicher werdenden Weltlage die deutschen „eternal interests" gewahrt werden sollten? Wer sorgte dafür, daß die Rüstungspolitik zu Land und zur See miteinander und mit der vom Reichs-

42 Zit. bei Cecil, German Diplomatic Service, S. 245.

43 Helmuth Rogge, Die Kladderadatschaffäre. In: Historische Zeitschrift 195 (1962), S. 90–130.

44 Röhl, Hg., Eulenburgs politische Korrespondenz, Bd. 2, Nr. 966 und S. 1359.

kanzler im Einvernehmen mit dem Auswärtigen Amt befolgten Außenpolitik übereinstimmten? „Wer macht" – so fragte verzweifelt der österreichische Außenminister Graf Berchtold während der Julikrise 1914 – „wer macht in Berlin die Politik?"

Wäre aber diese Politik eine grundsätzlich andere gewesen, wenn das Auswärtige Amt einen größeren Anteil bei ihrer Gestaltung gehabt hätte? Die Frage läßt sich in dieser hypothetischen Form nicht beantworten. Sicher ist aber, daß weite Kreise der deutschen Gesellschaft seit der Jahrhundertwende von einem *Weltmachtstreben* erfaßt waren und daß das diplomatische Korps, das von Beruf her die internationale Lage Deutschlands realistisch hätte einschätzen müssen, mit nur ganz wenigen Ausnahmen die weitverbreiteten Illusionen über die eigene Stärke und Möglichkeiten vollauf geteilt hat. Die Ergebnisse Fritz Fischers, die vor 20 Jahren so kontrovers waren, sind mittlerweile von der internationalen Forschung und mit einigen Nuancierungen sogar von seinen ehemaligen deutschen Kontrahenten weitgehend akzeptiert worden[45]. Fischers Thesen waren unter anderem deswegen so kontrovers, weil sie die expansionistischen Ziele Hitlers in eine ganz andere Perspektive rückten. Nicht nur die wilhelminische Welt- und Flottenpolitik erschien nun als ein erster Anlauf, den Status einer Weltmacht für Deutschland – und sei es durch einen Weltkrieg – zu gewinnen; auch die Revisionspolitik der Weimarer Republik konnte als bloße Durchgangsphase zu einem späteren, zweiten Anlauf interpretiert werden. H.-A. Jacobsen hat in seinem Referat gezeigt, wie in den Anfangsphasen der nationalsozialistischen Diktatur das traditionelle diplomatische Korps „in Unkenntnis der wahren Ziele der NS-Führung" den neuen außenpolitischen Kurs ohne Gewissensbisse gutheißen konnte. Nur einer unter den leitenden Diplomaten und Beamten des Auswärtigen Amtes sah den „qualitativen Wandel" der deutschen Außenpolitik unter Hitler offenbar voraus und reichte aus Gewissensgründen seinen Abschied ein: der Botschafter in Washington, von Prittwitz und Gaffron. Selbst der Reichsaußenminister Constantin Freiherr von Neurath entwickelte sich, bei aller Abscheu gegen einige „Exzesse" des Regimes, „zu einem unverkennbaren Bewunderer Hitlers und der nationalsozialistischen Idee", während sein Nachfolger von Ribbentrop bekanntlich in einer fast krankhaften Anhänglichkeit zu Hitler verharrte[46]. Auch

[45] Siehe dazu jetzt Karl Dietrich Erdmann, Zur Echtheit der Tagebücher Kurt Riezlers. Eine Antikritik. In: Historische Zeitschrift 236 (1983), S. 371–402.

[46] Siehe Jacobsen, Referat in diesem Bande, S. 178.

bei den Staatssekretären des Auswärtigen Amtes war die Einstellung zum NS-Regime, wenn auch lange nicht einhellig, so doch auch nicht sehr unterschiedlich. Bülow und Weizsäcker waren reserviert, aber nicht ablehnend, Mackensen und Steengracht begeisterte Anhänger. Bei diesem Verhalten der Vorgesetzten nimmt es nicht wunder, daß bis 1941 76 % des diplomatischen Korps Parteigenossen geworden oder daß nicht wenige zu einem hohen Rang in der SS aufgestiegen waren[47]. Schockiert ist man trotzdem durch die von Christopher Browning festgestellte Tatsache, daß Martin Luther und seine „junge Garde" bei den Judendeportationen mitgewirkt haben[48]. Ein solcher Einsatz geht über den Begriff der Gehorsamkeit hinaus.

Insgesamt wird man sagen können, daß das deutsche diplomatische Korps nicht schlechter war als andere Elitegruppen auch. Das Problem ist vielleicht, daß es angesichts seines gesellschaftlichen Glanzes und seiner politischen Möglichkeiten, angesichts seiner Exklusivität und seines darauf beruhenden Führungsanspruchs, *besser* hätte sein müssen.

---

[47] Ebd., S. 186 f.

[48] Ebd., S. 180.

# PERSONENREGISTER*




* Der Herausgeber dankt Herrn Guido Müller für die Anfertigung des Registers. Zahllose wertvolle zusätzliche Auskünfte wurden von Herrn und Frau Dr. Sareyko vom Auswärtigen Amt in Bonn erteilt, für die ihnen der Herausgeber besonders danken möchte.

C



D

J



K

L



M

N



O



P

R



S

T

www.ingramcontent.com/pod-product-compliance
Lightning Source LLC
LaVergne TN
LVHW042238300926
849161LV00003B/395
*9783486418538*